园艺作物标准园生产技术丛书

蔬菜
标准园生产技术

农业部种植业管理司
全国农业技术推广服务中心　组编
国家蔬菜产业技术体系

中国农业出版社

图书在版编目（CIP）数据

蔬菜标准园生产技术/农业部种植业管理司，全国
农业技术推广服务中心，国家蔬菜产业技术体系组编．—
北京：中国农业出版社，2010.10（2015.8 重印）
（园艺作物标准园生产技术丛书）
ISBN 978-7-109-15028-7

Ⅰ．①蔬…　Ⅱ．①农…②全…③国…　Ⅲ．①蔬菜园
艺　Ⅳ．①S63

中国版本图书馆 CIP 数据核字（2010）第 190752 号

中国农业出版社出版
（北京市朝阳区农展馆北路 2 号）
（邮政编码 100125）
责任编辑　孟令洋　吴丽婷

中国农业出版社印刷厂印刷　　新华书店北京发行所发行
2015 年 8 月北京第 4 次印刷

开本：850mm×1168mm　1/32　　印张：9.5
字数：240 千字
定价：20.00 元
（凡本版图书出现印刷、装订错误，请向出版社发行部调换）

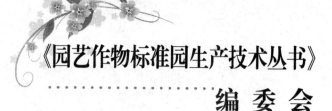

《园艺作物标准园生产技术丛书》编委会

主　　任：叶贞琴　夏敬源

副 主 任：马淑萍　陈金发　张真和

委　　员：（按姓氏笔画排序）

王　戈　邓秀新　龙　熹

杜永臣　杜建斌　杨亚军

李　莉　李建伟　张绍铃

张锡炎　陈厚彬　封槐松

段长青　姜　全　梁桂梅

韩明玉

蔬菜标准园生产技术

主　　编：杜永臣　梁桂梅

编写人员：（按章节排序）

陈　清　傅晓耕　须　辉

杜永臣　司亚平　李世东

周明国　张友军　高丽朴

张德纯　项朝阳　梁桂梅

李　莉　冷　杨　王娟娟

前　言

　　我国是园艺产品生产和消费大国，蔬菜、水果、茶叶面积、产量均居世界第一，目前发展的关键是提高质量、提高效率、提高素质。园艺作物标准园创建是新时期种植业工作的一个战略性选择，是我国园艺产品生产思路的重大转变，是促进园艺产业发展的重大举措，是农业部门继高产创建之后的又一重要抓手。园艺作物标准化创建已写入中央一号文件和政府工作报告，成为农业部的重点工作之一。

　　为了示范带动园艺产品产业素质及效益的提高，满足农民进行标准化生产的需要，农业部将组织园艺作物标准园生产技术培训工作。为了提高培训质量，针对园艺作物标准园管理中亟待解决的技术难题，我们组织有关专家编写了《园艺作物标准园生产技术丛书》。丛书包括：《苹果标准园生产技术》、《柑橘标准园生产技术》、《梨标准园生产技术》、《桃标准园生产技术》、《葡萄标准园生产技术》、《香蕉标准园生产技术》、《荔枝标准园生产技术》、《蔬菜标准园生产技术》、《茶叶标准园生产技术》。

这套丛书系统地介绍了标准园布局与基础设施建设、园艺作物栽培管理技术、采收及采后商品化处理技术、产品安全质量技术要求等内容。深入浅出、文图并茂、通俗易通，突出可操作性和实用性。既是一套系统、完整的培训教材，也是一系列很有价值的教学参考书，更是广大基层技术推广人员和农民的生产实践指南。

由于工作繁忙，时间紧迫，水平有限，书中不妥之处欢迎广大读者批评指正！

编　者

2010 年 6 月

目 录

一、标准园布局与基础设施建设

（一）蔬菜产地环境条件及其控制技术

1. 蔬菜标准园产地环境要求

（1）产地环境与蔬菜安全生产的关系 蔬菜是人们日常生活中必需的副食品，在促进全民健康和提高人民生活质量中的重要地位具有不可替代性；蔬菜是对市场供求关系反应最敏感的商品，确保其质量安全、供给充足多样，对促进社会安定和谐与现代化建设意义重大；蔬菜栽培是特殊的商品生产，对其安全性要求极高。

蔬菜生产的安全性与产地环境条件密切相关。良好的产地环境是实现蔬菜安全生产的前提。产地环境的好坏，关系到蔬菜生产的成败。通常情况下，产地环境与蔬菜生长发育之间相互依存，相互影响，相互协调，构成一个良好的农业生态环境，并保持动态平衡。当其中的某个环节（或因子）发生改变时，就会打破平衡影响全局。例如，当产地环境出现污染时，就会破坏这种平衡，影响蔬菜产品的产量和质量安全。早期的蔬菜产地环境污染源主要是工业"三废"、城镇排污（垃圾和污水）。但是随着现代农业的发展，大量农药、化肥等农用化学品的投入，以及大量畜禽粪便的产生等，带来日益突出的农业面源污染问题（图1）。蔬菜安全生产的隐患还来自于洪涝、干旱、风、雪、冰雹等自然灾害和各种生物灾害。当前，要把确保产品质量安全和可持续发展摆到蔬菜工作的首位来谋划。

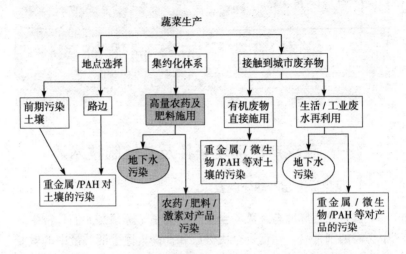

图1 蔬菜产地环境污染示意图

(2) 蔬菜标准园的选择原则 蔬菜赖以生长发育的环境因素很多，但影响其质量安全的环境要素主要是空气、水分和土壤。标准化蔬菜生产对影响质量安全的环境要素有着严格的要求。选择和建立适宜的基地是进行标准化蔬菜生产的首要条件，在开展标准化蔬菜生产之初应认真做好此项工作。

1) 蔬菜标准园应选择在生态条件良好，远离污染源，并具有可持续生产能力的农业生产区域。所谓生态条件良好，主要指立地条件、自然景观不错，林草植被覆盖度较高，生态破坏和环境污染轻微。由于环境污染主要来源于工矿企业和城镇排污，所以在蔬菜标准园的选择上，必须远离工矿企业和城镇等排污源，确保标准化蔬菜生产区域的空气、水分和土壤条件符合农业部发布的《无公害食品 蔬菜产地环境条件》（NY5010—2001）标准对空气、水、土壤中主要污染物所规定的主要控制指标及其限值。

2）选择蔬菜标准园，必须考虑到一定地域内生产资源的合理有效配置，使其生产蔬菜的经济效益高于其他种植业。

3）蔬菜标准园要选建在自然气候特点与主栽蔬菜作物的生物学特性相吻合，并具有一定规模和较大发展空间的商品菜生产区，为其产地市场的形成奠定基础。同时，蔬菜标准园创建地域的农民科学文化素质、蔬菜生产技术基础以及经济发展发展水平和道路交通状况等，也都要有利于蔬菜标准化园创建和蔬菜产业的可持续发展。

（3）蔬菜标准园的环境条件要求 严格蔬菜标准园的环境条件要求，是切断环境中有害或有毒物质进入食物链及防止蔬菜污染的首要和关键性措施。必须坚持：

1）蔬菜标准园要远离废气、废渣、废水等污染源，保证有良好的灌排条件和清洁的灌溉水源等。还要避开重金属、DDT、六六六等污染物本底值高的地区。

2）标准园的盛行风向上方，无工业废气污染源，空气清新洁净；标准园所在区域无酸雨。

3）蔬菜标准园灌溉用水质量稳定达标，如用江、河、湖水灌溉，则要求水源达标、输水途中无污染。

4）蔬菜标准园要求土壤肥沃，有机质含量高，酸碱度适中，矿质元素背景值在正常范围以内，无重金属、农药、化肥、石油类残留物、有害生物等污染。

（4）蔬菜标准园地的选择调研 蔬菜标准园地选择调研是在标准化蔬菜产品开发之初，通过对产地生态环境条件的全面调查、综合分析研究，筛选出适宜开发区域的过程。

1）调研的内容 调研的主要内容包括：①是否进行过产地环境评估，结果如何。②自然环境与资源概况（自然地理、气候、水文状况、土地资源、植被及生物资源以及自然灾害等方面的内容）。③社会经济概况（行政区划、人口状况、工业布局和农田水利，以及农、林、牧、渔业发展情况和工农业产值、农村能源结构情况）。④收集产地土壤、水体（地表水、地下水）和大气的有关原始监测数据。⑤农业生产及土地利用状况调查，包括蔬菜种植规模、耕作制度、施肥和植保农药使用情况等。⑥污染史调查。就是在过去的农业生产过程中有没有污染的历史，调查的时间通常以新中国成立后为限。历史上的污染主要调查两项：一是是否施用过高残留性的农药，如 DDT、六六六、砷制剂、汞制剂以及其他农药，以及氮素肥料施用情况等；二是是否受到过工业污染，或是过去或现在的工业项目（含乡镇企业、手工业）是否产生过污染物质。如果是河流下游、山川盆地，要看其上游、上方是否发生过工业污染，并对其发生的频率、程度、种类作出详细的调查，写出专项报告。⑦污染源调查。污染源的调查内容包括：产地及产地周围自然污染源调查，主要是含有害物质（如含氟水）的水源、金属或非金属矿山、放射性元素等。社会活动污染源调查，主要包括工业污染源调查（包括污染物种类、数量和途径等）；农业污染源调查（重点调查化肥、农药使用种类、数量、时间，污泥、垃圾肥料的来源、成分及使用情况）；污水灌溉调查（主要调查污水来源、污水量，主要污染物种类、浓度、灌溉面积及时间等）；生活污染源及交通污染源调查等。

2）调研的方法一般采用搜集资料和现场调查相结合的方法进行。具体包括查、观、听、访等方法。查，就是查阅当地已有的水文、气象、地质、卫生、环保、农业等方面的文献资料；观，即现场考察产地生态环境现状与外部污染情况；听，可以通过现场座谈等形式，了解产地生产区域生态环境保护和生产质量控制措施及其他有关情况；访，就是通过访问的形式了解所需要的信息，包括征求对区域目前环境质量状况的意见，以及对生产基地的环境保护建议等。

总之，蔬菜标准园应选建在交通方便、地势平坦、土壤肥沃、排灌条件良好的蔬菜主产区、高产区或独特的生态区；基地的土壤、灌溉水和大气等环境均未受到工业"三废"及城市污水、废弃物、垃圾、污泥及农药、化肥的污染，基地周边2 000米以内无污染源，基地距主干公路500米以上。

2. 蔬菜标准园产地环境的监测与调控

蔬菜标准园的生产有赖于良好的产地生态环境，在遭受污染的土地、大气环境和采用污染的灌溉水是难以生产出合格的安全产品。因此在可持续生产中一方面必须通过定期监测产地环境质量，如大气、灌溉水、土壤等因子，掌握产地环境质量的变化规律，保护和改善农业生态环境；另一方面通过监控生产过程，如合理使用安全的肥料、农药等生产资料和技术，保护资源和环境，提高蔬菜产品质量，确保产品质量安全。从蔬菜生产环节来看，选择合格的产地之后，重点控制的对象是肥料和农药等投入品对产品质量及产地环境的影响，特别是初级产品中的农药残留、有机污染物（PAH）、有害生物等。此外，还必须考虑低碳和清洁生产，实现水、肥、药等资源高效利用和优质可持续生产。

（1）**产地环境变化的调查**　一般由蔬菜标准园生产主管部门委托农业环境监测机构对基地的环境质量状况进行定期调查，调查内容主要包括：①工业"三废"及农业污染物对产地环境的影响（工业污染源及"三废"排放情况，地表水、地下水、农田土壤、农区空气环境质量现状，农药、化肥等农业面源污染的影响和危害）；②农业生态环境保护措施（主要包括污水处理、农业自然资源合理利用与农业清洁生产情况）。根据调查情况，对初级产品及其原料生产基地的环境质量变化状况进行分析，以确定是否要进行合理布局和调控。

（2）**产地环境质量变化的监测与评价**　定期监测产地环境质量对保障蔬菜的安全生产至关重要，监测的主要对象是生产区域的空气、水、土壤，监测工作通常包括以下六个环节：

1）监测点位布设 监测点位的布设要有明确的目的，监测点位的多少，要服从监测目的和对象，也要考虑到人力、物力、仪器手段和经费情况，所有监测点都要有代表性，各监测点之间要有内在的联系，符合统计学的要求。

2）样品的采集与贮存 监测样品的采集方法、时间、数量和运输、贮藏的方法，应根据环境样品的不同形态和属性，采用不同的方法，要使样品有足够的代表性，避免由于采样工具和贮存容器选用不当而造成二次污染，避免由于运输、贮存不当使样品发生物理、化学变化而失真。

3）监测项目的选择和分析方法的确定 要根据不同的监测目的，优先监测当地最具代表性、污染危害最严重的项目，检测项目应当是已经有了可靠的检测分析方法，已经制订了环境质量标准，对监测结果能够做出科学评价和解释的项目。在选择分析测试方法时，要根据各自实验室的装备条件和分析人员的技术专长，在规定的方法中，选择最适合的方法。

4）分析质量控制 分析质量控制是产地环境质量监测的重要环节，是监测数据精确性、精密性的保证，包括实验室内的质量控制和实验室间的质量控制。分析质量控制的主要措施有：仪器、器皿的标准化，测试最佳条件的选择，空白试验，平行试验，标准参考物质的发放，不同方法测定结果对照，各实验室间检测结果的对比分析等。

5）监测数据处理 基地环境监测中所取得的大量分析数据，是描述和评价基地环境质量的基本依据。监测数据处理的基本环节是有效数据、数量单位、基本统计量和统计单元的确定、离群值的判断、总体分布类型的检验、差异显著性分析、线性相关与回归分析等，通过数据处理过程，判断监测数据的总体特征，估计数据的可靠程度。从某种意义上来说，错误的数据比没有数据更可怕，因为错误的数据，可能产生错误的结论，导致管理决策的失误。

6) 基地环境质量评价 产地环境质量评价是蔬菜标准园创建的一项基础性工作,在进行该项工作时,应遵循以下两条原则:一是评价应在区域性环境初步优化的基础上进行,同时不应忽视农业生产过程中的自身污染;二是蔬菜标准园地的各项环境质量标准(空气、水、土壤)是评价产地环境合格与否的依据,要从严掌握。在全面反映产地环境质量现状的前提下,突出对产品生产危害较大的环境因素和高浓度污染物对环境质量的影响。

环境质量评价标准是环境质量评价的依据。2001 年 9 月,农业部已发布了《无公害食品 蔬菜产地环境条件》(NY5010—2001)标准,此为蔬菜标准园环境质量评价的依据。环境质量评价方法是环境质量评价的核心,也是人们比较关注的问题,环境质量现状评价方法很多,不同对象的评价方法又不完全相同,依据简明、可比、可综合的原则,一般采用指数法进行评价。

蔬菜标准园的环境质量评价是一项专业性很强的工作,应由具备资质的专业机构来完成。

(3) 蔬菜标准园地环境保护 蔬菜污染是农业环境污染造成的,不解决农业环境污染问题,蔬菜污染难以从根本上消除。今后一段时期工业及城市"三废"污染还会发展,化肥、农药所造成的污染还会加重,有机废弃物特别是规模养殖造成的粪便污染将成为突出问题。为此,一方面要进行农业环境的综合治理,特别要从源头上治理"三废"的排放,防止对大气、水体及土壤的污染;另一方面要利用和创造可能的条件进行清洁生产,防止生产过程中的自身污染。从产地建设角度讲,应着重做好以下工作。

1) 外源污染的预防与控制 外源污染主要包括工业"三废"、城市排污等带来的污染,其预防与控制措施主要有:①提高对外源污染的警惕与监督,要避免大气、水源和土壤的污染。首先环保和有关工业部门要积极有效地治理工业"三废"和城市排污,实现达标排放;对已经或正在严重污染环境的工厂企业应依法监督,限期改造或淘汰,确保得到妥善解决;农业部门和农业生产者也要学法、懂法,提高法律意识、生态环保意识,及时发现问题,监督执法,严防工业"三废"、城市垃圾和废水等污染产地生态环境。②加强产地生态环境建设,找出本地区存在的生态和环境隐患,制定切实可行的计划方案,采取生物措施与工程措施相结合的办法,进行山、水、田、林、路全面规划、综合预防与治理,增强产地环境容量和自净化能力。

2) 蔬菜生产过程的污染预防与控制 蔬菜生产过程中的污染,主要指农药、化肥、生长调节剂等农业投入品的使用不合理,以及蔬菜残株等废弃物处置、利用不当而造成的污染,主要应通过制定和实施标准化生产技术规程加以预防和控制。

在合理施用肥料和农药方面,要努力提高作物自身的水肥高效利用和抵御病虫害的能力,尤其是我国设施蔬菜生产中连作现象严重,实行促根、增施秸秆肥和合理调控温、湿度等健康栽培,对克服连作障碍和提高水、肥施用效果、减轻病虫害十分有效。

在菜田废物利用方面,走生态农业之路,发展标准化蔬菜生产,是明智的选择。目前,生产中蔬菜残株弃置田间地头的现象比较普遍,不仅造成养分资源浪费,成了污染源,还会传播病虫。蔬菜残株可采用高温堆肥法进行处理,也可用作沼气原料;有些蔬菜残株还富含有机营养,可用作青饲料过腹还田。所以,应大力推广种(植)养(殖)结合、种养沼(气)结合、种养沼加(工)结合等生态农业、循环农业模式,提高农业废弃物的再生利用率,有效防止废弃物对环境的污染。应禁止污水、固体废弃物进入蔬菜标准园,园中使用的肥料、农药、种子等包装物,应集中处理,不能乱丢乱放。

严禁使用污水灌溉，严禁使用未经无害化处理河塘污泥、城市垃圾及其生产的商品有机肥，严禁医院废水、废弃物进入标准园。

3）蔬菜标准园的土壤管理　要充分利用环境自然净化规律恢复和保持生态平衡。在蔬菜标准化生产中，应坚持以蔬菜为主，合理轮作，与其他作物互补种植，科学配置畜牧养殖和农产品加工等产业，逐步形成一个资源利用合理的社会化物质生产系统。

土壤次生盐渍化现象在一些老菜田和设施蔬菜生产中普遍存在，生产上常常采用以下措施进行改良：①灌大水浸泡排水洗盐、开沟埋设暗管垂直洗盐，洗出的盐水通过管道或排水系统排出后进行集中处理；降雨量大的地区，雨季应撤除棚膜和地膜，利用雨水淋溶洗盐；②采取休闲期种植或轮作，吸盐量大的速生作物，如苏丹草、玉米等进行生物除盐；③采用秸秆还田或增施秸秆肥，提高土壤缓冲性能；④通过深翻旋耕，使耕作层和深层土壤作混合，降低耕层土壤中离子浓度。

由于长期连作导致土壤退化、土壤生物肥力下降等问题，可采用：①与大田作物进行有效轮作；②夏季高温期间，施入一定量的石灰（或者石灰氮）和秸秆，浇水后，地面覆盖塑料薄膜，密闭4周；③利用蒸汽、热水灌注或药物进行土壤消毒。

4）蔬菜标准园的灌溉水源管理　各地的蔬菜灌溉水源不同，南方多以降水补给为主，而北方更多依赖于地下水资源，水质差异很大，主要表现为水体的硬度和浮游生物的种群密度特性以及污染物含量差异。有条件的地方应尽可利用地下水资源，利用地表水及江河、湖泊水灌溉的，必须确保水质达到蔬菜产地环境条件标准规定的灌溉水质量指标。在确保灌溉水质达标的同时，在还应严防水体的二次污染，否则就会前功尽弃。

蔬菜喜水，对水资源的消耗大。生产中应结合灌溉水的治理工程，采用微灌、膜下暗灌等先进的灌溉方式和肥水一体化技术取代漫灌、泼浇和随水冲施追肥等传统的灌溉追肥方式，并尽可能采用管道输水，避免二次污染和途中损失，从而大大节省灌溉用水，有效防止蔬菜土传病害的传播蔓延。

对于生产过程中产生的污水，应集中处理再利用，不能随意排放。

（二）规划布局

按照《蔬菜标准园创建与验收标准》，设施蔬菜标准园集中连片面积（设施内面积）200亩以上，露地蔬菜标准园集中连片面积1 000亩以上。功能区布局：育苗、生产、检测、采后处理等设施齐全，布局合理，生产与生活区分离。菜田基础设施：园内水、电、路配套，建成涝能排、旱能灌及主干道硬化的高标准菜田。

1. 规划布局的定位及原则

（1）**定位** 蔬菜标准园的规划布局应达到：集约化育苗、规模化种植、标准化生产、商品化处理、品牌化销售和产业化经营的要求。同时，既要考虑近期需要，又要考虑到未来发展，注意预设发展空间。

（2）**基本原则** 蔬菜标准园的规划建设应遵循以下原则：

1）合理布局 根据蔬菜标准园创建要求，合理配置功能区，做到科学实用，布局协调，既满足生产管理需要，又符合长期发展要求。

2）利用地形结构 充分利用地形结构规划建设露地种植区、设施种植区、产品加工区和管理区。

3）就地取材 在规划设计、建设中，一定要优先考虑选用当地建材，做到取材方便、经济可靠。

4）搞好土地和水面规划 蔬菜标准园的规划建设，要充分用好现有的水面资源，实现水产养殖、蔬菜生产互利发展。

2. 功能区的划分

按照蔬菜标准化生产要求，在蔬菜生产体系之外，一般应包括农资供应与仓储、技术服务、营销服务、信息网络等配套体系。因此，蔬菜标准园的功能区一般包括：育苗区、新品种和新技术展示区、蔬菜生产区、采后处理区（含产品仓储）、生产后勤服务区（含农资仓储）、综合管理办公区。其中，育苗区、新品种和新技术展示区、蔬菜生产区的规划属于菜田基础设施布局范畴。

3. 功能区的主要建设内容与布局

（1）功能区的主要建设内容

1）蔬菜生产区　包括露地种植区及设施种植区，对应的建设内容有：露地设施及保护地设施。

露地设施：主要建设内容包括，土地平整、区内路渠、灌溉系统和配电线路、肥料池、蓄水池等。

保护地设施：主要建设内容包括，一是基础设施，主要有土地平整、区内路渠、灌溉系统和配电线路等；二是塑料大棚（管棚）、日光温室等保护设施；三是附属配套设施，主要是滴灌、微喷及肥水一体化装置和蓄水池等。

2）采后处理及管理区　包括加工物流中心、生产后勤服务及配套设施用房、综合管理办公用房、生产及生活用房、停车场等。根据工程经验，此区域占地可按 45 亩考虑，依园区的管理运营方式、蔬菜处理工艺及处理量不同有所调整。

（2）布局形式

蔬菜标准园的布局主要考虑按分区布置的方式，总体上分为露地栽培区、设施栽培区、采后处理及管理区等三大区。其中，集约化育苗区及新品种新技术展示区包括在露地栽培及设施栽培区内靠近管理区的位置；采后处理及管理区内包括采后处理区（含产品仓储）、生产后勤服务区（含农资仓储）、综合管理办公区等。

设施种植区布局一般因场地地形而异，狭长形场地内的日光温室或塑料大棚的排列一般为"非"字形。地势平坦场区的日光温室或塑料大棚的排列一般采用组团式布局。

1）日光温室　日光温室一般用于北方。温室间距以当地最冷月（通常为 1 月份）上午揭苫时前栋温室不影响阳光能直接照射到后栋温室的前底角为最好。具体可通过计算确定（见日光温室采光设计）。

2）塑料大棚　大棚的间距因其使用季节有无降雪和降雪量大小而定。使用季节无降雪的地区，只要在相邻两栋大棚间留出 0.8～1 米宽的操作道即可。而使用季节有降雪的地区，大棚间距应达到 1.5 米以上，且降雪量越大棚间距越大，以防棚间堆积大量降雪挤垮大棚。

3）田间灌排渠和道路　根据《灌溉与配水工程设计规范》，蔬菜标准园的灌排渠以 10～20 亩为一单元设置为宜，一般情况可按主渠（砼）300 米间隔、支渠（土）100 米间隔布置。为节省用地，田间道路一般与灌排渠并排修建。菜田灌溉宜采用滴灌或微喷灌。田间道路一般间隔 100～200 米设置一道。

新品种新技术展示区最大占地面积为：设施蔬菜标准园 10 亩、露地蔬菜标准园 50 亩。集约化育苗区占地面积依据育苗方式及品种而定。

采后处理及管理区应位于整个蔬菜标准园的中心部位，且要进出交通便利。采后处理区的蔬菜加工物流中心与管理区应设置不同的对外出入口，以避免人流与物流交通的混杂。蔬菜加工物流中心的出入口位置及尺寸应根据物流货车的车型设置，进出口宜分开设置；加工区内的布局应同时满足生产流程及货运交通的需求。蔬菜标准园的布局方式如图 2 所示。

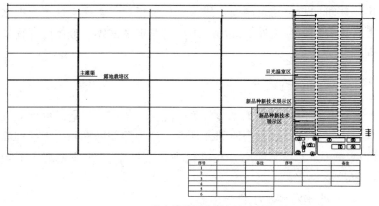

北方蔬菜标准园布局示意图

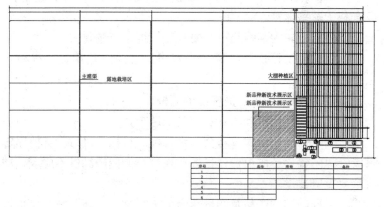

南方蔬菜标准园布局示意图

图 2　蔬菜标准园布局示意图

（三）基础设施建设

1. 基础设施建设的前期工作

征求并依据当地规划管理部门（规划局）、建设行政管理部门（建设局）的意见，落实具体的建设要求，如建设地点、容积率、建筑面积、建筑高度、建筑外观及色彩等。还应征求当地水务管理部门、环境保护部门对用水的要求及固体、液体废弃物处理的相关意见。

2. 功能区的建设

(1) 建设的前期工作 蔬菜标准园的生产及生活用房建造标准，应以经济、适用为原则。其中，作为蔬菜标准园采后处理的区域——加工物流中心，在进行项目实施前必须首先落实下列内容：

1）明确蔬菜加工物流中心的特点

①集蔬菜加工与物流配送为一体，能有效地缩短冷链环节，更有利于蔬菜保鲜。

②服务对象为连锁超市、便利店、批发市场等。

③建设初期蔬菜产品宜少不宜多，且要特色明显、规模化生产。

2）明确蔬菜加工物流中心的规模

①确定产品的目标人群及产品配送半径。

②确定产品的最大及均衡产量目标。目标产量过大会使固定投资资源闲置，造成浪费；目标产量过小会使产品供不应求，造成重复投资建设。

③根据确定的产品及产量落实加工物流各个环节配套建筑物的规模。

(2) 加工物流中心的整体布局 蔬菜标准园的加工物流，通常以分级包装配送为主。要明确物流中心各作业区的设置需要，依据具体的加工内容及加工量确定每个区域的需求。一个标准的加工物流中心应包括下列区域：

毛菜暂存区、修整分级作业区、缓冲区、小包装作业区、外包装作业区、产品快速预冷库、产品冷藏库、出货暂存区、装载容器清洗区、容器暂存区等，并要明确各区域的面积需求及加工设备的需求。

加工物流中心的作业区布局应遵循统筹规划原则、区域共用原则、可扩展性原则。

若是包括蔬菜深加工的物流中心，则要按照深加工产品的生产流水线要求，进行严格的生产流程设计和科学合理的作业区布局。

(3) 后勤服务、管理办公区的整体布局 根据蔬菜标准园的规模和管理方式不同，设置必要的配套用房。一般包括：工具及农机具库、农资库、机修车间、化验室、办公室、变配电室及其他附属用房等。

1）主要建筑设施建设方案

①加工物流中心各栋建筑物方案的确定。要根据上述建设前期工作中确定的加工物流中心的特点、规模以及各作业区的布局情况，结合场区用地的限制条件进行详细的设计。

下面通过一个具体的加工物流中心工程案例加以说明。该加工物流中心主要以生鲜叶类蔬菜及瓜果类蔬菜的清洗、分级、包装、预冷、冷藏加工为主，处理量 50 吨/日，以订单出货方式配送超市及菜市场。主要的生产及配套建筑物包括：

加工车间：2 000 米²/座。所用主要设备：蔬菜前处理设备。

包装车间：1 000 米²/座。所用主要设备：消毒设备、包装设备。

加工车间与包装车间可以合并为产品处理车间，考虑建筑面积为 3 000 米²/座。在此对产品进行清洗，去除杂质、微生物等，晾干或吹干后进行分级、防腐保鲜处理。

结构形式可采用轻钢结构，屋面布置采光带；也可采用土建结构，如圆钢混凝土结构或混合结构。产品处理车间的外形通常为长方形，其长度取决于流水作业线的形式和生产规模。一般长50～60 米，宽 12～18 米，高 5～6 米。产品处理车间的地坪、墙面和顶棚：地面建议采用环氧树脂自流平工艺，或防滑地砖；

内墙面应防腐、防霉，易于清洁消毒，可采用瓷砖到顶或高度为1.5米的瓷砖墙裙，墙面采用白水泥砂浆粉刷；顶棚最好采用铝合金条板吊顶，亦可采用硅酸钙板轻钢龙骨吊顶。

加工车间的供排水，供水采用常规饮用水供水设计，根据生产量确定用水量；排水主要是清洗产生的生产废水及少量的生活污水，生产废水的收集、排泄多采用有坡度的明沟，在沟上设置不锈钢箅子，在由明沟排入管道之前应设置拦污格栅，防止堵塞管道。

通风贮藏库：1 000米^3/座。

快速预冷库：500米^3/座。单库存储能力50吨，用于产品预冷。

冷藏库：500米^3/座。单库存储能力50吨，用于成品冷藏。有条件的地方可以建设气调保鲜库。产品采收后，都不能直接入库，需经过产品处理车间处理、包装后经预冷处理入库冷藏，也可直接出售。

②管理用房、配套用房方案的确定。要根据包括生产区、加工区在内的整体规模和管理人员配置情况进行详细设计。

某项目蔬菜生产区总用地面积703亩，其中，设施种植面积203亩（含育苗中心12亩），露地种植面积约500亩，蔬菜种类包括瓜果类和叶菜类。加工物流中心按前述规模考虑。配套的管理用房及附属设施包括：办公室（含实验室）400米^2、机修间50米^2、机房50米^2、变配电室60米^2、传达室20米^2、厕所40米^2、农资库200米^2、工具及农机具库200米^{2}等。

管理及配套用房可分单体建造，也可合并建造，可采用砖混结构。另外，如考虑办公用房（含实验室）使用的灵活性，可采用框架填充墙结构。

③在后勤管理区考虑蔬菜标准园区的整体用电负荷的变配电设施。由外线10千伏高压电引入场区，经变配电室后提供380/220伏的低压用电。

④由于采后处理及管理区地面需要进行硬化处理，场区的雨水应该采用雨污分流排水。少量的生活污水主要是生产车间内的卫生间污水、办公用房的生活污水，采用常规的化粪池收集排水方式设计。试验废水在保证没有化学污染的情况下也可排入生活污水管道。雨水、污水管道为无压管道，辅设时应保证一定的坡度，同时应按照设计规范根据当地条件保证一定的埋置深度。一般情况下雨水管道间隔30米设置雨水井，污水管道间隔30米设置检查井，但是根据不同地区及场地的具体情况有所不同。

⑤在采后处理及管理区应考虑场区绿化和停车场，小车停车位可采用草皮砖停车场，物流货车停车场宜采用混凝土地面。场区绿化总面积一般不低于30％。

(4) 田间基础设施的建设方案 田间基础设施包括田间道路和灌排沟渠（管道）以及供电线路等工程。

1）田间道路 按照节约用地、方便生产、适度超前、降低投入的原则，因地形地貌特点规划建设，并要与土地整治和灌排设施配置结合。地势平坦地区要做到田块成方，方便机械耕作运输，建设重点应以机耕道为主；丘陵地区及耕地面积紧张的地区，建设重点应以小拖拉机或手推车道为重点。道路的布置要根据蔬菜标准园的总体规划设计进行。

①田间梗道。常规采用C25混凝土路面，路基面宽1.5米，砼路面宽1.2米，厚120毫米以上，同时按规范做法设置伸缩缝。每100米安加厚砼管涵洞，直径0.3米。

②小拖拉机道。常规采用C25混凝土路面，路基面宽2米，砼路面宽1.5米，厚120～180毫米以上，同时按规范做法设置伸缩缝。每100米安加厚砼管涵洞，直径0.3米。

③机耕道。可采用泥结石路面，路基面宽6米，嵌安块石宽4.5米、厚250毫米，铺面沙石料宽4.5米，厚50毫米；铺面泥结石宽4.5米，厚100毫米，每100米安预制砼管涵洞，直径0.5米。

2）灌排沟渠　为节省用地，灌、排渠一般与田间道路并排修建。排水设施一般应达到三日暴雨不淹田，干旱时能满足蔬菜生长需要的灌水要求。各地要因地制宜明确灌排重点，地势平坦地区主要突出排水，灌排沟渠应选择相对较宽，并配建机井或者提灌设施；丘陵梯田和旱地要突出保水抗旱，灌排沟渠应选择相对较窄，并配建贮水池和机井或者提灌设施。建设时应在考虑排水流量的基础上，根据设计选用的断面尺寸，结合当地常用的断面形式进行建造。通常可选择 U 型、浆砌片石、砖砌渠等类型的灌排水沟渠。

例如：对于 U 型槽渠，灌排主沟常用预制混凝土 U 型槽，宽 0.6～0.8 米、深 1～1.2 米；灌排支沟常用预制砼 U 型槽，宽 0.5～0.7 米、深 0.5～0.7 米；田间渠道常用预制砼 U 型槽，宽 0.3～0.4 米、深 0.2～0.4 米。因各地的条件不同有所变化。

3）灌溉管道　设施蔬菜标准园灌溉应该采用管道供水，主管道可延田间机耕道及小拖拉机道布置，支管道沿田间便道布置，支管道通至设施外沿或进入设施内。为了避免灌溉用水点的水压或水量不足，应进行水利计算确定干、支管的管径。

4）供电线路　露地种植主要考虑田间机井及杀虫灯用电，设施栽培主要考虑日光温室内照明、施肥灌溉、其他用电，一般提供 380/220 伏供电即可。有条件的地区可考虑道路照明。

5）蓄水池　按照经验平均每亩配建 10～20 米³ 蓄水池，池深 2 米，因地形确定长、宽度。

（四）保护地设施设计与建造

1. 日光温室优型结构类型及其建造

（1）日光温室采光和保温设计　日光温室的设计除应考虑结构的风雪荷载外，应重点考虑采光、保温、作物生育和人工作业空间等问题。

1）采光设计　影响日光温室内光照的因素主要包括四方面，即：室外太阳辐射、日光温室的构型与方位、覆盖材料和位于日光温室东、南、西三面的遮阳物体（包括建筑物、树木、山梁等）。

太阳辐射与日光温室采光：太阳辐射强度、日照时数直接影响日光温室内的光环境。而室外太阳辐射的强弱又受制于太阳高度角和大气透明度，日照时数取决于地理纬度、季节和日照百分率，日照百分率取决于阴雨天气的频率和过程长短。

①太阳高度角。是指太阳直射光线与地平面的夹角。某地太阳高度角的大小随其所处的地理纬度、季节（日期）和白昼时刻变化而变化。从地理纬度看，太阳高度角随地理纬度升高而降低；从季节看，北半球一年中的太阳高度角，冬至日最小，夏至日最大，从冬至到夏至逐渐增大，从夏至到冬至逐渐减小；从白昼时刻变化看，每日12时（当地时间）的太阳高度角最大，从日出到12时逐渐增大，从12时到日落逐渐减小（表1）。日光温室的采光角度要依据其喜温蔬菜的栽培季节设计，用于喜温蔬菜越冬生产的日光温室要以一年中太阳高度角最小的冬至日为准进行采光设计。

表1　北纬30°、40°、50°地区冬至日不同时刻太阳高度角（°）

地理纬度（°）	时间（时）						
	7：17	7：30 16：30	8：16	9：15	10：14	11：13	12：00
30	0	6	11.5	21	29	35	36.5
40	—	0	5.5	14	21	25	26.5
50	—	—	0	6.5	12	15.5	16.5

通常所说的某地某天的太阳高度角，多是指该地区真子午时（即地方时12点，一天中太阳最高的时刻）的太阳高度角，用 H_0 表示。其计算公式为：

$$H_0 = 90° - \varphi + \delta$$

式中，φ 为某地的地理纬度；δ 为太阳赤纬，即太阳直射光线垂直照射在地面处的地理纬度。太阳赤纬随着日期的变化在 $-23.5°$（南回归线）至 $23.5°$（北回归线）的范围内变化，在北半球，夏半年（春分至秋分）取正值，冬半年（秋分至春分）取负值，冬至日为 $-23.5°$，夏至日为 $23.5°$。

②大气透明度。通常是指地球大气容许太阳辐射通过的百分率。大气透明度因大气成分和悬浮微粒的性质、密度及通过大气光学路径的长短而异，对太阳直射光的辐射影响最大，大气透明度越好，太阳辐射强度越大。通常，夏季晴天太阳的直射辐射占太阳总辐射的比率最高可达 90% 左右，而阴雨雪雾天往往不足30%，严重影响日照百分率。冬春季节，阴雨雪雾天气出现的频率越高、过程越长日照百分率越低，越不利于日光温室蔬菜生产；阴雨雪雾天气出现的频率越低、过程越短日照百分率越高，越有利于日光温室蔬菜生产。同时，高原地区的大气透明度往往由高于平原地区，若冬春季节不太严寒，更适宜发展日光温室优质瓜果生产。

③日照时间长短。在大气透明度良好的情况下，日照时间长短取决于季节和纬度。在北半球，夏半年日照时间随纬度升高而延长，冬半年则随纬度升高而缩短；冬至白昼时间最短，日照时间也最短，黑夜时间最长；春秋分白昼与黑夜时间相等；夏至白昼时间最长，日照时间也最长，黑夜时间最短。

温室的构型与采光：

①采光屋面角与采光。温室的采光屋面角对太阳直射光透光率的影响最为突出。当温室的采光屋面与太阳直射光线的夹角成 90° 时，即太阳直射光线的入射角为 0° 时，温室采光屋面的透光率最高，此时的温室采光屋面角称为理想采光屋面角。

然而，一方面，由于太阳高度角每时每刻都在发生变化，而温室一旦建成，采光屋面角就固定不变了，温室的理想采光屋面角只能存在于瞬间，不可能长时间保持；另一方面，入射光线透过率的高低虽然与光线入射角呈反相关，但不是直线升降关系，当入射角在 0°～40°间变化时，入射光线的透过率下降缓慢，而当入射角在 40°～90°间变化时，入射光线的透过率才会急剧下降（图 3），可见只要太阳直射光线对温室采光屋面入射角不大于 40°，也就是太阳高度角与温室采光屋面角之和不小于 50°，温室即可处于良好的采光状态

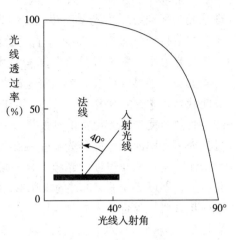

图 3　光线入射角与透过率的关系

（图 4 和图 5）。从经济合理的角度考虑，日光温室的采光设计不宜采用理想采光屋面角。

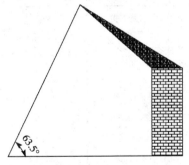

图 4　北纬 40°地区理想采光屋面角
日光温室示意图

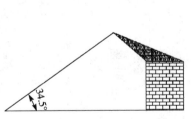

图 5　北纬 40°地区合理采光时段
屋面角日光温室示意图

　　日光温室的采光屋面角，应以喜温蔬菜栽培季节中光照最弱时期的太阳高度角为依据进行设计。北半球用于喜温蔬菜尤其是喜温果菜越冬生产的日光温室，应以冬至日的太阳高度角为依据进行设计。日光温室发源于冬春季节日照百分率高、温光条件相对较好的辽南地区，发展初期以冬至日真子午时日光温室达到合

理采光为标准设计采光屋面角,故称为"合理采光原理"。但在冬春季节日照百分率为50％左右的黄淮地区,按合理采光原设计的日光温室,冬至日只有在真子午时才能达到合理采光,持续时间太短,很难保证喜温果菜安全越冬。全国日光温室蔬菜高效节能栽培技术开发协作网于1992年在《中国蔬菜》第五期发表的《高效节能型日光温室的开发进展及问题讨论》一文提出,通过加大采光屋面角,使日光温室在冬至日10～14时都能达到合理采光状态,从而保证日光温室合理采光的持续时间达到4个小时以上,即以冬至日10时的太阳高度角为依据进行采光设计,随后将其概括为合理采光时段原理,并给出了数学模型[见数学表达式(1)、(2)、(3)],据此设计的第二代日光温室经全国多点试验示范,最低室温可比第一代日光温室提高5℃以上。合理采光时段屋面角与合理采光屋面角的差异见表2。

表2　合理采光屋面角与合理采光时段屋面角比较

北纬	冬至太阳 高度角($H_0°$)	冬至10时 太阳高度角($h_{10}°$)	合理采光 屋面角($\alpha_0°$)	合理采光 时段屋面角($\alpha°$)
33°	33.5	26.7	16.5	27.2
34°	32.5	25.8	17.5	28.2
35°	31.5	25.0	18.5	29.3
36°	30.5	24.1	19.5	30.3
37°	29.5	23.2	20.5	31.4
38°	28.5	22.4	21.5	32.4
39°	27.5	21.5	22.5	33.5
40°	26.5	20.6	23.5	34.5
41°	25.5	19.7	24.5	35.6
42°	24.5	18.9	25.5	36.7
43°	23.5	18.0	26.5	37.7
44°	22.5	17.1	27.5	38.8
45°	21.5	16.2	28.5	39.9

$$\sin\alpha = \sin\alpha_{10}/\cos\theta_{10} \qquad\qquad (1)$$

$$\alpha_{10} = 50°-h_{10} \qquad\qquad (2)$$

$$\sin h_{10} = \sin\varphi\sin\delta + \cos\varphi\cos\delta\cos t \qquad\qquad (3)$$

式（1）、（2）、（3）中的 α 为合理采光时段屋面角；α_{10} 为 10 时的合理采光屋面角，θ_{10} 为 10 时的太阳方位角（可用时角代替）；h_{10} 为 10 时的太阳高度角；φ 为地理纬度；δ 为太阳赤纬；t 为太阳时角（按 15°/时计算）。

另据沈阳农业大学在当地测定，冬至时节，当日光温室的采光屋面角度在 40°～30°间变化时，每减小 1°，日均获取的太阳辐射要减少 1.0%～1.2%；采光屋面角度在 30°～20°间变化时，每减小 1°，日均获取的太阳辐射减少 1.4%～1.7%。沈阳市日光温室的合理采光时段屋面角应为 35.45°。

②温室的方位与采光。温室的方位对太阳直射光的透光率影响较大。日光温室为单屋面彩光温室，东西延长坐北朝南的采光效果最佳。由于蔬菜作物大都是上午的光合作用能力强，在生产实际中日光温室的采光屋面往往并不是朝向正南，而是因当地冬季早晨的气温而定。通常情况下，纬度较低的地区，气候温和，8 时前即能揭苫见光，宜取南偏东的方位；纬度较高的地区，气候严寒，须 9 时以后才能揭苫见光的地区，宜取南偏西的方位；介于上两者之间的地区，则宜取正南方位，即日光温室得延长线垂直于当地的真子午线；而南偏东或南偏西日光温室延长线的垂线与当地真子午线的夹角以 5°～7.5°为宜，切不可过大，否则不利于日光温室的蓄热。

③温室的结构材料与采光。温室结构主要是指日光温室的连栋数目和长短、采光屋面的形状、后屋面的仰角大小和水平投影宽窄，材料主要指骨架材料的粗细、颜色、材质以及全天候透明覆盖物类型和功能性。

连栋日光温室的采光面积和土地利用率都可得以显著增加，但保温性则会明显下降，难以保证喜温蔬菜安全越冬生产。所以，目前商品化蔬菜生产中几乎没有应用。然而，应用研究领域已有二连栋和多连栋的日光温室，2～3连栋的日光温室，既以尽可能保留节能的优势和特色，又能显著提高土地利用率，可能成为今后发展的重要方向。为了减小东西两侧山墙遮光的对室内光照强度和分布的影响程度，日光温室的长度以70～80米为佳。

采光屋面的形状对日光温室的光环境和蓄热性能影响较大。试验研究结果表明，在流线形、1/4圆弧形、长椭圆形、抛物线形、双斜面形、一面坡形的采光屋面中，以流线型采光屋面日光温室的透光率最高、获取的太阳辐射能最多。所以，流线形拱架是全国日光温室的主流构型。为了优化日光温室内的光照分布，特别是改善日光温室后部的光照条件，在进行流线形采光屋面的设计时，要特别注意保证近屋脊处的屋面采光角度不小于15°，且以18°～20°为好；同时要适当加大后屋面的仰角，进行冬季喜温蔬菜生产的日光温室，应力求在霜降至雨水的121天里，即便是在正午时太阳也能直射整个后墙。后屋面的投影宽度应在不影响保温的前提下尽量减小，根据各地经验，后屋面投影宽度与日光温室跨度比值的适宜范围在0.2～0.25，极端最低温度越低的地方，其比值应越大。

温室骨架材料的大小、多少和形状，既影响其透光率，又影响室内的光照分布。骨架材料越多、截面积越大，遮光面越大。为尽可能减少骨架材料的遮光，简易日光温室的拱架材料应选用空腔小、材质坚硬的竹竿，拉杆和立柱也应尽可能选用材质坚硬、粗细适中、顺直匀称的竹木材料；钢架日光温室，拱架材料不宜选用型材，上弦和拉杆应选用热镀锌厚壁管材，为降低造价，下弦可用圆钢；粉煤灰菱苦土拱架，应注意提高强度，严格控制截面积。支撑薄膜的拱架颜色宜浅不宜深，不然易形成局部过热加速薄膜热氧老化，造成接触拱架处的薄膜提前老化破裂。

日光温室前屋面为采光屋面，其透明覆盖材料的透光性能对室内光照强度的影响很大。进行越冬喜温蔬菜生产的日光温室，应选用透明度高、保温性好（远红外阻隔率高）、长效（8个月以上）流滴消雾类薄膜作为透明覆盖材料，以EVA类流滴消雾功能膜为好，也可选用PVC流滴消雾功能膜。

④温室的间距与采光。在一个日光温室群中，存在前后和左右两种间距，其中左右间距大小对温室采光没有影响，而前后间距对温室的采光可能产生显著影响，必须以在不影响采光的前提下尽量提高土地利用率为原则，严格规划设计。具体可按下式计算：

$$L = (G+D)/\mathrm{tg}(h_{9:30\sim10:00})\cos(\theta_{9:30\sim10:00}) - (L_1 + L_2)$$

式中，G为日光温室的脊高；D为外保温覆盖物卷起直径；$h_{9:30\sim10:00}$为9:30或10:00时的太阳高度度角；$\theta_{9:30\sim10:00}$为9:30或10:00时的太阳方位角（可用太阳时角代替）。

2）保温设计　保温性是日光温室最重要的性能之一。根据热收支平衡（图6），日光温室保温设计应着力减少贯流放热、缝隙放热、地中横向传导放热。

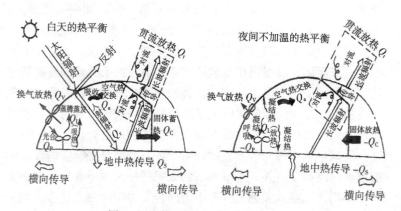

图6　日光温室内热收支平衡示意图

①减少贯流放热。贯流放热是日光温室最主要的热量损失途径，减少贯流放热的主要途径有：提高保温比、增加内外保温覆盖。

所谓保温比是指温室的蓄热保温面积与散热表面积之比。一般温室的围护结构比较薄，被视同为采光屋面的散热面积，只有温室内的土壤属于蓄热保温体，所以，保温比都显著小于1，温室越高，保温比越小，保温能力越差。这也是日光温室在采光设计上不宜追求理想采光屋面角的主要原因。为了提高日光温室的保温比，我们必须把墙体和后屋面设计建造成蓄热保温体，使其白天能吸收和蓄积太阳辐射能，夜间不仅能把围护结构的贯流放热量减少到最低，而且能持续向温室内放热。

为此，需要引入异质复合蓄热保温体的概念，就是把日光温室的墙体乃至后屋面设计成两层以上的复合结构，内层建筑材料的密度越高热容量越大越好，以最大限度地吸收和蓄积太阳辐射能；中外层建筑材料的密度越低导热系数越小越好，以最大限度地减少贯流放热，使其成为有效的蓄热保温体。这样，日光温室的保温比即可接近甚至大于1。

同时，为了尽可能减少日光温室前屋面的贯流放热，室内可增加小拱棚、内张保温幕等夜间保温覆盖，夜间和阴雨雪雾天，可在前屋面上增加草苫（保温被）、纸被、苫膜等外保温覆盖。

②减少缝隙放热。所谓缝隙放热是指由于放风口、门窗关闭不严，或墙体、后屋面存有裂缝，亦或前屋面上的薄膜有破裂之处，室外的冷空气便由缝隙、破裂处渗透，形成室内外冷热空气对流散热。减少缝隙放热的关键是严密封闭放风口和门窗，及时发现并修复墙体、后屋面的裂缝和薄膜的破裂之处。

③减少地中横向传导放热。由于冬春季节日光温室内部的土壤温度始终高于室外，土壤蓄积的太阳能便源源不断地传导到室外，室内外土壤温差越大，土中横向传导损失的热量越多。减少地中横向传导放热的主要途径是通过开设防寒沟或埋设苯板，将日光温室内外的土壤隔断防止地中热量横向传导。防寒沟和苯板的设置深度均应超过当地最大冻土层厚度。

（2）日光温室的建造

1）场地选择与规划

场地选择原则：

①地形开阔，日光温室后墙南侧 180°范围内无遮光物体（包括树木、建筑物、山梁、土坎等）。

②合理利用地形地物，避开风口，北面最好有天然屏障。

③地下水位较低，灌溉水源充足、水质良好，排水通畅。

④土层深厚，土壤肥沃疏松，无污染，无盐碱。

⑤空气无污染、无烟尘、少雾。

⑥距电源较近，与交通干线的距离适当（距离高速公路 500米以上、国道省道 200 米以上）。

场区规划：对于一个设施蔬菜标准园来说，为了更充分合理地利用土地，必须对建造日光温室群的地块进行科学规划。主要包括如下几方面：

①确定"五度"、"三材"。根据地块的大小和形状，以及当地的纬度和冬季气候条件，科学设计日光温室的五度（长度、跨度、角度、高度、厚度）、三材（透明覆盖材料、保温覆盖材料、建筑材料），确定日光温室群的田间布局，编制好施工方案。

长度：通常情况下，日光温室的长度以 70～80 米为佳，短于 50 米山墙的遮光影响大，长于 100 米机械卷苫扭矩过大易造成中心轴扭曲变形。具体应本着经济合理利用土地的原则，根据保温覆盖物和地形地貌科学确定。

跨度：统筹兼顾合理采光、蓄热保温、光温分布合理、结构坚固、作业方便等要素，早期的日光温室，跨度大都在 5～7 米。20 世纪 90 年末以来，日光温室的跨度随着机械化卷帘的发展不断加大，目前已出现 12 米以上跨度的日光温室。但随综合考虑采光、保温、抗雪、抗风以及室内的光热空间分布规律，日光温室的跨度以 8～9 米为宜，不宜小于 7 米，也不宜大于 10 米。

角度：包括采光屋面角、后屋面仰角和温室方位角，日光温室的合理采光时段屋面角，可按照前文给出的数学模型进行精确计算，也可从表 3～表 6 查得。日光温室的后屋面仰角，北纬 40°地区以 40°为宜，北纬 33°地区以 45°为宜，北纬 45°地区以 35°为宜。日光温室的方位角，气候较温和的地区宜取南偏东 5°～7.5°，气候严寒地区宜取南偏西 5°～7.5°，其他地区宜取正南方位（日光温室延长线垂直于真子午线）。

表 3　按太阳时角和方位角计算的冬至日合理采光时段屋面角的差异

北纬	按时角计算的合理采光时段屋面角（α）	按方位角计算的合理采光时段屋面角（α）	冬至 10 时太阳方位角
33°	27.2°	26.4°	30.95°
34°	28.2°	27.3°	30.72°
35°	29.3°	28.1°	30.50°
36°	30.3°	29.0°	30.29°
37°	31.4°	29.9°	30.08°
38°	32.4°	30.6°	29.88°
39°	33.5°	31.5°	29.68°
40°	34.5°	32.2°	29.50°
41°	35.6°	33.2°	29.32°
42°	36.7°	33.9°	29.15°
43°	37.7°	34.7°	28.98°
44°	38.8°	35.5°	28.83°
45°	39.9°	36.3°	28.68°

表 4　不同季节和纬度的太阳赤纬角和方位角

北纬	冬至	小寒	大寒	立春	雨水	惊蛰	春分
赤纬	−23.45°	−22.7°	−20.17°	−16.35°	−11.48°	−5.92°	0.00°
33°	30.95°	30.97°	31.57°	32.36°	33.13°	33.69°	33.90°
34°	30.72°	30.75°	31.35°	32.13°	32.90°	33.45°	33.66°
35°	30.50°	30.54°	31.13°	31.90°	32.66°	33.22°	33.42°
36°	30.29°	30.33°	30.92°	31.68°	32.44°	32.99°	33.19°

（续）

北纬	冬至	小寒	大寒	立春	雨水	惊蛰	春分
37°	30.08°	30.13°	30.71°	31.48°	32.23°	32.77°	32.97°
38°	29.88°	29.94°	30.52°	31.27°	32.02°	32.55°	32.75°
39°	29.68°	29.75°	30.33°	31.08°	31.82°	32.35°	32.54°
40°	29.50°	29.58°	30.15°	30.89°	31.62°	32.15°	32.35°
41°	29.32°	29.41°	29.97°	30.71°	31.44°	31.96°	32.15°
42°	29.15°	29.24°	29.80°	30.54°	31.26°	31.78°	31.97°
43°	28.98°	29.08°	29.64°	30.37°	31.09°	31.61°	31.80°
44°	28.83°	28.93°	29.49°	30.21°	30.93°	31.44°	31.63°
45°	28.68°	28.79°	29.34°	30.06°	30.77°	31.28°	31.47°

表5　北方部分城市冬至太阳数值表

城市	北纬	10时			12时		
		太阳高度角	太阳方位角	影长率	太阳高度角	太阳方位角	影长率
蚌埠	32.93°	26.77°	30.92°	1.98	34.48°	0	1.46
徐州	34.32°	25.58°	30.57°	2.09	32.23°	0	1.59
运城	35.00°	25.00°	30.40°	2.14	31.55°	0	1.63
青岛	36.06°	24.08°	30.10°	2.24	30.48°	0	1.70
济南	36.68°	23.55°	30.02°	2.30	29.87°	0	1.74
石家庄	38.07°	22.35°	29.73°	2.43	28.48°	0	1.84
北京	39.95°	20.70°	29.37°	2.65	26.60°	0	2.00
大同	40.00°	20.67°	29.35°	2.65	26.55°	0	2.00
丹东	40.08°	20.58°	29.33°	2.66	26.46°	0	2.01
多伦	42.20°	18.75°	28.97°	2.95	24.37°	0	2.21
延吉	42.90°	18.13°	28.87°	3.05	23.65°	0	2.28
长春	43.87°	17.28°	28.72°	3.21	22.68°	0	2.39
哈尔滨	45.75°	15.63°	28.45°	3.58	20.80°	0	2.63

表6 不同纬度不同季节的太阳高度角

北纬	冬至	小寒	大寒	立春	雨水	惊蛰	春分
33°	33.55°	34.3°	36.83°	40.65°	45.52°	51.08°	57°
34°	32.55°	33.3°	35.83°	39.65°	44.52°	50.08°	56°
35°	31.55°	32.3°	34.83°	38.65°	43.52°	49.08°	55°
36°	30.55°	31.3°	33.83°	37.65°	42.52°	48.08°	54°
37°	29.55°	30.3°	32.83°	36.65°	41.52°	47.08°	53°
38°	28.55°	29.3°	31.83°	35.65°	40.52°	46.08°	52°
39°	27.55°	28.3°	30.83°	34.65°	39.52°	45.08°	51°
40°	26.55°	27.3°	29.83°	33.65°	38.52°	44.08°	50°
41°	25.55°	26.3°	28.83°	32.65°	37.52°	43.08°	49°
42°	24.55°	25.3°	27.83°	31.65°	36.52°	42.08°	48°
43°	23.55°	24.3°	26.83°	30.65°	35.52°	41.08°	47°
44°	22.55°	23.3°	25.83°	29.65°	34.52°	40.08°	46°
45°	21.55°	22.3°	24.83°	28.65°	33.52°	39.08°	45°

高度：即日光温室的脊高，等于采光屋面的水平投影宽度乘以合理采光时段屋面角的正切函数值。

厚度：包括日光温室的墙体和后屋面的厚度，为了确保其蓄热保温性能，均应达到一定的厚度。土墙，其厚度可在当地最大冻土层厚度的基础上增加80～100厘米。永久性墙体，内墙厚度应不低于三七墙砖墙；外墙厚度因材料的隔热性能而异，如用苯板，通常10～12厘米厚即可。后屋面的厚度视寒冷程度而定，简易后屋面40～70厘米，永久性后屋面20～35厘米。

透明覆盖材料：日光温室前屋面为采光屋面，其透明覆盖材料的透光性能对室内光照强度的影响很大。进行喜温蔬菜越冬生产的日光温室，应选用透明度高、保温性好（远红外阻隔率高）、长效（8个月以上）流滴消雾类薄膜作为透明覆盖材料。进行喜冷凉蔬菜越冬生产的日光温室，则宜选用漫散射功能膜。

保温覆盖材料：日光温室前屋面由于只能采用易于卷放的保温覆盖材料，其材质、厚度、质量（俗称重量）、成本均受限制，其夜间和阴雨雪雾天气的贯流放热量往往占日光温室散热总量的70％以上，必须予以高度重视，着力减少前屋面的贯流放热量。农户多用草苫和纸被作为保温覆盖材料，草苫要求达到5～6厘米厚，纸被要求用4～6层牛皮纸复合制成，气候严寒地区应采取草苫加纸被覆盖保温，气候温和地区用草苫覆盖保温即可；特别严地区或遇冷冬年，还应增设保温幕和中小棚等内保温设施；冬春多阴雨地区，需在草苫上加盖热效（高阻隔远红外线）防雨膜。

建筑材料：日光温室的建筑材料包括屋架建筑材料、墙体（含地梁）建筑材料和后屋面维护材料等。为了减轻后屋面的重量，原则上宜选用密度低、重量轻、导热系数小的建筑材料做成异质复合保温体。但若骨架材料强度高，在后屋面底部设置一层薄型（5厘米厚）水泥预制板，把后屋面也做成异质复合蓄热保温体则更好。墙体务必要组成异质复合蓄热保温体，即内墙用强度高、蓄热系数大的建筑材料构筑，主要起承重载热（白天蓄热，夜晚放热）作用；外墙用密度低、重量轻、导热系数小的建筑材料构筑，主要起隔热保温作用。屋架要尽可能选用高强度的建筑材料搭建，以增强日光温室的稳固性，减少屋架遮阳，方便农事作业。

此外，还要设置好日光温室的操作间（进出口）和放风口。操作间（进出口）既要方便进出温室，又要利于封闭保温。放风口有两种设置方式：一是扒缝放风，应设置上下两道放风口，上放风口设置在距离屋脊80厘米左右处，下放风口设置在距离前底角1～1.2米左右处，以定滑轮组开启与关闭放风口的方式为好。二是烟筒式放风（适用于聚氯乙烯板耐候功能膜），在距离脊檩2～3米处设置一排直径30～40厘米、高50厘米的放风薄膜烟筒，膜筒下口粘合在薄膜上、上口带十字的铅丝环上，切除放风膜筒内的薄膜，需要放风时将放风膜筒垂直撑出，不需要放风时将放风膜筒旋转封闭收回。

②制作场区布局图。按照确定的日光温室方位角、前后左右间距和温室群内的交通道路规划，绘制田间日光温室群的方位图。

③编制施工方案。根据确定的"五度"、"三材"及其市场价位，估算各类建材的需求总量和造价，制定采购计划，提出土建施工时间表和具体要求。

2）温室群的建造施工

①统一调整土地。在农户分散经营的地方发展日光温室蔬菜生产，大都需要统一调整土地。因为大田作物栽培多为南北行向，土地包干到户时农区主要种植大田作物，故多按南北延长的条形地块分包到户，且地块长短、宽窄因当时各户的人口而异。日光温室须东西延长建造，且要求长短、宽窄要求一致，所以必须统一调整土地。

②确定施工时间。日光温室的施工时间因气候条件和当年的种植茬口而异，种植冬春茬果菜的日光温室，须在秋雨来临之前建成并扣膜蓄热。种植早春茬果菜的日光温室，须在上冻前建成并扣膜蓄热。

③准备建筑材料

竹木水泥构件屋架材料：

a. 柁（顶梁）和檩子。简易日光温室的后屋面骨架，有的为中柱＋柁＋檩子结构，有的为中柱＋顶梁＋椽子结构，通常为3米开间，即每隔3米设置一中柱，柱顶放柁或顶梁。圆木柁小头直径12厘米，水泥预制柁断面为18厘米×12厘米，内设3根钢筋，其中受力筋（中主至柁顶端的顶筋和中主至柁末端的底筋）要用一根Φ12毫米钢筋，其余2根用Φ8毫米钢筋，箍筋用Φ4毫米冷拔钢丝，并在与中柱和后柱连接部位设箍筋、预设连接固定孔。后屋面，通常设置三道檩子，即脊檩、腰檩、后檩。

圆木脊檩子头直径 10 厘米，水泥预制檩子断面为 14 厘米×12 厘米，内设 3 根钢筋，其中顶筋为受力筋，要用 Φ6 毫米钢筋，2 根底筋用 Φ8 毫米钢筋，箍筋用 Φ4 毫米冷拔钢丝，两端须设箍筋并预设连接固定孔。圆木顶梁要求均匀顺直，小头直径 12 厘米；水泥预制顶梁断面为 14 厘米×12 厘米，内设 4 根钢筋，其中底部两根受力筋为 Φ12 毫米钢筋，其余 2 根用 Φ8 毫米钢筋，箍筋用 Φ4 毫米冷拔钢丝，也需在两端设箍筋并预设连接固定孔。

b. 中柱和后支柱。简易日光温室后屋面的柁，前头靠中柱支撑，后头靠墙体支撑，后屋面过重土墙支撑不住时，须增加后柱支撑。圆木中柱和后支柱（嵌入墙体柁后部的支柱）小头直径 10 厘米，水泥预制中柱和嵌入墙体的柁支柱断面为 12 厘米×12 厘米，内设 4 根 Φ6 毫米钢筋，箍筋用 Φ4 毫米冷拔钢丝，顶端须设箍筋并预设连接固定孔。

c. 腰柱和前立柱。简易日光温室前屋面骨架多为悬梁吊柱式结构，即立柱＋悬梁＋吊柱与拱杆连接固定。立柱分为腰柱和前立柱，与柁对应设置，8 米以下跨度的通常设置前立柱和一根腰柱，9～10 跨度的再加设一根腰柱，前立柱和腰柱必须南北成列东西成排，以便通过拱杆、悬梁、吊柱牢固连接为一体。圆木腰柱和前立柱小头直径 5～8 厘米，水泥预制腰柱和前立柱断面为 8 厘米×10 厘米，内设 4 根 Φ8 毫米钢筋，箍筋用 Φ4 毫米冷拔钢丝，顶端和固定悬梁部位应设箍筋并预设连接固定孔。

d. 拱杆、悬梁和吊柱。简易日光温室的拱杆间距大都在 60～75 厘米之间，用小头直径 3～4 厘米的竹竿（片）；悬梁用小头直径 4～5 厘米的圆木或竹竿，吊柱用直径 3～4 厘米、长 20～30 厘米的圆木，并在距两端 4～5 厘米处各钻 1 个孔以便与悬梁和拱杆固定。

此外，还需要准备地锚和一些固定竹木、水泥构件钉子、铁（钢）丝等，有的还要准备椽子。

钢铁构件屋架材料：

a. 厚壁钢管。钢骨架日光温室的拱架间距以 1 米为宜，拱架的上弦用 6′厚壁热镀锌钢管，拉杆用 4′厚壁钢管，壁厚均不低于 2.75 毫米。建造 9～10 米跨度日光温室时，须将下弦的圆钢改为 4′厚壁钢管，或每隔 3 米设置一个上弦为约 3.3 厘米厚壁钢管、下弦为 4′厚壁钢管的加强桁架，亦或双下弦结构地中传热加强桁架，上弦为约 3.3 厘米厚壁钢管，双下弦为 Φ14～16 毫米的圆钢，以加大拱架强度。

b. 圆钢。拱架下弦可用 Φ10～12 毫米圆钢，上下弦之间的拉花用 Φ8～10 毫米圆钢。

日光温室拱架节点的焊缝长度应不小于 25 毫米，并须双面焊。有条件的焊完以后最好做整体热镀锌处理，也可做其他防锈处理。

墙体后屋面材料：温室墙体和后屋面属于支撑围护结构，不仅要具有足够的承重能力，而且须具备优良的蓄热保温能力。因此，最好选择蓄热保温能力强的材料作为墙体和后屋面建筑材料。然而，目前上尚此类无两全其美的建筑材料，而是保温能力强的蓄热能力差，蓄热能力强的保温能力差。所以，要想使温室的墙体和后屋面既蓄热又保温，就要采用复合两种以上材料异质复合多功能墙体和后屋面。温室墙体和后屋面的内侧可选用钢筋混凝土预制件或石头、黏土砖、黏重土壤热容量大的材料，中外部可以选用聚苯板、蛭石、炉渣、锯末、稻壳、切碎稻草、空心砖等导热系数小、隔热性能良好的材料。

建筑材料的计算与采购：建造简易日光温室所需的建筑材料数量和质量，要根据所设计的日光温室结构参数进行计算和购置。竹木材料按照设计的粗细、长短和根数采购；水泥预制构件宜按照设计的长短、断面大小和质量要求采购原材料自行预制，也可直接采购预制件。

钢架日光温室构件，为节省造价、确保质量，最好按照设计的日光温室结构参数和材料规格要求，购置所需的钢材委托专业温室公司加工构件，有条件的也可以自制构件。主要钢材用量计算可参照表7。

表7　钢材理论重量计算公式

名　称	计算公式	符号意义	计算举例
圆钢（盘条）（千克/米）	$W=0.006\,165\times d\times d$	d＝直径毫米	直径10毫米的圆钢，求每米重量。每米重量＝$0.006\,165\times10\times10=0.616\,5$千克
螺纹钢（千克/米）	$W=0.006\,17\times d\times d$	d＝断面直径毫米	断面直径为12毫米的螺纹钢，求每米的重量。每米的重量＝$0.006\,17\times12\times12=0.89$千克
等边角钢（千克/米）	$W=0.007\,85\times[d\,(2b-d)+0.215\,(R\times R-2r\times r)]$	b＝边宽，R＝内弧半径，d＝边厚，r＝端弧半径	求40毫米×5毫米等边角钢的每米重量。5毫米×40毫米等边角钢的R为17.277 1，r为5。则每米重量＝$0.007\,85\times[5\times(2\times40-5)+0.215\times(17.277\,070\,06\times17.277\,070\,06-2\times5\times5)]=3.36$千克
钢管［包括无缝钢管及焊接钢管］（千克/米）	$W=0.024\,66\times s\,(d-s)$	d＝外径，s＝壁厚	外径为20、壁厚2.75的无缝钢管，求每米重量。每米重量＝$0.024\,66\times2.75\times(20-2.75)=1.17$千克

④施工要领

定位放线：按照温室群规划图确定的日光温室方位角、前后左右间距，用石灰粉在田间进行定位放线。先依据规划图画出日光温室群建设地界和温室群内的道路，再确定日光温室的方位。日光温室群内南北称列、东西称排，通常每两列日光温室间应留3～4米作业道并附设排灌水设施，每隔2～3列和8～10排日光温应留一条5～6米干道，以利于大型运输车辆通行。确定日光温室方位的方法通常有两种：

a. 标杆法。就是在田间立一根垂直于地面的标杆，在但地时间 12：00 时标杆的影长最短，此时平行于标杆影子的直线即为真子午线，朝向正南正北。当地时间与北京时间之间的时差，可以通过计算获得。北京时间并不是北京市所处经度的时间，而是东经 120° 的时间，某地当地时间 12:00 的计算方法如下：

$$T_D = T_B + (E_0 - E_d) / 15$$

式中，T_D 为当地时间 12:00 时；T_B 为北京时间 12:00 时；E_0 为北京时间计算经度；E_d 为当地时间计算经度。部分城市的地理坐标见表 8。

表 8　部分城市地理坐标

城市	经度	纬度	城市	经度	纬度	城市	经度	纬度
双鸭山	E131°21′	N46°36′	通辽	E122°13′	N33°39′	玉门	E97°46′	N39°51′
鸡西	E130°58′	N45°17′	烟台	E121°20′	N37°33′	昌都	E97°14′	N31°05′
佳木斯	E130°22′	N46°49′	牙克石	E120°41′	N49°17′	玉树	E96°39′	N33°01′
鹤岗	E130°16′	N47°23′	青岛	E120°18′	N36°04′	苏西克	E94°08′	N38°24′
牡丹江	E129°34′	N44°35′	海拉尔	E119°40′	N49°15′	哈密	E93°32′	N42°49′
延吉	E129°29′	N42°57′	连云港	E119°12′	N34°39′	拉萨	E91°10′	N29°40′
伊春	E128°55′	N47°42′	潍坊	E119°03′	N36°42′	日喀则	E88°53′	N29°19′
哈尔滨	E126°41′	N45°45′	淮阴	E119°01′	N33°34′	亚东	E88°51′	N27°25′
吉林	E126°32′	N43°52′	赤峰	E119°	N42°16′	若羌	E88°09′	N39°
通化	E125°53′	N41°46′	马鞍山	E118°28′	N31°42′	阿勒泰	E88°07′	N47°55′
长春	E125°19′	N43°52′	芜湖	E118°22′	N31°21′	乌鲁木齐	E87°36′	N43°48′
辽源	E125°05′	N42°55′	临沂	E118°22′	N38°52′	昌吉	E87°19′	N44°02′
丹东	E124°22′	N40°08′	屯溪	E118°16′	N29°43′	曼尼	E87°10′	N34°46′
四平	E124°20′	N43°11′	淄博	E117°50′	N36°30′	改则	E85°20′	N32°07′
齐齐哈尔	E123°54′	N47°19′	合肥	E117°18′	N31°51′	木拉	E82°26′	N34°09′

（续）

城市	经度	纬度	城市	经度	纬度	城市	经度	纬度
抚顺	E123°53′	N41°50′	徐州	E117°11′	N34°15′	大克	E80°21′	N31°44′
本溪	E123°47′	N41°18′	安庆	E117°01′	N30°31′	阿克苏	E80°18′	N41°09′
沈阳	E123°24′	N41°50′	淮南	E117°	N21°51′	和田	E79°56′	N37°05′
辽阳	E123°10′	N41°17′	济南	E117°	N36°38′	喀什	E76°	N39°31′
鞍山	E122°56′	N41°08′	六安	E116°30′	N31°44′	商县	E109°55′	N33°56′
营口	E122°12′	N40°41′	锡林浩特	E116°06′	N43°57′	铜川	E109°08′	N35°03′
阜新	E121°43′	N42°03′	聊城	E115°57′	N36°27′	安康	E109°	N32°42′
旅大	E121°34′	N38°53′	阜阳	E115°48′	N32°55′	咸阳	E108°42′	N34°21′
锦州	E121°05′	N41°07′	郑州	E113°42′	N34°48′	宝鸡	E107°08′	N34°23′
朝阳	E120°25′	N41°32′	长治	E113°06′	N36°10′	汉中	E107°01′	N33°03′
唐山	E118°12′	N39°37′	榆次	E112°44′	N37°40′	银川	E106°16′	N38°20′
承德	E117°51′	N40°57′	南阳	E112°31′	N33°01′	天水	E105°41′	N34°14′
保定	E115°28′	N38°52′	呼和浩特	E111°48′	N40°49′	定西	E104°36′	N35°35′
张家口	E114°53′	N40°50′	侯马	E111°20′	N35°37′	白银	E104°09′	N36°41′
石家庄	E114°28′	N38°02′	包头	E109°58′	N40°35′	兰州	E103°49′	N36°03′
邯郸	E114°27′	N36°35′	榆林	E109°45′	N38°17′	临夏	E103°11′	N35°35′
阳泉	E113°36′	N37°53′	延安	E109°28′	N36°36′	西宁	E101°45′	N36°38′
大同	E113°16′	N40°05′	西安	E108°54′	N34°16′	张掖	E100°28′	N38°55′
太原	E112°34′	N37°52′	巴彦浩特	E105°41′	N38°49′			

例1：甘肃省张掖市位于东经100°28′（100.47°）、北纬38°55′，求当地时间12:00时。

$T_D = 12 + (120 - 100.47)/15 = 12 + 1.302$，即当地时间12:00时要比北京时间12:00时晚1.302小时，也就是北京时间13:18′:7″，此时标杆影子的平行线即为真子午线。

例2：黑龙江省鸡西市位于东经130°58′（130.97°）、北纬46°36′，求当地时间12:00时。

$T_D = 12 + (120 - 130.97)/15 = 12 - 1.265$，即当地时间12：00时要比北京时间12：00时早1.265小时，也就是北京时间10：44′：6″，此时标杆影子的平行线即为真子午线。

b. 罗盘测量法。就是先用罗盘测出磁南磁北线，然后查询当地的磁偏角，磁偏角偏西的罗盘原地顺时针旋转修正，磁偏角偏东的罗盘原地逆时针旋转修正，修正的角度等于磁偏角，此时测出的即是正南正北地中传热的真子午线。罗盘测量法须知道当地的磁偏角。我国部分城市的磁偏角见表9。

表9　2006年部分城市的磁偏角*

城市	磁偏角（°）	偏向	城市	磁偏角（°）	偏向
齐齐哈尔	10	偏西	汉口	3	偏西
哈尔滨	10	偏西	武昌	3	偏西
延吉	9	偏西	南昌	3	偏西
长春	9	偏西	沙市	3	偏西
沈阳	8	偏西	西安	2	偏西
大连	6	偏西	福州	3	偏西
承德	6	偏西	长沙	3	偏西
烟台	6	偏西	赣州	2	偏西
天津	5	偏西	兰州	1	偏西
济南	4	偏西	厦门	2	偏西
青岛	5	偏西	重庆	1	偏西
保定	5	偏西	西宁	1	偏西
大同	4	偏西	桂林	1	偏西
徐州	5	偏西	成都	1	偏西
太原	4	偏西	贵阳	1	偏西
包头	4	偏西	康定	1	偏西
北京	6	偏西	广州	2	偏西

（续）

城市	磁偏角（°）	偏向	城市	磁偏角（°）	偏向
上海	4	偏西	昆明	1	偏西
合肥	4	偏西	保山	1	偏西
杭州	4	偏西	南宁	1	偏西
安庆	4	偏西	海口	1	偏西
洛阳	3	偏西	拉萨	0	偏东
温州	4	偏西	玉门	0	偏东
南京	5	偏西	和田	2	偏东
信阳	3	偏西	乌鲁木齐	3	偏东

* 资料来源于 http://baike.baidu.com/view/1562983.htm。

测画出真子午线后，再以真子午线为准按设计的方位角策划日光温室方位（朝向）线（方位角为零的日光温室方位线就是真子午线），并应用勾股弦定理策划出日光温室方位线的垂线即为温室的延长线，然后按照设计的日光温室跨度、墙体厚度和前后左右间距，策划出每排每栋日光温室的位置线以便施工。

构筑墙体：每栋日光温室需要构筑一道后墙两堵山墙，也可以东西两栋日光温室首尾相接共用一堵山墙。墙体多用土壤构筑，有条件的可用永久性建筑材料构筑。不同材料的保温性能比较见表 10。

表 10　不同建材的保温性能比较

材料名称	屋面建材的导热系数（千焦耳/米·时·℃）	同等保温效果的屋面建材厚度测算比例	墙体建材的导热系数（千焦耳/米·时·℃）	同等保温效果的墙体建材理论厚度测算比例
夯实草泥或黏土墙	5.025 0	79.762 0	4.020 0	80.400 0
重砂浆黏土砖砌体	4.395 0	69.762 0	3.516 0	70.320 0
土坯墙	3.765 0	59.762 0	3.012 0	60.240 0

（续）

材料名称	屋面建材的导热系数（千焦耳/米·时·℃）	同等保温效果的屋面建材厚度测算比例	墙体建材的导热系数（千焦耳/米·时·℃）	同等保温效果的墙体建材理论厚度测算比例
空心砖	3.450 0	54.762 0	2.760 0	55.200 0
矿渣砖	3.135 0	49.762 0	2.508 0	50.160 0
轻砂浆多孔砖砌体	3.135 0	49.762 0	2.508 0	50.160 0
重砂浆空心砖（105孔）砌体	2.820 0	44.762 0	2.256 0	45.120 0
空心砖	2.820 0	44.762 0	2.256 0	45.120 0
空心砖	2.505 0	39.762 0	2.004 0	40.080 0
稻壳（砻糠）	2.505 0	39.762 0	2.004 0	40.080 0
草泥	1.890 0	30.000 0	1.512 0	30.240 0
泡沫混凝土	1.125 0	17.857 0	0.900 0	18.000 0
芦苇	0.750 0	11.905 0	0.600 0	12.000 0
稻草板	0.570 0	9.048 0	0.456 0	9.120 0
稻草板	0.570 0	9.048 0	0.456 0	9.120 0
稻草	0.495 0	7.857 0	0.396 0	7.920 0
锯末	0.495 0	7.857 0	0.396 0	7.920 0
干木屑	0.450 0	7.143 0	0.360 0	7.200 0
切碎稻草填充物	0.255 0	4.048 0	0.204 0	4.080 0
聚苯乙烯泡沫塑料	0.063 0	1.000 0	0.050 0	1.008 0

a. 构筑土墙。以往构筑土墙多采取干打垒或草泥垛墙。

夯实土墙：采用干打垒法筑墙时应注意三点：一是土壤不宜过干过湿，以攥紧能成块、掉到地面能散开为好；二是每次上土20厘米厚为宜，厚了不易夯实；三是分段构筑墙体时，务必采用斜茬相接，以防产生接缝。

草泥垛墙：采用草泥垛墙法筑墙时也应注意三点，一是将麦草或稻草铡成15～20厘米长的碎草，草泥水比例适中、掺和均匀，最好用粘壤土；二是要下宽上窄、逐层垛实，并要适当控制每天的筑墙高度，以免坍塌；三是墙体达到预定高度后，要及时将温室内侧墙壁垂直切齐。

为了提高日光温室的保温性，提倡从温室内取土筑墙，使地面下沉40～50厘米，但应先将耕层土壤甩到温室前沿，取下层土壤筑墙，墙体构筑完工后，将耕层土壤回填到温室内。

不论是夯实土墙还是草泥垛墙，后墙顶部靠外侧都要像砌女儿墙那样，高砌出约40厘米，以利后坡与后墙严密相接不透风、漏雨，并可防止后屋面上的蓄热保温材料向下滑落。同时，为了增强土墙的蓄热保温性能，可以先构筑1～1.5米后干打垒或草泥垛墙，入冬前再从室外培防寒土到设计厚度，这样实际上就变成了土的异质复合多功能墙体。

近年来，一些地方采用大型工程机械构筑墙体，大大减轻了劳动强度，提高了施工效率。但值得注意的是有些施工作业既不科学也不经济。一是盲目加大墙体厚度，有的墙体厚达6～7米，大量取土筑墙，造成耕地破坏严重，土地利用率不足1/3；二是机械构筑的墙体坚固程度和均匀度不佳，室内墙体不能垂直切齐，由于墙肚子过大，后屋面如同虚设，既不利于蓄热保温，又显著降低了温室的利用率；三是室内下挖1.2～1.5米，过深，不仅遮光严重，而且室内空间过大，致使冬季的蔬菜作物白天生在弱光区、夜间呆在冷室里；四是施工时往往不注意耕层土壤的取出和回填，而是直接挖去筑墙，严重影响地力。为避免上述问题，第一，不要盲目加大土墙厚度，只要大于当地最大冻土层厚度80～100厘米即可，多余的墙体应切除回填到去土坑里；第二，机械筑墙时要注意均匀压实墙体，提高墙体的承重强度，室内墙体要垂直切齐；第三，为确保日光温室坚固耐用，后墙内侧每隔3米嵌入一根水泥预制柱或圆木柱，柱顶设置一道横梁，支撑日光温室屋架；第四，室内地面不宜下挖过深，40～50厘米即可；第五，构筑墙体前，先将耕层土壤挖出存放到温室前沿，墙体施工完成后再将耕层土壤回填整平。

b. 构筑永久性异质复合墙体。早期日光温室的永久性异质复合墙体，多采用夹心墙体结构，即内墙为二四黏土砖砌体，外墙为二四黏土砖或空心砖砌体，中间填充12厘米厚的珍珠岩或蛭石、炉渣。随着苯板（聚苯乙烯泡沫塑料板材）的问世，越来越多的日光温室采用砖石和苯板构筑永久性异质复合墙体，即三七砖石砌体外贴10～12厘米厚的苯板，苯板外表面挂网附设建筑胶保护层。这种永久性异质复合墙体的承重、载热、保温性能，均显著优于早期的永久性异质复合墙体。

永久性墙体必须打基础。基础深度应达到当地的最大冻土层深度，基础用M5水泥砂浆砌筑，墙体用M5混合砂浆砌筑，红砖采用MU10。

立屋架：

①简易日光温室。目前，生产上简易日光温室的屋架由前屋面和后屋面构成。后屋面骨架多数由中柱、柁和檩子构成，也可用脊梁与椽子构成，前屋面骨架由拱杆、前立柱、腰柱、悬梁、吊柱构成。

a. 后屋面骨架安装。木结构的中柱、柁和檩要事先进行加工。柁的加工应在柁木大头一端与中柱支撑位置开一斜槽，以便与中柱连接，在槽口对应一面的前端砍一斜面，以放置脊檩；若须设置后柱的，还须在柁的小头与后柱连接处开一斜曹，以便与后柱连接。中柱的加工是将小头一端锯成与柁槽相适应铆。檩子主要是脊檩要选均匀顺直的圆木。日光温室一般为3米开间，每间一根中柱，上面架设柁木，柁木上架放2～3根檩木。立屋架时应先在中柱埋设点挖40～50厘米的坑，夯实底部，垫好柱脚砖（石），然后把一组通过楔铆连接在一起的柁和中柱立起来，把中柱放在柱基上，柁的下端放在后墙或后柱上。然后进行调整，使中柱向北倾斜5°～6°、柁头的高度和位置在一条线上（可在东西山墙最高点之间拉一直线作为标准），然后可在坑内填土初步埋牢。水泥预制柁须通过柁、柱、檩子预设的连接固定孔固定。当两组柁和中柱架起后，应在柁头上边架设脊檩，以后随架柁随固定脊檩。当整栋温室柁和脊檩架起后，在对中柱、柁头、脊檩进行一次系统调整，使之整齐一致后，将中柱根部土壤逐一夯实埋牢。然后再安装其他檩子。中柱、脊梁和椽子骨架结构的后屋面，在架设方法上略有不同，就是中柱在初埋时更稳固些，并在架设脊梁的同时要将中柱上的椽子固定好，使其能支撑已架设脊梁的中柱不会向北倾倒，待整栋温室的中柱、脊梁架起并调节整齐后，再安装其他椽子。

　　b. 前屋面骨架安装。目前，日光温室前屋面大都为拱圆式。拱圆式前屋面从中柱至拱架前底脚之间，通常设两根立柱，一根叫前立柱，距温室前底脚1～1.5米处，应向南倾斜15°～20°埋入地下40厘米，并要垫柱脚砖；另一根立柱称腰柱，直立于前立柱与中柱中间埋入地下40～50厘米，也要垫柱脚砖；前立柱和腰柱各用一道悬梁将其连为一体，悬梁距柱顶的距离与吊柱相等，通过预设连接固定孔与立柱固定。在横梁上按60厘米或75厘米的间距设置小吊柱。每架拱杆常由两根竹竿（片）构成，在前底脚线上对应前立柱或小吊柱的位置挖一略向北延伸的洞，洞深30～40厘米。将一根竹竿（片）的大头插入洞中夯实埋牢，另一根竹竿（片）大头固定在脊檩或椽子上，再用铁丝将上下两根竹竿（片）对头固定于前立柱、腰柱或吊柱顶端。

　　为增加透光量和方便室内作业，近年来日光温室的前屋面骨架结构有很大改进，主要是采用了木质加强桁架或钢结构加强桁架。木质加强桁架是用直径为10厘米的圆木做成跨度为4米左右的两折支撑架，上端固定在脊檩（脊梁）上，下端埋入土中，每3米设置一付加强桁架，桁架上再架设悬梁设置吊柱，吊柱上安装拱杆。钢结构加强桁架是用钢管焊接而成的拱形桁架，用6′钢管做上弦、Φ12毫米圆钢做下弦、Φ8毫米圆钢做拉花，上下弦间距20厘米，每3米架设一钢结构加强桁架，桁架上端与脊檩固定，下端与地梁（墩、桩）固定，再在上下弦间架设拉杆，拉杆上设置吊柱固定竹拱杆。

②钢骨架日光温室。这种日光温室的前后屋面骨架多为成型地中传热一体化构件。

a. 骨架安装。前底脚处须构筑50厘米以上深的地梁（基础），并设圈梁，尺寸不应小于24厘米×24厘米；后墙顶部要设置压顶，压顶与墙等宽，厚6厘米。骨架构件两端分别用直角卡筋卡在圈梁和压顶上，防止骨架前移或后移。骨架构建上下固定好后，要在后压顶骨架上再向上砌筑两层砖，把骨架压紧，增强稳固性。骨架安装就位必须准确，并与墙体垂直，温室两山墙处必须安装骨架。

b. 设置拉杆。通常要设6道拉杆。拉杆为4′厚壁钢管，采用焊接法固定在下弦上，并用10毫米圆钢在骨架两侧与骨架上弦钢管焊接成三角形支撑，焊缝要饱满。拉杆须深入山墙内至少12厘米。如东西山墙为土墙，则需要在墙外做地锚拉紧，还要用条石做垫保护土墙。

铺盖后屋面：

①简易日光温室。先在檩子或椽子上铺整捆的玉米（高粱）秸，每两捆一组，梢部在中间重叠，上面一捆根部搭到脊檩外15～20厘米，下边一捆根部搭顶住女儿墙，捆间排紧铺满后屋面。再在距后屋面上端70～80厘米处放一道东西延长的玉米（高粱）秸捆或一根较粗的圆木形成一条"隆起"，然后用碎草把后屋面填平，随即用木板或平板锹把探到脊檩外的玉米（高粱）秸拍齐。随后抹一层2厘米厚的草泥，稍干后铺一层旧棚膜或地膜，再抹一层2厘米厚的草泥。泥干后自下而上铺乱草20～30厘米厚，上薄下厚，最外面再用整捆秸秆压住。后屋面总厚度必

须达到 40～70 厘米。在脊檩和"隆起"间的低凹处填乱草，在温室顶部形成较为平坦的东西走道，以便人员在上面行走作业或卷放草苫。

②钢骨架日光温室。先在后屋面的钢架上覆盖一层 2～3 厘米厚木板、石棉瓦，若能覆盖 5～6 厘米厚的水泥预制板加 8～10 厘米厚的加气混凝土预制板更利于蓄热，板上抹一层厘米厚的草泥，草泥均匀铺设 5～10 厘米厚的过筛细土并用木板拍实，然后放一层 10～12 厘米厚的苯板，苯板上铺一层旧薄膜，膜上再均匀铺设 5～10 厘米厚的过筛细土并用木板拍实，接着再铺上 10～30 厘米厚的炉渣（上薄下厚），炉渣上设置铁丝网，最后再用 5 厘米厚水泥砂浆封顶。

前屋面扣膜：日光温室内的土壤是最主要的蓄热体。为了防止秋雨带走夏季土壤中蓄积的热量，应在当地秋雨来临之前扣膜覆盖前屋面。拱圆采光屋面的日光温室多行用扒缝放风，应设置两道通风口，用三块薄膜覆盖，上下两块为窄幅薄膜，幅宽均为 1.5 米，每幅都要采用热合法在一边卷入一条塑料绳；中间一幅为宽幅薄膜，幅宽视温室跨度而定，且两侧都要采用热合法在一边卷入一条塑料绳；也可直接从薄膜厂家购买带高频焊边的薄膜。这样利于固定和扒缝放风。薄膜的长度要超过东西山墙各 1 米，以便在山墙外卷木条固定。

①设置地锚。覆盖薄膜前还要提前准备好压膜线和公用地锚。最好用专用的塑料压膜线，按前屋面长度加 30～40 厘米截成段备用。公用地锚每间温室设一个，即先将带有铅丝圈的横木或水泥预制件埋入前底角外地下 40 厘米，铅丝圈露于地面。再用一根直径 Φ6.5 毫米的圆钢穿贯穿各地锚的铅丝圈，并固定到两侧的山墙处，这样即可将压膜线拴缚在圆钢上。

②扣膜。扣膜要从下部开始，先将一条窄幅薄膜带塑料绳的一边在上扣在前屋面下部，使 1.2 米的薄膜覆盖在拱架上，其余 30 厘米留在前底角出的地面上地面上，东西向拉紧卷上竹竿固

定于山墙外，再将带塑料绳一边每隔一定距离用细绳绑到拱杆上，膜的上边固定后，在温室前沿挖浅沟，再把膜下边卷上玉米或高粱秸绷紧后埋入土中踩实。宽幅薄膜居中覆盖，下侧搭盖在下面的窄幅薄膜上，重叠 20～30 厘米，同样东西拉紧卷上竹竿固定于山墙外，上侧用固定在拱杆上。另一窄幅薄膜覆盖在前屋面的顶部，带塑料绳的一边搭盖在宽幅薄膜上，同样重叠 20～30 厘米，东西向一样拉紧卷上竹竿并固定于山墙外，上边用木板条每隔一定距离夹钉在脊檩上，剩余膜幅包过前屋檐撩到后屋面上，并用草泥或压土封严。然后每隔两条拱杆在木跳板上钉一个栓压膜线的钉子。薄膜扣好后，要求前屋面上的薄膜松紧适度、无皱褶，并用压膜线压紧薄膜。每根压膜线上面拴在铁钉上，下边拴在公用地锚的圆钢上。扣膜工作完成后，还应在山墙顶上再压上 5 厘米厚的草泥或泥沙袋，以使薄膜与墙体更加密不透风。

③设置放风口。设置通风口的目的是便于日光温室通风换气，以利排湿、降温度，防止二氧化碳匮缺，排除有毒气体，促进蔬菜生长发育。

日光温室多采用通风口自然通风。通风口面积占整个前屋面的比例，因季节和作物种类而异，冬季 10% 以下，春季 20% 以上，生产喜冷凉蔬菜的温室风口面积要大一些，生产喜温蔬菜尤其是果菜类风口面积应小一些。一般风口要设上下两排，上排要靠近温室脊檩处，下排离地 1～1.2 米高处。放风口有扒缝式和烟筒式两种。

a. 设置扒缝式放风口。宜利用机械装置扒开日光温室上部窄幅薄膜与中间宽幅薄膜重叠处和中间宽幅薄膜与下部窄幅薄膜重叠处放风，后采取手动放风器开闭通风口放风，具体的安装步骤如下：

从第六条压膜线开始，每隔一条压膜线或一拱架，在距温室顶部 2～2.2 米（根据上层薄膜的长度，要多出上层薄膜约 5 厘米）处的压膜线上拴一个锚爪和一个滑轮。锚爪在固定时带螺丝的一端背向薄膜，防止扯坏薄膜（图7）。顶部放风器通过传动轴与一条4分镀锌管固定到一起。顶部放风器放在3、4号龙骨架之间。4′钢管则朝向后方龙骨架处。放风

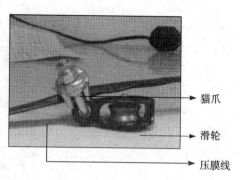

猫爪

滑轮

压膜线

图7　滑轮和压膜线的连接方法

器的支撑架可通过一铁管垂直插入地下，也可直接焊接于龙骨架上，但支撑架要与地面垂直。同时在4号骨架上焊一套管，以后每隔两个骨架，通过一套管（6′钢管）套住4′钢管，套管焊接于骨架上。套管与4′钢管之间留有空隙，可以加少许黄油，起润滑作用。既要求4′钢管可在套管中转动，又不能让4′钢管移动位置。

先将上层薄膜完全放下，选用一种结实绳子，一端先固定在第5、6号龙骨架之间的4′钢管上。然后开始顺时针将绳子缠绕在4′钢管上，缠绕几圈，再将绳子引向固定在压膜线上的滑轮（在此途中，要使绳子与顶部薄膜边缘的横向绳子固定）绳子在滑轮缠绕一圈后，引出。此时要将上层薄膜拉开约50厘米，最后在4′钢管上逆时针缠绕，固定于4′钢管上。要多在4′钢管上缠绕几圈。顺时针缠绕的螺线管与逆时针缠绕的螺线管之间要留出适当的距离。依此类推，在有滑轮处的龙骨架之间做此设施。

放风时，拉动牵引链条即可打开温室的顶部薄膜；关闭时，反向拉动牵引链条即可（图8）。

b. 设置烟筒式放风口。先做成一个上口直径25～30厘米、下口直径30～40厘米、长50厘米的薄膜筒，再在小头粘合上一个带十字的铁丝圆圈，大头粘合在棚面的薄膜上，再将筒下棚膜剪去。每口用一个长短适宜的竹竿，上端顶在放风筒上口十字架

上,放风时支起,闭风时旋转 180 度收回(图 9)。这种放风方法适用于使用聚氯乙烯耐候功能膜的高寒地区日光温室。

卷轴(4′钢管)
第 4 片骨架
套管(6′钢管)

图 8　放风器与卷轴的安装

挖防寒沟:前屋面底脚和永久性墙体外侧挖防寒沟,沟深大于当地最大冻土层厚度 5 厘米以上,沟底宽 40 厘米,沟内北侧衬薄膜,沟里面填满用薄膜包裹起来碎草、树叶等,上面盖黏土踩紧,以防止渗入雨水。有条件最好用10~12 厘米厚的苯板替代防寒沟阻断地中横向传导散热。

图 9　日光温室顶部放风筒

建立作业间:一般日光温室应在一侧建作业间,100 米以上长度的日光温室,应在中部建作业间。作业间一般宽 2.5~3 米,跨度 4 米,高度以不遮蔽温室阳光为原则。作业间应设门与室内连通,门高 1.8 米、宽 0.9 米左右,须设置 50 厘米高的薄膜门槛,并在近门 15~20 米的栽培畦北侧设置薄膜屏障,以防止扫地风和冷风影响进门处的作物生长发育。

设置机械卷帘设施:寒冷季节,日光温室前屋面夜间须覆盖草苫、纸被、防雨膜等防寒覆盖物。为了提高防寒覆盖物的卷放效率,减轻劳动强度,目前各地都在推广电动卷帘装置来完成卷放作业。从安装位置上可将电动卷帘装置分为顶卷放式和移动卷放式两种。

①顶卷放式。卷帘机放在温室后屋面中间位置,通过卷动放在保温材料下面的绳子卷起外保温覆盖材料,铺放时主要靠草帘

或保温被自身的重量自然向下滚动（图10）。这种卷帘装置优点是装置简单、造价低。缺点是当温室前屋面顶部坡度角小于15°时，保温覆盖材料卷需要借助外力方能自由滚下。同时，这种卷帘装置的动力较大，卷放速度较快，容易把操作者卷到帘子里或卷轴上，造成人身

图10　顶卷放式卷帘装置

伤亡。所以，使用时一定严格按规程操作，不可大意。

②移动卷放式。卷帘装置固定于温室底部，通过卷轴带动外保温覆盖材料卷放，由于上下都是通过机器的动力带动，所以不受温室屋面角大小的影响，卷放自如。此类卷放方式又分为摇臂型和桁架型两种。曲臂型是通过墙壁引导卷帘机上下移动卷放日光温室的外保温覆盖物，大都设在日光温室的中部，称中卷式；也有设在山墙外的，称侧卷式。桁架型时通过固定桁架引导卷帘机上下移动卷放日光温室的外保温覆盖物。移动卷放卷帘装置的优点是，使用安全，安装方便，适用范围广，对棚面角度没有严格要求（图11）。但一次性投入较顶卷放式大；当温室长度超过60米时容易出现卷偏的现象。

设置防寒裙膜：防寒裙膜是设在日光温室内前屋面下部东西

图11　移动卷放式卷帘装置

延长的塑料薄膜，膜宽 1.5 米左右，膜长与温室一致，与前屋面覆盖薄膜之间的距离约 20 厘米，上部固定在悬梁或拉杆上，下部埋入土中。防寒裙膜除了可减缓温室前部与外界近地面空气的热交换、增加保温效果外，还可在天气较暖揭底脚膜通风时预防扫地风危害。此外，严冬季节的夜晚，在前底脚外再围盖一层草苫，可显著提高保温效果。

2. 塑料大棚优型结构与建造

塑料大中棚的设计应主要从力学角度考虑，尽可能提高其抗御风雪荷载的能力。

(1) 塑料大棚的优型结构

1）优型塑料大中棚的结构性能要求

①具有经济合理的抗风雪荷载能力；

②具有良好的采光性能和均匀的光分布；

③具有合理的高跨比和规格尺寸；

④具有合理的保温比适当和良好热稳定性；

⑤具有良好的温湿度等环境调控设置（装置）；

⑥有利于作物生育和农事作业；

⑦土地利用充分合理。

2）塑料大棚的弧面设计　为了最大限度地发挥塑料大棚骨架的抗风雨雪能力，须将塑料大棚建成圆拱隧道型，并按照合理轴线方程科学设计其弧面曲线。合理轴线方程式如下：

$$Y = \frac{4\ (F-J)}{L^2} \times (L-X) + J$$

式中，Y 为塑料大棚弧线某点的高度；L 为塑料大棚的跨度；X 为塑料大棚弧线某点到一侧底角的水平距离；F 为塑料大棚的矢高，J 为塑料大棚的肩高。

应用合理轴线方程计算的 8 米和 12 米跨度有肩、无肩塑料大棚弧线高度见表11。

表11　8米和12米跨度塑料大棚弧线高度查对表

类型	项目													
8米跨度无肩塑料大棚	矢高 (F)	2.50	2.50	2.50	2.50	2.50	2.50	2.50	2.50	2.50				
	跨度 (L)	8.00	8.00	8.00	8.00	8.00	8.00	8.00	8.00	8.00				
	肩高 (J)	0.00	0.00	0.00	0.00	0.00	0.00	0.00	0.00	0.00				
	水平距离 (X)	0.00	1.00	2.00	3.00	4.00	5.00	6.00	7.00	8.00				
	弧线高度 (Y)	0.00	1.09	1.88	2.34	2.50	2.34	1.88	1.09	0.00				
8米跨度有肩塑料大棚	矢高 (F)	2.50	2.50	2.50	2.50	2.50	2.50	2.50	2.50	2.50				
	跨度 (L)	8.00	8.00	8.00	8.00	8.00	8.00	8.00	8.00	8.00				
	肩高 (J)	1.00	1.00	1.00	1.00	1.00	1.00	1.00	1.00	1.00				
	水平距离 (X)	0.00	1.00	2.00	3.00	4.00	5.00	6.00	7.00	8.00				
	弧线高度 (Y)	1.00	1.66	2.13	2.41	2.50	2.41	2.13	1.66	1.00				
12米跨度无肩塑料大棚	矢高 (F)	3.50	3.50	3.50	3.50	3.50	3.50	3.50	3.50	3.50	3.50	3.50	3.50	3.50
	跨度 (L)	12.00	12.00	12.00	12.00	12.00	12.00	12.00	12.00	12.00	12.00	12.00	12.00	12.00
	肩高 (J)	0.00	0.00	0.00	0.00	0.00	0.00	0.00	0.00	0.00	0.00	0.00	0.00	0.00
	水平距离 (X)	0.00	1.00	2.00	3.00	4.00	5.00	6.00	7.00	8.00	9.00	10.00	11.00	12.00
	弧线高度 (Y)	0.00	1.07	1.94	2.63	3.11	3.40	3.50	3.40	3.11	2.63	1.94	1.07	0.00
12米跨度有肩塑料大棚	矢高 (F)	3.50	3.50	3.50	3.50	3.50	3.50	3.50	3.50	3.50	3.50	3.50	3.50	3.50
	跨度 (L)	12.00	12.00	12.00	12.00	12.00	12.00	12.00	12.00	12.00	12.00	12.00	12.00	12.00
	肩高 (J)	1.00	1.00	1.00	1.00	1.00	1.00	1.00	1.00	1.00	1.00	1.00	1.00	1.00
	水平距离 (X)	0.00	1.00	2.00	3.00	4.00	5.00	6.00	7.00	8.00	9.00	10.00	11.00	12.00
	弧线高度 (Y)	1.00	1.76	2.39	2.88	3.22	3.43	3.50	3.43	3.22	2.88	2.39	1.76	1.00

3）常见的塑料大棚类型

①悬梁吊柱简易大棚。这种塑料大棚，跨度为10～16米，高2.4～2.6米，长度50～60米，由立柱、拱杆、悬梁、吊柱、棚膜、压膜线和地锚等构成。此类大棚多为竹木水泥柱混合结构。通常横向每隔2.0～2.5米立一排圆木柱或水泥预制柱，纵向每隔3～4米设一列圆木柱或水泥预制柱，并使之纵横排列整齐，纵向用悬梁连接各柱，两侧立柱略向外倾斜，横向以拱杆连接各柱，再通过吊住和悬梁将无立柱支撑的拱杆也连接固定为一体（图12）。

吊柱

图12　悬梁吊柱竹木结构大棚

②焊接式钢架大棚。这类大棚是用厚壁钢管和圆钢焊成拱形桁架，棚内无立柱，一般跨度在8～12米，矢高2.5～3.5米，长度50～60米。每隔1～1.2米设一拱形桁架，桁架上弦用6′厚壁钢管、下弦用Φ14～16毫米的圆钢，用Φ10毫米圆钢作拉花连接上下弦。上弦与下弦之间的距离在最高点为40厘米左右，两侧底角处为15厘米左右，桁架底脚焊接一块带孔钢板，以便与基础上的预埋螺栓相互连接。大棚横向每隔2米用一根纵向拉杆（4′厚壁钢管）相连。在拉杆与自上弦桁架的连接处，向下弦上的

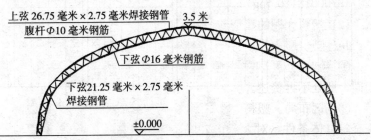

上弦 26.75毫米×2.75毫米焊接钢管　3.5米

腹杆Φ10毫米钢筋

下弦Φ16毫米钢筋

下弦21.25毫米×2.75毫米焊接钢管

±0.000

图13　圆钢桁架无柱大棚示意图

拉梁处焊一根小的斜支柱，以防桁架扭曲变形（图13）。

③装配式镀锌薄壁钢管大棚。这类大棚是将热浸镀锌薄壁钢管做成的拱形结构，其跨度一般为6～8米，高为2.5～3米、长度为30～50米，拱架由数根纵向拉杆相互连接成一体（图14）。各种构件的连接均用套管或卡具组装成一体。这种大棚拱架通常由专业厂家生产，具有重量轻、强度高、耐锈蚀、易于安装和拆

图14　装配式镀锌薄壁钢管大棚示意图

卸、无柱、采光和作业性能好等优点，但一次性投资较大。

④预制成型拱架大棚。这类大棚主要有两种预制成型拱架，一种钢筋玻璃纤维早强水泥（英文缩写S-GRC）预制拱架，各拱架之间用几道Φ14～16毫米的钢筋连接，跨度8～10米，矢高为2.5～3米（图15）。另一种是菱镁复合材料预制拱架，与钢筋玻璃纤维早强水泥（英文缩写S-GRC）预制拱架相比，结构形状相似，但强度高、质量轻、性和价比优，跨度8～16米，矢高2.5～3米（图16，来源于http：//img.ttshangqing.com/120/18/00018120.jpg）。

（2）塑料大棚的建造

1）场区规划

①场地选择。塑料大棚的场地选择原则与日光温室建造基本相同，此处不再赘述。

②场区布局。塑料大棚的场区布局应根据生产规模和土地、资金等具体条件，对大棚的及水、电、道路等进行统一规划设计。确定建棚地址之后，根据地形、建棚栋数、面积以及场区的

交通、供电、排管要求，精心规划设计场区的平面图。

图 15　钢筋玻璃纤维早强
水泥拱架大棚

图 16　菱镁复合材料预制拱架大棚

a. 确定棚型结构参数：从保温角度考虑，塑料大棚没有蓄热保温的围护结构，通常也不设防寒沟，边际低温效应影响大；塑料大棚的保温性与其保温比和长度呈正相关，保温比与棚体的高跨比和肩高呈反相关；要提高塑料大棚的保温性，就必须增加跨度和长度，合理控制高跨比，尽可能降低肩高或无肩。从扛过风雨雪和棚内环境可控角度考虑，塑料大棚的高跨比越小、棚体越宽长，抗风雪性能越差；棚型越大，棚内小气候的可控性越差。综合考虑，长江流域及其以南地区，塑料大棚的跨度 8～10 米，矢高 2.5～3 米，高跨比 0.25～0.35，长度 30～50 米，单棚面积 0.4～0.6 亩为宜；"三北"及黄淮地区，塑料大棚的跨度 10～16 米，矢高 3～4 米，高跨比 0.25～0.3，长度不超过 60～100 米，单棚面积 1～2 亩为宜。

b. 选定建造施工方式。根据建设目的、规模和投资能力，选定建设哪种类型的塑料大棚，按照选定的塑料大棚类型和自己的设计制造、施工与管理能力，决定是完全自行设计、制造、施工，还是部分或全部招标购买服务。

c. 制作场区布局图。由于南北走向的塑料大棚，棚内温光比较均匀，故纯大棚生产区的大棚以南北延长为好。但在冬半年日照百分率在 50% 以上的地区，提倡日光温室与塑料大棚混建，即在两栋日光温室之间建造东西延长的塑料大棚，以提高土地德利用率。按照确定的棚型走向、棚间距和棚群内的交通道路规划，绘制田间日光温室群的方位图。

d. 编制施工方案。根据选定的建造施工方式，建筑材料的市场价位或招标情况，估算建设工程造价，编制施工方案，提出施工时间表和具体要求。

2）建筑施工

①调地。以往，由于一些地方的基层组织怕麻烦，未能统一规划调整土地，各家各户自行按地扣棚，造成满地大棚七宽八窄、七高八矮、七长八短、七横八竖，难以统一技术管理，生产水平参差不齐。设施蔬菜标准园必须坚持统一规划调整土地。

②放线。先采用标杆法或罗盘法对塑料大棚建设场地进行定向，然后按照场区布局图在田间实地画出大棚、道路等设施建筑的位置线。棚群内东西两栋大棚间的距通常为 1～1.5 米，但大棚生产季节有降雪的地区，应根据降雪量大小适当增加棚间距，留有足够的空间存放由棚上清除滑落下来的积雪。南北两栋大棚间的距离应达到 5 米以上，与道路和排灌系统一并设置。

③施工

简易塑料大棚：包括竹木结构大棚和竹木水泥柱混合结构大棚。

a. 建材加工。先按设计的粗细、长短加工立柱（含中柱、腰柱、边柱，下同）。简易大棚对立柱的要求不像日光温室那么严格，通常是因陋就简、就地取材，尽量节省投资。每根立柱须在距柱顶 5 厘米和固定悬梁处各钻一小孔，以便固定拱杆和悬梁，并在各类立柱中的 1/3～1/2 的柱脚上固定一根 20 厘米长的横木，以防立柱上下移动。为了防腐，可剥掉立柱基部 35～40 厘米的树皮蘸涂热熔沥青。再按参照简易日光温室加工拱杆、悬梁和吊柱，拱杆间距 70～90 厘米。还要准备 50 厘米长木桩，按设定的大棚长度每 10 米一根公用地锚木桩，一头距顶端 5 厘米处钻一小孔，另一头固定一根 20 厘米长的横木。也可以准备像日光温室那样公共地锚。还要准备好扣棚用的耐候功能膜，通常选用消雾流滴保温膜或消（减）雾流滴长寿膜。8～10 米跨度的大棚，宜采用三幅膜覆盖，薄膜厚度 0.07～0.1 毫米；12～14 米跨度的大棚，宜采用四幅膜覆盖，其中上部两幅最好不用等幅宽的膜覆盖，因在正顶部重叠易漏雨，薄膜厚度 0.1～0.12 毫米；16 米跨度的大棚，宜采用五幅膜覆盖，薄膜厚度 0.12 毫米以上；用于大棚两侧覆盖的薄膜，为了便于扒缝放风，两幅膜重叠边均供应采用热合法卷焊入一条塑料绳。

b. 埋设立柱。在设定的立柱点位挖 30～40 厘米深的坑，坑底要平，接着按坑分类排摆放立柱，每隔 1～2 根放 1 根带横木的立柱，然后逐排埋设。每排柱埋设前，在其南北两端临时各立一根高于支柱的竹（木）杆，在杆上按设定的柱高用绳拉 1 条标准线，同时在柱基部近地面处再拉 1 条标准线，线上用布条或颜色按设计的柱间距做好标记靠两个棚头的几根支柱要选粗实顺直的。埋立柱时要分次填土夯实，并务必使中柱和腰柱垂直于地面，边柱宜向两侧倾斜成 75°～80°，整栋大棚的立柱要保持横竖成行。

c. 固定悬梁、吊柱。悬梁可将每排立柱纵向连为一体，增强大棚的稳固性。悬梁的固定位置因吊柱长短而异，要保证每根吊柱的一端稳固坐在悬梁上、另一端与本排立柱顶高保持一致。吊柱的多少决定于拱杆间距，60～90 厘米。

d. 架设拱杆。拱杆的作用是支撑棚膜，并通过立柱和吊柱加强大棚的横向连接，进一步增强大棚的整体稳固性。因此，拱杆要有一定的强度，架设时要力求保持整棚拱杆弧度、高矮及长短一致，使大棚骨架应力均匀、外形整齐美观。每架拱杆由连根竹竿（片）对弯而成，架设拱杆时先在棚两侧拱杆位置线处对准立柱（吊柱）略向外倾斜插入地下30厘米深，然后对弯成弧形，用18#铁丝固定在立（吊）柱顶端。

e. 埋设地锚。于大棚两侧距棚底脚大约30厘米处将地锚桩带横木的一头埋入的地下40厘米。自大棚的一端每隔10米左右埋1个，再将一根8号铁丝穿过于地锚桩上的孔中并将铁丝绷紧固定于两端即成地锚。或按上述间距把带有铅丝圈的横木或水泥预制件埋入大棚两侧地下40厘米，铅丝圈露于地面，用一根Φ6.5毫米的圆钢贯穿各地锚的铅丝圈，并将两头固定形成公共地锚。

f. 搭建棚头。棚头形状以弧形为好。做法是选几根稍细些、上端易弯曲的竹材，将其下端插入距最外面一排支柱外1米处地下40厘米，使上端弯成弧形固定与第一根拱杆下面，再在腰部横着绑2～3道竹竿（注意留出门的位置）就成为弧形的棚头。

g. 开压膜沟。沿大棚四周开挖15～20厘米深的沟，土放于外侧，以备压棚膜之用。

h. 扣棚膜。大棚生产，一般于定植前30天左右扣膜暖地。严寒地区可提早到头年秋季扣膜，以利早春提高棚内土温和气温。扣膜宜在晴暖无风天的中午进行，自下往上扣盖，上面的薄膜重叠于下面薄膜之上，重叠宽度20～30厘米，薄膜扣全，先用土将北端的薄膜埋好，然后在棚南端由数人用光滑的竹竿或木棍卷住薄膜用力拽平、绷紧埋牢，最后埋好大棚两侧的薄膜。若必须在有风天扣膜，应待风力降到4级以下由上风头扣起。

i. 上压膜线。每两架拱杆之间压一道压膜线。压膜线最好选用专业品牌产品

j. 安门。预先将门框做好，固定在两个棚头中间，划破薄膜，将膜边钉在门框上，再安上门扇。

成型骨架塑料大棚：包括焊接式钢架大棚、装配式镀锌薄壁钢管大棚和预制成型拱架大棚。

a. 加工成型骨架。可以自行加工，也可以委托专业公司制

造成型骨架。焊接式钢架大棚和装配式镀锌薄壁钢管大棚：按设计的结构参数，在平台上做成模具，依照模具进行桁架或钢管的加工。其中焊接式钢架构件的加工，除了将上弦、下弦钢材在模具上弯成需要的形状外，还须在上下弦之间焊上拉花。预制成型拱架大棚：可按设计的结构参数，在地上做好成型槽，按规定比例配制玻璃纤维早强水泥和钢筋进行预制养护，或按规定比例配制菱镁复合材料预制养护。

b. 构筑拱脚基础。焊接式钢架和预制成型拱架的两底脚应放在混凝土结构的基础上，为此需构筑 40 厘米×40 厘米×50 厘米的混凝土墩，里边要预埋连接拱脚的圆钢。制作混凝土墩的材料配比为水泥（425 号）1 份、沙子 3 份、碎石子（粒径 1～3 厘米）5～6 份、水适量。装配式镀锌薄壁钢管大棚骨架的两地脚，可用角钢作基础来固定，即按设计的拱杆间距，在角钢上焊接固定钢钉。

c. 安装骨架。将焊接或预制成型的拱架用叉杆架起，准确放到基础上，使之与地面垂直，然后用单根圆钢作纵向拉杆连接固定各拱架，焊接式桁架的拉杆不仅要焊接在下弦上，还要在上弦与拉杆之间焊上"人"字形斜杆，其棚头也应焊成弧形，以便绷紧薄膜，增强抗风能力，最后安装焊接好的门扇。预制成型拱架大棚的棚头和门的安装方法可与简易塑料大棚相同。将装配式镀锌薄壁钢管大棚骨架的两底脚套插于预先焊接好的角钢钢钉上，使拱架与地面垂直后与焊接牢固，然后用承插、螺钉、卡销、弹簧卡具等进行纵向拉杆棚头、门和压膜槽的安装。

焊接式钢架大棚和预制成型拱架大棚，在开压膜沟、扣膜和上压膜线等作业方法上与简易塑料大棚基本相同，不再赘述。装配式镀锌薄壁钢管大棚只是薄膜固定方式特殊，即卡槽和压膜线并用，以便采用要把连杆转动位移方式放风，开压膜沟和扣膜等也与简易塑料大棚基本相同。

二、栽培管理技术

（一）品种选择

1. 甘蓝

北方春露地早熟栽培：品种要求耐抽薹性强，早熟性好，圆球形，色绿，品质优良，中心柱长低于球高的一半。可选择中甘21、中甘11、8398、中甘15、中甘18等。

北方冬季设施栽培：品种要求耐抽薹性强，低温弱光下结球率高，早熟性好，圆球，品质优良。可选择8398、中甘15、中甘11等。

北方高寒地区夏季栽培：品种要求早熟，圆球形，球色绿，品质优良。可选择中甘21、中甘15、中甘18、铁头4号等。

秋季露地栽培：要求生长前期耐高温，扁圆形或圆球形，抗病毒病，耐黑腐病。品种可选择京丰1号、中甘8号、晚丰、西园4号、中甘18、希望等。

南方高山夏季栽培：要求球形为扁圆球形，较耐贮运，根系较发达，抗霜霉病、病毒病。可选择京丰1号等。

长江中下游越冬甘蓝：要求耐抽薹性强，牛心形苗期抗寒性强，早熟性好，品质优良。可选择争春、春丰、京丰1号等。

华南、西南冬季栽培：要求耐抽薹性强，熟性早，圆球形或扁圆球形，品质优良。可选择中甘21、中甘15、中甘11、京丰

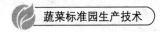

1 号等。

2. 大白菜

东北地区秋季栽培：要求中熟、优质、抗病毒病、合抱、适于酸菜加工。可选择北京大牛心、"586"一号、改良城杂5号等。

华北、辽宁等地秋季栽培：要求优质、抗3种以上主要病害、抗干烧心、耐贮运。可选择北京新3号、京秋3号、91-12、秋绿75、丰抗78等。

长江流域秋季栽培：要求丰产、商品性好，抗病毒病、霜霉病和软腐病，耐湿。可选择改良青杂3号等。

华南地区夏秋季栽培：要求极早熟，耐热、耐雨，口感品质好，抗霜霉病和软腐病。可选择京夏1号、京夏王、京夏4号、正暑1号等。

河北和内蒙古坝上、秦岭地区和甘肃高原夏季栽培：要求晚抽薹、商品性好，抗病毒病，耐贮运。可选择金峰、金冠、京春黄、强势等。

长江流域高山地区春夏季栽培：要求晚抽薹、商品性好，抗霜霉病和软腐病，耐湿、耐贮运。可选择健春、良庆、京春白2号、改良京春绿、改良京春黄等。

娃娃菜栽培：要求晚抽薹或耐热、优质、黄心、商品性好、叶球直筒形的小型白菜品种。可选择春月黄、夏月黄、京春娃2号等。

苗用大白菜栽培：要求品质佳、生长速度快、无毛、抗病、抗逆性强。可选择早熟5号、京研快菜、536小白菜等。

3. 不结球白菜

秋冬栽培：秋冬栽培的生长期正值寒冬，因此，选用品种要求抗寒、抽薹迟、品质好。常用的品种依叶柄色泽不同分为白梗类型和青梗类型。白梗类型的代表品种有南农矮脚黄、寒笑、D94小白菜、合肥小叶菜等；青梗类型的代表品种有暑绿、矮抗

6号、苏州青、矮抗青、京绿7号等。

早春栽培：早春栽培不结球白菜的幼苗期处在温度较低的冬季，很难避免不通过春化阶段。而生长后期，外界温度越来越高，日照渐长，故易发生先期抽薹现象。所以，在选用品种时，应选用冬性强、抽薹迟、抗寒的品种。常用的品种有上海四月慢、五月慢、迟黑叶等。

夏季栽培：夏季不结球白菜栽培，时值高温多雨的炎夏，一般应选用耐热、抗病、速生品种。目前常用的品种有矮抗5号、矮抗6号、暑绿等。

4. 青花菜

北方日光温室秋冬保护地栽培：要求定植到收获60～65天，耐寒性强，同时要求具有较强的耐高湿能力。品种要求株型较直立，开展度中等，花球浓绿，紧实，蕾粒较细，球面圆正，具有较强的抗霜霉病、黑腐病能力。可选择品种有优秀、绿奇、绿贝卡、玉冠西兰花、大丽等。

南北方春季露地栽培：要求定植到收获50～75天，耐寒性强、耐抽薹性好的青花菜品种，同时要求生长后期耐高温能力强。品种要求株型较直立，开展度适中，主花球浓绿，紧实，蕾粒较细，球面圆正、无夹叶。具有较强的抗霜霉病、黑腐病能力。可选择品种有优秀、绿奇、中青8号、绿贝卡、幸运、玉冠西兰花等。

南北方秋季露地栽培：南方要求定植到收获60～100天，北方要求定植到收获55～85天。耐热性强，同时要求生长后期耐低温能力强。品种要求株型较直立，开展度适中，主花球浓绿，紧实，蕾粒较细，花球半圆形、无夹叶，球茎不易空心。具有较强的抗病毒病、黑腐病能力。可选择品种有优秀、中青8号、绿奇、绿贝卡、绿宝3号、沪绿2号、沪绿5号、碧绿1号、圳青3号、青丰、马拉松、蔓陀绿等。

南方秋冬露地栽培：指在浙江、云南等地区用于露地越冬栽培的青花菜栽培方式，这类品种一般在 8 月下旬至 9 月上旬播种，第 2 年 2 月前后收获。要求抗寒性强，能耐短期 -3～-1℃低温的晚熟品种。可选择品种有绿雄 90、圣绿、玉皇、碧绿 1 号等。

高原越夏露地栽培：我国张家口坝上、兰州等华北、西北高海拔地区，气候冷凉，非常适合青花菜的越夏栽培。要求定植到收获 60～75 天，前期要求耐寒性强，耐抽薹性好，同时要求生长后期耐高温能力较强。品种要求株型较直立，开展度适中，主花球浓绿，紧实，蕾粒较细，花球半圆形、无夹叶，产量高，具有较强的抗霜霉病、黑腐病能力。可选择品种有优秀、中青 8 号、绿奇、绿宝 3 号、玉冠西兰花等。

5. 花椰菜

北方日光温室春保护地栽培：要求成熟期在 50～60 天，冬性强、耐抽薹性好，同时要求具有较强的耐低温和耐高湿能力。要求内叶护球性好，花球洁白紧实，细嫩、无毛，球面平滑，生长后期耐高温能力强。具有较强的抗霜霉病、菌核病能力。可选择品种有雪宝、津雪 88、津品 50、云山等。

北方露地栽培：要求成熟期在 40～90 天的早、中、晚熟秋菜花品种，生长期过长初冬有可能遭受冻害。品种要求植株内叶护球性好，花球高圆、周正、洁白、紧实、细嫩、无毛，产量高。具有较强的抗霜霉病和黑腐病能力。可选择品种有雪宝、雪妃、津雪 88、津品 70、云山、白马王子、泰国耐热、富士白等。

南方露地栽培：我国南方地区如湖北、浙江、广东、福建、云南、四川等地，尤其是云南、四川两地由于气温适宜，基本上一年四季都可以栽培。由于这些地区的温暖潮湿特殊的气候条件，使菜花的生育适温范围较宽，早熟、中熟、晚熟品种均可栽培。品种要求植株自覆性好，花球高圆、周正、洁白、紧实、细嫩、无毛，耐高温、高湿及耐涝能力强，抗黑腐病、菌核病能力强。

高原越夏露地栽培：我国张家口坝上、兰州等华北、西北高海拔地区，气候冷凉，非常适合花椰菜的夏季栽培。西北地区夏季反季节栽培花椰菜，花球细嫩雪白、品质优，而且上市正值7～8月份花椰菜供应淡季，效益好。品种要求成熟期80～90天，晚熟品种耐抽薹、耐寒性强。内叶长且向上生长，内叶护球；花球高圆、周正、紧实、细嫩、无毛、洁白、球面平滑，产量高。可选择的品种有日本雪宝、雪山、雪妃、云山、先花70、巴黎雪等。

6. 黄瓜

春大棚栽培：这茬黄瓜是衔接日光温室冬春茬和春露地黄瓜的茬口，处于前期低温、短日照和后期高温、多雨、强日照条件下。要求品种生长前期耐寒、后期耐热、早熟性突出，具有较强的抗病性，丰产性好，外观品质符合市场需求。目前生产中应用较广泛和正在推广的华北密刺型品种有中农12、中农16、中农27、津优1、津优10、津优12、津优22、津优35、津绿2、北京204等，华南少刺型品种有翠绿、翠龙、吉杂8号、吉杂9号、春绿1号等。

秋延后大棚栽培：这茬黄瓜是衔接秋露地黄瓜和日光温室秋冬茬黄瓜的一种茬口类型，该茬口的气候特点和早春大棚栽培正好相反，前期处于高温多雨季节，各种病害容易发生和流行，后期温度急剧降低。生产上要选用生长前期耐热、后期耐寒、丰产性好、抗病能力强、结瓜早、瓜码密、且收获集中的品种。如华北密刺型中农16、中农10、中农12、津优1号、津优11、津优12、北京204、津绿1号等，华南少刺型翠绿、翠龙、吉杂9号、春绿1号等。

日光温室早春茬（冬春茬）：适合日光温室早春茬栽培的黄瓜品种，应具有耐低温、雌花节位低、早熟、高产、品质好、抗病等性状。主要品种华北密刺型有中农21、中农12、中农26、中农 27、津绿 3 号、津优 2 号、津优 22、津优 30、津优 35，津优 36、博新 3 号、美 2 号等，华南少刺型有翠龙、翠绿、瑞光 2 号，无刺水果型有迷你 2 号、迷你 5 号、中农 19、中农 29 等。

日光温室秋冬茬：是衔接秋延后大棚和日光温室越冬茬的茬口安排，这茬黄瓜苗期正处在炎热多雨期，生长后期处于低温、弱光季节，必须选用耐热抗寒、长势强、适应性好的抗病品种，不要求早熟，强调中、后期产量。可以选择华北密刺型中农 21、中农 26、津优 5 号、津优 20、津优 35 品种，无刺水果型有迷你 2 号、迷你 4 号、迷你 5 号、中农 19、中农 29 等优良品种。

日光温室越冬茬（越冬一大茬）：这一茬黄瓜的生育期正处在冬季寒冷、日照短、光照弱的条件下，因此选用的黄瓜品种一定要耐低温、耐弱光，抗病性强，雌花节位低、单性结实能力强、丰产、优质，瓜条性状符合市场需求。可选择如华北密刺型中农 26、中农 21、中农 27、津绿 3 号、津优 3 号、津优 36、津优 38、博新 3-2、冬冠 8 号，华南少刺型瑞光 2 号、中农 9 号，无刺水果型中农 29、中农 19、迷你 2 号、迷你 4 号、迷你 5 号等适宜冬暖式大棚越冬茬栽培的优良品种。

早春露地：此茬黄瓜前期处于低温期，后期处于高温期，因此要求品种前期耐低温，后期耐高温，抗病毒病，早熟。适合品种有华北密刺型中农 8 号、中农 20、中农 10、中农 106、中农 128、粤秀 3 号、津春 4 号、津优 1 号、津优 4 号、津优 40、津优 41、博耐 4 号、津绿 4 号、津绿 5 号、北京 403、鲁黄瓜 9 号，华南少刺型龙园绿春、吉杂 4 号、吉杂 8 号、鲁黄瓜 3 号、春华 1 号、早青 2 号等。

越夏露地：此茬黄瓜多是在麦收后种植，生长期处于高温天气，要求品种具有较强的耐热、耐湿性，且抗病毒病等病害，适宜品种有华北密刺型中农 6 号、中农 106、中农 118、中农 128、津优 1 号、津优 42、粤秀 3 号、粤秀 1 号，华南少刺型吉杂 8 号、鲁黄瓜 3 号等。

南方越冬露地：此茬黄瓜处于南方冬季最冷季节，是南菜北运的主要茬口，气候变化较大，要求品种具有耐低温、抗逆、抗多种病害、耐贮运等特性。适宜品种有华北密刺型中农 8 号、中农 128、中农 10、津优 1 号、粤秀 3 号等。

7. 番茄

北方日光温室、大棚春夏茬栽培：要求苗期耐低温性强，早熟性好，坐果能力强，抗 TMV、叶霉病、根结线虫病、枯萎病、黄萎病等病害。可选择东农 708、东农 709、东农 712、东农 715、中杂 9 号、中杂 105、中杂 106、中杂 108、金鹏 1 号、合作 903、合作 906、辽园多丽、佳粉 15 号、佳粉 17、L - 402、博粉四号、浙粉 202、欧盾、宝莱、欧拉玛、卡依罗 F_1、莎丽、齐达利、倍盈、中研 988、中研 998F_1、罗曼那、柯里特（FA - 832）、弗兰克希（FA - 852）、阿乃兹（FA - 189）、尼瑞萨（FA - 1420）、飞天（3253）、哈雷 F_1、普罗旺斯、红利、粉达、百利、百灵、劳斯特（73 - 409）、玛瓦、佛吉利亚（73 - 45）等品种。

北方日光温室、大棚夏秋茬栽培：要求对耐高温性好，高温下坐果能力强，抗叶霉病、根结线虫病、黄化曲叶病毒病等病害。可选择：瑞菲、莎丽、齐达利、拉比、海泽拉 144、布纳尔、飞天（3253）、粉达、百利、百灵等品种。

北方日光温室秋冬栽培：要求对低温、弱光适应性要强，低温下坐果好，不易早衰，适合长季节栽培。抗 TMV、叶霉病、根结线虫病、枯萎病、黄萎病等病害。可选择东农 712、东农 715、中杂 105、中杂 106、中杂 108、金鹏 1 号、欧盾、宝莱、欧拉玛、卡依罗 F_1、辽园多丽、莎丽、齐达利、倍盈、中研 988、中研 998F_1、罗曼那、柯里特（FA - 832）、弗兰克希（FA - 852）、阿乃兹（FA - 189）、尼瑞萨（FA - 1420）、飞天（3253）、哈雷 F_1、普罗旺斯、红利、粉达、百利、百灵、劳斯特（73 - 409）、玛瓦、佛吉利亚（73 - 45）、博粉 4 号、浙粉 202

等品种。

北方露地栽培：鲜食番茄要求适应性强，耐裂果能力强，抗TMV、斑枯病，耐早疫病、晚疫病等病害。可选用东农709、东农712、东农715、中杂105、中杂106、中杂108、金鹏1号、合作903、合作906、辽园多丽、佳粉17、L-402、中研988、中研998F$_1$、博粉4号、浙粉202等品种。

加工专用型番茄品种要求坐果能力强，番茄红素和可溶性固形物含量高，硬度大，耐贮藏、耐运输。可选用东农706、东农713、红杂16、红杂25、红杂18、红玛瑙100、红玛瑙140、红玛瑙144、门托、里格尔87-1等品种。

南方露地栽培：要求耐热性好，高温下坐果能力强，抗番茄黄化曲叶病毒病，耐青枯病等病害。可选用：瑞菲、莎丽、齐达利、纳塔莎F$_1$、特佳F$_1$、拉比、海泽拉144、飞天（3253）、百利、百灵等品种。

8. 辣椒

西北露地春夏菜椒栽培：要求中熟偏早，果表皱，皮薄，辣味浓，果实粗大，抗病毒病、疫病能力强。可选择猪大肠、陇椒2号等品种。

西北日光温室冬春栽培：要求对低温、弱光适应性强，早熟，耐湿，抗疫病、炭疽病。可选择洛椒98A、苏椒5号、福湘碧秀等品种。

西北露地春夏线椒栽培：要求中熟，果表皱，干物质含量高，辣味浓，坐果集中，抗疫病、炭疽病、病毒病能力强。可选择8819、博辣红秀等品种。

东北温室大棚春茬栽培：要求早熟，对低温、弱光适应性强，耐湿，辣味浓，抗病毒病、炭疽病、疫病。可选择沈椒4号、景尖椒、长剑等品种。

北方露地春夏干椒栽培：要求中熟，果表光亮，干物质和油分含量高，辣椒红色素含量高，连续坐果能力强，抗病毒病、炭疽病能力强。可选择金塔、博辣红星等品种。

北方日光温室大棚延秋栽培：要求早熟，对低温、弱光适应性强，耐湿，果大肉厚，坐果集中，果实挂在植株上较长时间保留商品性，抗病毒病、疫病。可选择农大301、汴椒1号、长剑等品种。

北方日光温室大棚早春栽培：要求极早熟，耐低温、弱光照，耐湿，果皮皱，皮薄，坐果集中，抗疫病。可选择苏椒5号、农大301等品种。

华北露地春夏干椒栽培：要求坐果集中，株型紧凑，适于密植。干物质和油分含量高，果形整齐一致，辣味浓，抗病毒病、疫病、青枯病。可选择山鹰椒、天宇3号等品种。

河南露地夏秋麦套栽培：要求中晚熟，连续坐果能力强，果大、长、顺直、光亮、腔小、肉厚，抗病毒病、疫病、炭疽病。可选择湘研16、兴蔬16、超级16等品种。

高山夏秋栽培：要求中早熟，坐果集中，果形整齐一致，耐贮运，抗病毒病和炭疽病。泡椒可选择中椒6号、福湘秀丽，线椒可选择湘辣4号、博辣6号、博辣5号、湘辣7号等品种。

长江流域早春大棚栽培：要求早熟、大果、对低温弱光适应性强，耐低温，坐果集中，果表皱，皮薄，抗病毒病、疫病。可选择大果99、福湘2号、湘研801、湘研802等品种。

长江流域春夏露地栽培：要求耐热、耐湿，后期耐干旱，连续坐果能力强，辣味浓，果表略有皱，皮薄，抗病毒病、疫病、青枯病、炭疽病。可选择兴蔬215、宁椒5号、湘研15、博辣6号、博辣5号、博辣红帅、湘辣4号等品种。

云南冬春大棚栽培：要求耐低温、耐湿、耐弱光照，坐果集中，耐贮藏运输，抗病毒病、疫病、青枯病。可选择甜杂1号、保山大辣椒、福湘秀丽、湘研806等品种。

华南地区冬季南菜北运栽培：要求耐贮藏运输，前期耐高温、后期耐低温，前后期果实商品性一致，耐连作，抗病毒病、疫病、炭疽病。可选择湘研 806、湘辣 4 号、大果 99、福湘秀丽、博辣 5 号、福湘碧秀、宁椒 5 号、博辣红帅等品种。

华南地区冬春露地早熟栽培：要求早熟、耐低温能力强、坐果集中、耐贮藏运输，线椒要辣而长，泡椒要大，抗病毒病和疫病。可选择辛香 2 号、湘研 9 号、兴蔬 301、福湘 2 号等品种。

9. 甜椒

北方露地栽培：春夏季栽培。春季露地种植甜椒一般不太追求前期产量，而注重生长势较强、采收期长、产量高，一般采用中、晚熟品种，要求田间对病毒病、疫病有较强的抗性，苗期有一定的耐低温性，重点的是成株期有较强的耐热性。适用品种有中椒 4 号、中椒 8 号、中椒 104、中椒 108、农大 610、北星 8 号等。

华南露地栽培：秋冬种植。注重生长势较强、抗病性好、产量高，一般采用中早熟品种，要求田间对病毒病、疫病、疮痂病有较强的抗性，苗期有一定的耐热性，重点的是成株期有较好的耐低温性。果实商品性好，耐贮运。多采用果色为黄绿色的品种。适用品种有中椒 5 号、中椒 105、中椒 11、京甜 3 号等。

塑料大棚栽培：以早熟栽培为主，注重前期产量。选用早熟或中早熟，果实商品性好，果实膨大速度快，耐寒，抗病毒、疫病的品种。适用品种有中椒 107、冀研 4 号、硕丰 19、津福 8 号等。

温室长季节栽培：秋—冬—春种植，生长、采收期长。要求品种耐早衰、抗病性好（病毒病、疫病病、根结线虫病等），植株顶端生长势强、分枝少，连续坐果性强，果实商品性好、商品率高。选用品种有红罗丹、曼迪、塔兰多等。

10. 茄子品种

华北、东北日光温室冬春栽培：其生长发育要经过冬季和初春的低温阶段，栽培要选用抗病、耐寒性强、耐弱光照、坐果早、坐果率高，抗白粉虱、灰霉病和黄萎病等病害。圆茄区可选用圆杂 18、京茄 3 号等，长茄区可选用龙杂茄 5 号、辽茄 7 号、吉茄 5 号等优良品种。

华北、东北日光温室早春茬栽培：茄子的生长发育在一年中温度最低、光照最弱的阶段，栽培要选用早熟、抗病、耐寒性强、耐低温弱光、坐果早、坐果率高的品种。可选择圆茄品种有茄杂 3 号、圆杂 5 号、圆杂 16、京茄 5 号等，长茄品种有长杂 8 号、龙杂茄 2 号、辽茄 4 号等优良品种。

华北、东北日光温室秋冬茬栽培：气候特点是由高温到低温，日照由强变弱。应选用抗病毒病、枯萎病和褐纹病等病害能力强、耐低温、耐弱光，果实膨大较快的早中熟品种。圆茄区可选用圆杂 16、京茄 3 号、天津快圆茄、新乡糙青茄等，长茄区可选用龙杂 5 号、棒绿茄、紫阳长茄、特旺达、布利塔等优良品种。

华北、东北塑料大棚春早熟栽培：要求早熟、抗病、耐寒性强、坐果早、坐果率高，抗灰霉病、白粉虱、黄萎病。圆茄区可选用茄杂 2 号、圆杂 16、圆杂 8 号、海花 6 号、新乡糙青茄等，长茄区可选用龙茄 2 号，辽茄 5 号等优良品种。

华北、东北塑料大棚秋延后栽培：气候特点是前期高温，后期寒冷，应选择抗病力强，耐高温、耐贮藏的中晚熟品种。圆茄区可选用茄杂 4 号、京研 2 号、博杂 1 号、安研大红茄，长茄区可选用龙茄 1 号等品种。

华北、东北露地栽培：选用抗病性强、品质和商品性好、产量高的优良品种。圆茄区可选用茄杂 1 号、圆杂 5 号、黑帅圆茄、圆杂 8 号、丰研 4 号、圆杂 16 等品种，长茄区可选用长杂 8 号、晋紫长茄、龙茄 1 号、龙杂 3 号、龙杂 6 号、齐杂茄 2 号、齐杂茄 3 号、济南长茄子等品种。

西北日光温室春夏栽培：要求苗期耐低温性强，早熟性好，株型紧凑，叶片上冲，适宜密植，再结实能力强，丰产，抗病性强（灰霉病、黄萎病）。可选用快圆茄、圆杂16、京茄3号等品种。

西北日光温室秋冬栽培：要求对低温、弱光适应性要强，果实膨大速度快，无畸僵茄，果实着色均匀，商品果实外观美丽。可选用新杂圆2号、新杂圆3号、新杂长2号等优良品种。

西北露地栽培：要求抗病性强、品质好、商品性好、产量高。可选用新杂圆1号、茄杂2号、灯笼红等品种。

华东、华中日光温室秋冬春长周期栽培：要求耐低温、弱光，持续结果能力强，不易早衰，畸形果少，耐贮运，果皮紫黑色，光泽度好，产量高，抗灰霉病、菌核病等。可选用特旺达、布利塔等优良品种。

华东、华中大（中）棚早春栽培：要求耐低温弱光，早熟性好，前期产量高，商品性好，果实条形、棒形或圆球形，果皮紫黑色或紫红色，抗逆性强，畸形花少，坐果率高，着色好。可选用迎春1号、汉宝1号、紫龙6号、浙茄1号、引茄1号、杭丰1号、特旺达、沪茄2号、江丰1号、大龙长茄、湘杂8号、汉洪2号和白衣天使等品种。

华东、华中露地春季栽培：要求早熟，苗期耐低温性较强，中后期耐高温性较强，产量高，商品性好。可选用春晓、四季黑、紫龙3号（鄂茄子2号）、浙茄1号、引茄1号、浙茄28、杭茄1号、沪茄2号、闽茄2号、湘杂8号、白衣天使和汉洪2号等品种。

华东、华中露地夏秋栽培：要求前期耐热性强，后期耐寒，植株生长势强，抗黄萎病、青枯病，产量高，商品性好。可选用紫龙3号（鄂茄子2号）、紫龙7号、黑大长、紫秋、引茄1号、杭丰3号、玫茄1号、汉洪2号、安研大红茄和农友长茄等品种。

长江上中游早熟栽培：要求早熟性好，前期产量高，耐寒、耐弱光，抗多种病害（青枯病、黄萎病、枯萎病、褐纹病、绵疫病），具有单性结实性能、低温坐果能力强，着色好，耐贮运。可选用渝早茄 4 号、渝早茄 1 号、渝研 6 号、蓉杂茄 1 号、蓉杂茄 3 号、黔茄 3 号、三月茄等。

长江上中游露地中熟栽培：要求植株生长势强，中、晚熟，耐热、耐旱，抗多种病害（青枯病、黄萎病、枯萎病、褐纹病、绵疫病），采收期长，单果较大，着色好，耐贮运。可选用春秋长茄、黑冠长茄、六月茄、墨茄等。

长江上中游露地夏秋栽培：要求耐热、耐旱能力强，高温坐果力强、高温果着色正常均匀，耐早衰。抗青枯病、抗茄黄斑螟性较强。可选择春秋长茄、黑冠长茄、眉州墨茄等。

华南露地栽培：要求耐热性强，在高温条件下果皮色不易变浅，光泽度好，抗青枯病、褐纹病、白绢病及绵疫病，生长势强，不早衰，持续收获期长。可选用农夫长茄、长丰 2 号紫长茄、新丰紫红茄、庆丰紫红茄、广丰红茄、眉州墨茄等优良品种。

11. 胡萝卜

春季大棚栽培：我国山东潍坊、河北永清、天津等地，采用简易大棚或者中棚栽培，4 月底到 5 月初必须撤离棚膜，满足肉质根膨大期的强光要求。播种期处于低温，肉质根膨大和采收期处于高温多雨条件下。因此，要求品种早熟或者中早熟，从幼苗到肉质根采收 90 天左右，根形为长圆柱形，表皮光滑，耐抽薹，耐高温，耐贮藏，丰产性好，具有较强的抗病性。可选择品种有早春红冠、红映 2 号、中参 5 号、中参 8 号、红运黑田六寸等。

北方露地栽培：我国河北承德、张北、山西应县、内蒙古、吉林、黑龙江、甘肃等地露地栽培，播种期从 3 月底到 6 月上旬。因此，品种早、中、晚均可，生长期 100～130 天。要求品种长圆柱形，根尖钝圆，表皮光滑，丰产性好，成品率高，耐抽薹，具有较强的抗病性。可选择品种有早春红冠、红映 2 号、中参 8 号、金红 5 号、红运黑田六寸等。

夏秋露地栽培：我国华北南部、华中、华东、西南和华南部分地区均有此栽培模式，是我国胡萝卜主要栽培方式。播种期从 7 月上旬到 8 月中旬均可。品种类型多样，多为常规品种。规模化栽培基地以种植橘红色品种为主。要求品种长圆柱形，根尖钝圆，表皮光滑，丰产性好，成品率高，具有较强的抗病性。可选择品种有早春红冠、红映 2 号、中参 5 号、中参 8 号等、红运黑田六寸、红参、超级红冠新黑田五寸、改良黑田五寸等。

华南越冬栽培：主要在福建厦门、漳州等地区，生长期 150～180 天。要求品种晚熟，长圆柱形，根尖钝圆，表皮光滑，高产，成品率高，耐抽薹，具有较强的抗病性。可选择的品种有坂田七寸等。

12. 菠菜

菠菜耐寒性强、生育期短，是以绿叶为产品的蔬菜。植株无严格的采收标准。现在生产上通过品种的合理搭配和相应的栽培措施已基本做到排开播种、周年供应，无严格意义上的栽培季节和茬口安排。大致可分为春菠菜、夏菠菜、秋菠菜和越冬菠菜。

春菠菜：早春播种，春末收获。生长期间温度由低逐步升高，日照渐长。要求品种耐热、耐抽薹，抗霜霉病。株型较直立，叶片大、绿色较深、叶肉厚，生长速度快。目前生产上应用较多或正在推广的品种有：东北圆叶、内菠 1 号、胜先锋、东京绿、群多、皇家速腾、斑德、武迪等。

夏菠菜：我国东北、西北等夏季较冷凉的地区，在春末夏初播种，夏季收获。这一时期处于高温长日照阶段，要求品种抗旱、耐热、耐抽薹，抗病毒病和霜霉病。株型直立，叶片较大、叶肉厚、颜色深绿，生长期长，产量高。可选用的品种有：广东圆叶、胜先锋、盛夏王。

秋菠菜：早秋播种，秋季收获。这一季菠菜的生育前期外界温度较高，对出苗和苗期生长不利。中后期温度渐低，日照缩短，适宜菠菜生长。要求品种耐热，抗病毒病。株型直立，生长速度快，叶片肥大，产量高。可选用的品种有：东北圆叶、东北尖叶、菠杂特快黑大叶、华菠1号、内菠1号、东京绿、皇家速腾、群多等。

越冬菠菜：秋季播种，以幼苗越冬，次年春季收获。要求品种耐寒性强，耐抽薹，抗霜霉病和病毒病。株型直立，叶片大、颜色深。生长速度快，产量高。可选用的品种有菠杂10、双城尖叶、群多、皇家速腾。

13. 菜豆

春露地栽培：该茬菜豆是菜豆生产中的主茬。生育期内温度前低后高，日照渐长。要求品种种子无硬实籽粒或硬实籽粒率很低，易吸水出苗。对炭疽病、病毒病、锈病等抗性强，结荚多，丰产。商品荚纤维少，耐老化，豆荚颜色、形状、长度等外观品质符合市场需求。生育中后期气温炎热的地区要注意选用结荚期集中的早熟或中早熟品种。我国北方地区春露地栽培菜豆，生育期内处于长日照季节，还要注意所选用的品种对日照反映为不敏感的中性类型。生产上应用较多的品种有超长四季豆、碧丰、双丰1号、双丰2号、双丰3号、供给者、连农923、连芸1号、83-B、冀芸1号、冀芸2号、保丰1号、烟台特长901、新选八寸、86-1矮生菜豆、双青1号、双青12、早花皮、大油豆、吉早花架豆、一点红油豆、巨丰油豆、龙油1号、八月绿架油豆、大马掌、将军油豆。

秋露地栽培：秋露地菜豆生长季节气温变化是由高到低，苗期高温多雨，结荚期气温下降，日照变短。要求品种适应性强，前期耐热，生长后期耐寒性好。抗病毒病、锈病。早熟或中早熟，结荚集中，结荚率高，丰产。豆荚的品质和商品性好。可选用的品种有连芸 1 号、83－B、新秀 1 号、秋抗 6 号、秋抗 9 号、双丰 1 号、双丰 3 号、冀芸 1 号、冀芸 3 号、烟台特长 901、新选八寸、秋紫豆、供给者、86－1 矮生菜豆。

塑料大棚春季早熟栽培：北方地区利用塑料大棚进行春季早熟栽培，要求品种对日照长短要求不严格，株型紧凑，节间短，叶片大小中等。结荚率高，丰产。豆荚纤维少，耐老化、耐储运。对炭疽病、病毒病、疫病等抗性强。可选用的品种有超长四季豆、白丰、连农 923、双丰 1 号、双丰 2 号、双丰 3 号、新选八寸、将军油豆。

塑料大棚秋延后栽培：秋延后栽培生育期的气候特点与秋露地栽培茬类似。要求品种适应性强，前期耐热，后期耐寒，丰产，豆荚品质和商品性好。可选用的品种有连农 923、秋抗 6 号、秋抗 19 号、新选八寸。

（二）集约化育苗技术

1. 穴盘育苗技术

穴盘育苗是以草炭、蛭石、珍珠岩等轻基质作为育苗基质，将种子播种在分格室的苗盘中。播种时一穴一粒，成苗时一室一株。这是一种省工、省力、省能源、节省种子和育苗场地的低成本育苗方式。采用穴盘育苗方法育苗，可进行规范化管理，幼苗具有生长速度快，成株苗根系与基质相互缠绕在一起、不易散坨，定植时不伤根、没有缓苗期，秧苗抗逆性强，适宜机械化移栽和远距离运输等优点。

（1）育苗设施与设备

1）精量播种系统　精量播种系统的工作程序包括基质混拌、装盘、压穴、播种、覆盖、喷水等一系列作业。根据播种器的作业原理不同，精量播种机主要有两种类型：一种为机械转动式；一种为真空气吸式。

机械转动式精量播种机对种子的形状要求极为严格，只有圆形种子才可直接播种，其他形状的种子需要进行丸粒化方能使用。

气吸式精量播种机分为全自动和半自动两种机型。气吸式精量播种机对种子形状要求不甚严格，种子可不进行丸粒化加工，但应注意不同粒径大小的种子，需配有相应的配件。

在选购精量播种机之前应从以下几方面进行考虑：

①投资规模。建立现代化的大型育苗场，可选择自动化程度高、播种速度快的精量播种机。

②育苗数量。大型育苗场可考虑用自动化程度较高的精量播种机，小型育苗场可考虑选择手动播种机。

③作物种类和机械性能。一些播种机对蔬菜种子具有选择性，有些种子可以用机械播种，有些种子不能用机械播种，在购置播种机之前一定要搞清楚播种机的机械性能和作业范围。

2）穴盘　目前国内常用的穴盘有 50 孔、72 孔、128 孔、200 孔、288 孔。在选用穴盘之前，对穴盘应该有所了解。

①孔穴的形状影响穴盘的容积。孔穴的形状分为圆锥体和方锥体，我国常用于蔬菜育苗的为方锥体穴盘。同样穴数的苗盘，方锥体形比圆锥体形容积大，因此可为根系提供较多的氧气和营养物质，有利于根系的生长。

②孔穴的深度影响孔穴中空气的含量。据美国资料报道，以 273 孔穴盘为例：2.5 厘米深的穴盘其空气含量为 2.7%，5 厘米深的含量为 10%，空气含量提高了 7.3%，因此深盘较浅盘为幼苗提供了较多的氧气，促进了根系的生长发育。但是，选用深孔穴苗盘育苗应适当延长育苗期，以利于提苗。

③孔穴的大小。孔穴的大小即孔穴的营养体积影响幼苗的生长发育速度和植株早期产量。据试验结果证实，选用不同的穴盘，在相同日历苗龄条件下，由于植株根系的营养体积不同，故植株生态表现及早期产量都有较大差异，但总产量无较大差异。

小孔穴的苗盘因基质水分变化快，管理技术水平要求较高，反之大孔穴的苗盘管理较为容易。但由于孔穴数目差异，育相同株数苗，需不同孔穴穴盘数目不同，成本存在差异，应根据作物种类及育苗时期合格选择穴盘。不同蔬菜作物适宜穴盘种类见表12。

表 12　穴盘选择

蔬菜作物	288（孔）	128（孔）	72（孔）	50（孔）
冬春季茄子	2 叶 1 心	4～5 片叶	6～7 片叶	
冬春季甜椒	2 叶 1 心	8～10 片叶		
冬春季番茄	2 叶 1 心	4～5 片叶	6～7 片叶	
夏秋季番茄	3 叶 1 心	4～5 片叶		
黄瓜			3～4 片叶	嫁接苗
甜瓜		2 叶 1 心	3～4 片叶	嫁接苗
西瓜			3～4 片叶	嫁接苗
夏播芹菜	4～5 片叶	5～6 片叶		
生菜	3～4 片叶	4～5 片叶		
大白菜	3～4 片叶	4～5 片叶		
甘蓝	2 叶 1 心	5～6 片叶		
花椰菜	2 叶 1 心	5～6 片叶		
青花菜		3 叶 1 心		
抱子甘蓝	2 叶 1 心	5～6 片叶		
羽衣甘蓝		5～6 片叶		
落葵	2～3 片叶	4～5 片叶		
菜豆		2 叶 1 心		
蕹菜	5～6 片叶			
球茎茴香	2～3 片叶			
菊苣	3～4 片叶			

新穴盘可以直接使用，使用过的苗盘一定要进行清洗和消毒。其方法是先清除苗盘中的剩余物质，用清水将苗盘冲洗干净，黏附在苗盘上较难冲洗的脏物，可用刷子刷干净。冲洗干净的苗盘可以扣着散放在苗床架上，以利于尽快将水控干，然后进行消毒。可用40%福尔马林100倍液或二氧化氯1 000倍液浸泡20分钟进行消毒处理。

　　3）育苗场地　可选用连栋温室、全光照塑料大棚及节能型日光温室作为育苗场地。育苗温室在建造上应注意保温性能、透光性能以及夏季的降温性能。育苗温室在使用前要清除室内外的杂草，并进行消毒处理，每亩温室用硫黄粉3～5千克加50%敌敌畏乳油0.5千克熏蒸。

　　4）催芽室　催芽室是为了促进种子萌发出土的设备，有条件的地方可以配备。催芽室可用于大量种子浸种后催芽，也可将播种后的苗盘放进催芽室，待种子60%以上拱土时挪出。

　　建造催芽室应考虑以下几个问题：

　　①育苗规模的大小与催芽室的面积有着直接的关系，催芽室所能盛放的育苗盘数量必须与每种作物一次播种的数量相符，换句话说就是每种作物每次播种的育苗盘应该同时放进催芽室中。

　　②催芽室距离育苗温室不应太远，以便在严寒的冬季能够迅速转移已萌发的苗盘。如果育苗量较少，也可将催芽室置于育苗温室里，用塑料薄膜隔成一间小房子，提供发芽适宜的温度条件即可。

　　③催芽室应该具有良好的增温性和保温性能。在寒冷季节，白天室温应该能够维持在30～35℃，夜间室温不低于18～20℃。暖气加温设备和电热加温设备应安置合理，也可适当安放电扇，力求做到温度均衡。有条件的地方可选用自动控温设备控制温度。

　　④催芽室内应设置育苗盘架，播种后的育苗盘可错开摆放在

架子上，节省能源和使用面积。

⑤催芽室中应配备水源，当苗盘缺水时能够及时浇水，地面上也应经常洒水，以保持较高的空气湿度。

5）育苗床架　育苗床架的设置一是为育苗者作业操作方便；二是可以提高基质温度；三是可防止幼苗的根扎入地下，有利于根坨的形成；四是避免病害蔓延。床架高度可根据需要而定，生产上多为50～70厘米。

6）肥水供给系统　喷水、喷肥设备是工厂化育苗的必要设备之一。喷水、喷肥设备的应用可以减少劳动强度，提高劳动效率，操作简便，有利于实现自动化管理。

喷水、喷肥设备可分为行走式和固定式两种。行走式又可分为悬挂式行走喷水喷肥车和轨道式行走喷水喷肥车。悬挂式行走喷水喷肥车比轨道式行走喷水喷肥车节省占地面积，但是对温室骨架要求严格，必须结构合理、坚固耐用。固定式喷水喷肥设备是在苗床架上安装固定的管道和喷头。

在没有条件的地方，也可以利用自来水管或水泵，接上软管和喷头，进行水分的供给。需要喷肥时，在水管上安放加肥装置，利用虹吸作用，进行养分的供给。

（2）育苗基质的选择与配比

1）育苗基质的选择　育苗基质的选择是穴盘育苗成功与否的关键因素之一，良好的育苗基质应具有透气性强、排水性和缓冲性好、较高的盐基代换量、无虫卵、无草籽、无病原菌及质量轻、成本低的特点。

目前用于穴盘育苗的基质材料，除了草炭、蛭石、珍珠岩、椰糠、芦苇渣、蘑菇渣外，腐叶土、锯末、玉米芯等均可作为基质材料。

①草炭。草炭分为水藓草炭和灰藓草炭两种，水藓草炭多为深位草炭，pH 3.0～4.0之间，营养成分较低，其氮含量为0.6%～1.4%，表面含有蜡质层，因此亲水性较差；灰藓草炭为

浅位草炭，pH5.0～5.5，养分含量较高，因为表层蜡质少，故亲水性较好。

②蛭石。蛭石是云母矿石在高温条件下加热膨化而成，发泡好的蛭石有明显的颗粒片层，比重轻，透气性好，具有很强的保水能力，含有较高的盐基代换量，钾的含量相当高。无土育苗时，草炭与蛭石的配制比为2：1或3：1，播种之后的覆盖料全部用蛭石。我国蛭石生产厂家较多，但质量不稳定，在选购蛭石时注意那些粒径太小呈粉末状和片状的蛭石不宜采用。

③珍珠岩。珍珠岩是火山灰岩高温发泡制成，pH 7.0～7.5。珍珠岩不具有保水能力和盐基代换能力，加入基质后能增加其透气性，可减少基质水分含量。

④椰糠。椰糠是在提取椰子纤维的加工过程中生产出的一种可以天然降解的有机质媒介。椰糠 pH 为 5.0～6.5，属弱酸性，具有良好的保水性、透气性，可单独使用，也可根据需要与其他基质材料混合使用。

⑤蘑菇渣。蘑菇渣是培养完蘑菇后的废弃培养料。主要以阔叶锯末、花生壳或棉籽壳为主，经粉碎过筛后，可按一定比例加入到育苗基质中，可部分替代草炭。

2）基质配比　生产上常用的基质配比有以下几种：

①草炭：蛭石＝3：1或2：1；

②草炭：蛭石：珍珠岩＝2：1：1；

③草炭：椰糠：蛭石＝3：1：2；

④椰糠：蛭石＝2：1；

⑤草炭：蘑菇渣：蛭石＝1：1：1。

各地可根据当地资源进行就地取材。在配制基质时可根据不同的基质配比和不同的蔬菜种类掺入适量的肥料。

(3) 播种与催芽

1）播种时间　应根据育苗的设施条件、育苗方法、蔬菜种类和品种、栽培方式及当地的自然环境条件等综合因素来确定适宜的播种期。在确定育苗播种时间之前，应先确定定植期，并根据当地定植时不同的蔬菜苗的生理苗龄和日历苗龄向前推算即可得出播种日期。例如北京地区种植春大棚番茄，定植期设在3月20日，如果育苗日历苗龄设为60～70天，生理苗龄达到显蕾，那么适宜的播种期应为1月9～19日。

2) 种子处理　培育优质穴盘苗，除选择质优、抗病、丰产的品种，还需选用纯度高、洁净无杂质、子粒饱满、高活力种子。穴盘育苗采用精量播种，为了提高播种质量，促使种子萌发整齐一致，应选用种子发芽势大于90%以上的种子。未包衣的种子应进行种子处理，可选用温汤浸种、磷酸三钠和福尔马林等药剂浸种，以杀灭附着在种子表面的病菌和虫卵。对于发芽迟缓、活力较低的种子，可用赤霉素、硝酸钾、聚乙二醇等药剂进行种子活化处理。

3) 装盘与播种方法　穴盘育苗分为机械播种和手工播种两种方式。机械播种又分为全自动机械播种和半自动机械播种。全自动机械播种的作业程序包括装盘、压穴、播种、覆盖和喷水。在播种之前先调试好机器，并且进行保养，使各个工序运转正常，一穴一粒的准确率达到95%以上就可以收到较好的播种质量。手工播种和半自动机械播种的区别在于播种时一种是手工点籽，另一种是机械播种，其他工作都是手工作业完成。手工作业程序如下：

①装盘。首先应准备好基质，将配好的基质装在穴盘中，基质不能装的过满，装盘后各个格室应能清晰可见。

②压穴。将装好基质的穴盘垂直码放在一起，4～5盘一摞，上面放一只空盘，空盘上放一块大小相仿的木板，两手平放在木板上均匀下压至要求深度。和常规育苗一样，播种深度根据不同作物来定，一般为0.5～1.0厘米。

③播种与覆盖。将种子点播在压好穴的盘中，或用半自动播种机播种（如果种子已经催出芽只能用手工播种），每穴一粒。

播种后覆盖蛭石，浇一透水。

4）催芽　由于穴盘育苗大部分为干籽直播，在冬、春季播种后为了促进种子尽快萌发出苗，可在催芽室中进行催芽处理。如果没有催芽室，可将穴盘直接码放在育苗温室中，上面覆盖地膜，达到增加地温、保持基质湿度的作用，促进种子萌发。催芽室温度控制及催芽时间见表13。

表13　催芽室温度控制及催芽时间

蔬菜作物	室温（℃）	时间（天）
茄　子	28～30	5
甜　椒	28～30	5
番　茄	25～28	4
黄　瓜	28～30	2
甜　瓜	28～30	2
西　瓜	28～30	2
生　菜	23～25	2～3
甘　蓝	23～25	2
芹　菜	15～20	7～10
石刁柏	28～30	7～10

（4）秧苗管理　蔬菜育苗需要水分、养分、温度、光照共同作用，才能使秧苗苗壮成长。

1）水肥管理　水分是蔬菜幼苗生长发育的重要条件。播种后，浇一透水。出苗后到第一片真叶长出，要降低基质水分含量，水分过多易徒长。其后随着幼苗不断长大，叶面积增大同时蒸腾量也加大，这时秧苗缺水就会受到明显抑制，易老化；反之如果水分过多，在温度高、光照弱的条件下易徒长。夏季温度高，幼苗蒸发量大，基质较易干，在勤浇水的同时，防止水分过大。不同蔬菜作物、不同生育阶段适宜基质水分含量见表14。

表14　不同生育阶段基质水分含量（相当最大持水量的%）

蔬菜作物	播种至出苗	子叶展开至2叶1心	3叶1心至成苗
茄子	85～90	70～75	65～70
甜（辣）椒	85～90	70～75	65～70
番茄	75～85	65～70	60～65
黄瓜	85～90	75～80	70～75
芹菜	85～90	75～80	70～75
生菜	85～90	75～80	70～75
甘蓝	75～85	70～75	55～60

　　浇水时，在寒冷季节要注意最好在晴天的上午浇，在炎热季节要选择早、晚浇水。浇水要浇透，否则根不向下扎，根坨不易形成，起苗时易断根。起苗前喷施杀虫和杀菌剂，并将幼苗浇透水，使幼苗容易被拔出，还可使幼苗在长距离运输时不会因缺水而死苗。

　　幼苗生长阶段应注意适时补充养分，根据秧苗生长发育状况喷施不同的营养液（表15）。定植前1周适当控制水分，进行炼苗。

表15　苗期营养液配方

	黄瓜		甜瓜		西瓜		茄果类	叶类菜
	配方1	配方2	配方1	配方2	配方1	配方2		
EC（西门子/米）	2.15	3.19	2.2	2.0	2.2	1.96	1.6～2.2	1.6～1.9
pH	6.4	6.3	6.4	6.4	6.4	6.4	6.4～6.6	6.3～6.5
毫克/千克								
N	460	144	460	215	460	230	460	600～690
P	456	456	456	342	456	228	342～456	342～450
K	574	805	574	817	574	287	421～574	300～430
Ca		87		109				
Mg						100		

2）温度管理　温度是培育壮苗的基础条件，不同的蔬菜种类在不同的生长发育阶段，要求不同的温度条件。播后的催芽阶段是育苗期间温度最高的时期（表16），待60％以上种子拱土后，温度适当降低，但仍要维持较高水平，以保证出苗整齐；当幼苗2叶1心后适当降温，保持幼苗生长适温（表17）；成苗后定植前1周要再次降温炼苗，最低温度接近定植地，使秧苗适应定植后田间气候条件（表18）。

表16　蔬菜种子萌发的土壤温度条件（℃）

蔬菜作物	最低温度	适宜温度范围	适宜温度	最高温度
茄子	16.0	24～32	30	35
甜（辣）椒	15.5	18～32	29	35
番茄	10.0	15～30	29	35
黄瓜	16.0	16～33	30	35
甜瓜	15.5	24～35	32	38
西葫芦	15.5	21～32	30	37
西瓜	15.5	21～35	32	38
甘蓝	4.5	7～29	24	38
花椰菜	4.5	7～29	24	38
芹菜	4.5	16～21	20	29
生菜	2.0	4～27	24	29

表17　籽苗期生长适宜温度

蔬菜作物	白天温度（℃）	夜间温度（℃）
茄子	25～28	18～20
甜（辣）椒	25～28	18～20
番茄	23～25	13～16
黄瓜	25～28	15～16

（续）

蔬菜作物	白天温度（℃）	夜间温度（℃）
甜瓜	25～28	17～20
西葫芦	20～25	13～16
西瓜	25～30	17～20
甘蓝	18～22	12～16
花椰菜	18～22	12～16
芹菜	18～24	15～18
生菜	15～22	12～16

表 18　成苗期（包括炼苗期）温室温度管理指标

蔬菜作物	白天温度（℃）	夜间温度（℃）
茄子	20～28	10～18
甜（辣）椒	20～28	10～18
番茄	18～24	8～13
黄瓜	15～25	8～15
甜瓜	15～24	10～19
西葫芦	18～21	8～15
西瓜	15～24	10～18
甘蓝	16～21	8～12
花椰菜	16～21	8～12
芹菜	15～23	12～15
生菜	13～18	8～13

　　秧苗的生长需要一定的温差，白天和夜间应保持 8～10℃的温差。阴雨天白天气温低，夜间也应低些，保持 2～3℃的温差。阴天光照弱，光合效率低，夜间气温相应的也要降低，使呼吸作用减弱，以防徒长苗。

3）光照管理　光照影响着幼苗生长发育的质量，是培育壮苗不可缺少的因素。光照条件包括光照强度和光照时数，二者对于幼苗的生长发育和秧苗质量有着很大的影响。蔬菜种类不同，对光照强度的要求也不相同，瓜类比果类菜要求高，果类菜比叶类菜要求高（表19）。

表19　主要蔬菜的光饱和点和光补偿点（千勒克斯）

蔬菜种类	番茄	茄子	甜椒	黄瓜	西瓜	甜瓜	甘蓝	芹菜	莴苣	菜豆
光补偿点	2	2	1.5	2	4	3	2	2	1.5	1.5
光饱和点	70	40	30	55	80	55	40	45	25	25

幼苗对光照强度的要求依蔬菜种类不同而不同，但基本要求在该种蔬菜的光饱和点以下，光补偿点以上，在这个范围内，当温度、CO_2等环境条件适宜的情况下，植物体的光合强度随着光照强度的增加而增加。光照时间的长短也影响着养分的积累和幼苗的花芽分化，正常条件下，随着光照时间的增长，养分积累增加，利于花芽分化，秧苗素质提高。若幼苗长时间处于弱光的条件下，易形成徒长苗，造成植株高、茎细、叶片数降低，花芽分化推迟，整个幼苗素质下降。对于穴盘苗来说，由于单株营养面积相对较小，幼苗密度大，对光照强度的要求更加严格。

光照条件直接影响秧苗的素质，秧苗干物质的$90\%\sim95\%$来自光合作用，而光合作用的强弱主要受光照条件的影响。冬春季日照时间短，自然光照弱，阴天时温室内光照强度更弱。在目前温室内尚无能力进行人工补光的情况下，如果温度条件许可，争取早揭苫、晚盖苫，延长光照时间，在阴雨雪天气，也应揭苫。选用防尘无滴膜做覆盖材料，定期冲刷膜上灰尘，以保证秧苗对光照的需要。夏季育苗光照强度超过了蔬菜光饱和点，要用遮阳网遮阴，达到降温防病，秧苗苗壮生长的目的。

综上所述，幼苗生长的好坏是受综合因素影响的，温度、光照、营养、水分等同时制约着幼苗生长，而且这些环境因素本身又是相互影响、相互制约的。所以要给幼苗生长创造一个良好的环境。

4）分苗、补苗　由于种子质量和育苗温室环境条件影响，穴盘中会出现空穴现象，为此对一次成苗的需在第 1 片真叶展开时，抓紧将缺苗补齐。在寒冷季节育苗，可先将种子播在 288 孔苗盘内，当小苗长至 1～2 片真叶时，移至 72 孔苗盘内，这样可提高前期温室有效利用率，减少能耗。

(5) 适龄壮苗　适龄壮苗是获取蔬菜丰产的基础，培育适龄壮苗是整个育苗期的主攻目标。育苗生产中分为适龄壮苗、徒长苗和老化苗。老化苗和徒长苗的形成是育苗环境差、管理不当所造成的。

1）壮苗特征　形态特征为茎秆粗壮、节间短，叶色浓绿、叶片舒展而厚，根系发达洁白，发育平衡无病虫害；生理特征表现为干物质含量高，同化功能旺盛，表皮组织中角质层发达，水分不易蒸发，对栽培环境的适应性强，具有较强的抗逆能力，耐旱、耐寒性好，果类菜苗的花芽分化早，花芽数量多，并且具有较好的素质，根系活力旺盛，定植后缓苗快，适时开花，果实丰硕产量高。

2）徒长苗特征　形态特征为茎细、节间长，叶色淡、叶片薄，根系发育弱、根量少，植株外观呈瘦长型；生理特征表现为植株营养物质含量低，细胞液浓度低，同化功能差，表皮组织中细胞排列疏松，水分易蒸发，对环境条件的适应性和抗逆性差，不耐旱，遇轻霜易受冻，抗病能力弱，果类菜秧苗花芽分化迟缓，根系活力衰弱，定植后缓苗慢，成活率低。由于营养生长不良，生殖生长亦受到影响，易落花落果，给早熟高产造成威胁。

3）老化苗特征　形态特征为植株矮小，茎脆无弹性并出现木质化，叶面积小且不舒展，叶色暗绿，根系木栓化，根毛呈棕黄色，黄瓜苗出现花打顶现象；生理特征表现为细胞液中水分含量少，致使光合作用能力下降，同化产物减少，营养生长速度缓慢，根系木栓化造成根系活力低下，定植后缓苗慢，果类菜的老化苗虽然定植后开花较早，但由于营养体小，叶面积小，合成产物少，故果实膨大受影响，致使产量低，植株易早衰。

在适宜的环境条件下，不同季节、不同蔬菜其日历苗龄及生理苗龄不同。不同蔬菜穴盘育苗适龄壮苗标准见表20。

表20　适龄壮苗标准

蔬菜作物	日历苗龄（天）	生理苗龄
		叶片数（片）
冬春季茄子	70左右	6~7
冬春季甜（辣）椒	70左右	8~10
夏季甜（辣）椒	35左右	3~4
冬春季番茄	60左右	6~7
夏季番茄	20左右	3叶1心
黄瓜	30左右	3~4
甜瓜	30左右	3~4
西葫芦	20左右	2叶1心
西瓜	30左右	3~4
冬春季甘蓝	60左右	5~6
冬春季青花菜	40左右	3叶1心
夏季青花菜	25左右	3叶1心
冬春季花椰菜	60左右	5~6
芹菜	60左右	5~6
生菜	35左右	4~5

（6）秧苗运输　取苗前浇一透水，有利于秧苗从穴盘中拔出而不会出现散坨现象，也避免长途运输时缺水。取苗时，可将秧苗一排排、一层层倒放在纸箱或筐里。早春季节，穴盘苗的远距

离运输要防止幼苗受寒，要有保温措施。近距离定植的可直接将苗盘带苗一起运到地里，但要注意防止苗盘的损伤。

2. 营养块育苗技术

营养块是由草炭、蛭石等基础原料添加缓释肥料、处理后的农业残渣和特定的辅助剂制成的育苗块，具有营养元素全面、无病菌虫卵、操作简便、节约用种、定植后缓苗快、成活率高等优点，是营养钵育苗的替代品。

(1) 育苗设施与设备 可选用连栋温室、全光照塑料大棚及节能型日光温室作为育苗设施。育苗温室应具有良好的保温性能、透光性能以及夏季的降温性能。温室内做到地面平整、排灌设备齐全。育苗温室在使用前要清除室内外的杂草，并进行消毒处理，每亩用硫黄粉 3~5 千克＋50％敌敌畏乳油 0.5 千克熏蒸。

(2) 育苗块的选择 茄果类、叶菜类育苗适宜选择圆形小孔 40 克育苗块；瓜类育苗适宜选择圆形大孔 40 克育苗块；长苗龄蔬菜育苗可选择圆形单孔 50 克育苗块；嫁接苗可选择圆形双孔 60 克育苗块。

(3) 播种前的准备工作

1）苗床准备 在育苗温室中做成 1~1.2 米宽、0.1 米深的苗床，将苗床底部整平、压实后备用。在苗床底部平铺一层有孔塑料薄膜或防虫网，减少幼苗根系下扎及病虫害的蔓延。有条件的地方可在苗床上铺厚 1~2 厘米的消毒细土，起到冬季减少浇水次数，提高苗床温度；夏季降低苗床温度，避免高温灼伤的缓冲作用。

2）摆块、涨块 摆块、涨快是一项细致的工作，也是制约育苗质量的重要工序。

①摆块。摆块间距一般为 1~1.5 厘米较为适宜。

②涨块。营养块码好后先用喷壶喷少量的水，使营养块表层湿润，再用小水流从苗床边缘缓慢浇灌，直到淹没块体，使块体

充分湿润直到完全疏松膨胀（用细铁丝或牙签扎无硬芯），一般每 1 000 块营养块吸水量约 100 千克。涨块过程中应小水慢灌，地膜上不要过多积水，不要移动或按压营养块，以免散块。营养块涨好后苗床内应无积水，块体保持形状完整。

（4）播种　播种时间和种子处理参见穴盘育苗技术。

冬春季节选择晴天上午进行播种，高温季节选择下午播种。将种子平放在孔穴底部，播后覆盖蛭石或消毒细土，覆土厚度根据种子大小，约为 1 厘米。同时在苗床附近撒播一定量种子以备补苗。冬春季为了提高苗床温度，减少水分丧失，可在营养块上覆盖地膜，并可扣小拱棚，促进种子萌发。高温季节播种后注意遮阳降温。

（5）秧苗管理

1）籽苗期管理　当 60%～70% 出苗时及时揭去覆盖物。温度与光照管理参见穴盘育苗技术。缺水时采用小水流从苗床边缘缓慢灌水，使水分自下而上渗入块体，不要大水漫过块体。也可以用雾化好的喷头喷水，切忌用大孔喷壶喷水，防止冲散营养块。由于营养块在制作时已经加入了有机无机肥料，可不必浇灌营养液。为了使秧苗生长一致，当瓜类蔬菜长到 2 片真叶、茄果类蔬菜长到 3～4 片真叶时进行倒苗，使秧苗生长一致。

2）成苗期管理　采取控温不控水的措施，保持营养块见干见湿，浇水方法与籽苗期相同。根据秧苗生长状况进行倒苗，适当加大苗间距离。

3）炼苗期管理　定植前 1 周进行炼苗，冬春季逐渐降低室内温度，停止浇水；夏秋季逐渐缩短遮阳时间，直至完全撤掉遮阳网，同时加大通风量，使育苗场所的环境条件接近定植的环境条件，以利于缓苗。

（6）适龄壮苗　根系布满营养块、白色根尖稍外露时要及时定植，防止根系老化。不同蔬菜壮苗营养块育苗苗龄及成苗标准见表 21。

表 21　苗龄及成苗标准

作　物	日历苗龄（天）	生理苗龄叶片数（片）
冬春季茄子	50～60	5～6
冬春季甜（辣）椒	50～60	5～6
夏秋季甜（辣）椒	25～30	4～5
冬春季番茄	35～50	4～5
夏秋季番茄	20～25	3 叶 1 心
黄瓜	25～35	2 叶 1 心
甜瓜	20～30	2～3
西葫芦	20～25	2 叶 1 心
西瓜	25～35	3～4
冬春季甘蓝	40～50	4～5
冬春季青花菜	40～50	3 叶 1 心
夏秋季青花菜	25～30	3 叶 1 心
夏秋季花椰菜	25～30	4～5

(7) 秧苗运输　秧苗运输可选用塑料筐，将秧苗直立码放在塑料筐中，塑料筐高度应高于秧苗。码放秧苗时应轻拿轻放，避免散坨。

3. 嫁接育苗技术

(1) 嫁接方法　目前生产上常用的嫁接方法有插接、劈接、靠接和贴接。嫁接方法因蔬菜种类不同而不同，砧木和接穗的播种期亦不相同。

1) 瓜类插接与断根嫁接方法

①播种期。瓠瓜砧木比接穗早播 6～7 天；南瓜砧木比接穗早播 3～4 天。

②插接方法。当瓠瓜第 1 片真叶展开时，接穗子叶也已发足，此时进行嫁接。嫁接时去掉砧木的真叶和生长点，将竹签从

心叶处斜插入 1 厘米左右深，并使砧木下胚轴表皮划出轻微裂口，然后将接穗斜削一刀，长度 1 厘米左右，将接穗插入砧木，接穗创伤面和砧木大斜面相互密接。选择的竹签斜面粗度应与接穗下胚轴粗度一致。

③断根嫁接方法。将砧木苗沿基部切断，如果下胚轴过高，也可以根据植株的高度，将地上部的茎多切除一些，然后除去砧木的真叶和生长点，用与接穗茎粗细一致的竹签从心叶处向下斜插一深 1 厘米左右的斜面，将接穗斜削一刀，长度 1 厘米左右，将削好的接穗插入砧木，接穗创伤面和砧木大斜面相互密接，然后插入预先准备好的 50 孔穴盘中。

2）瓜类劈接方法

①播种期。砧木比接穗早播 6～7 天。

②劈接方法。取健壮砧木苗，除去其真叶和生长点，沿纵轴一侧垂直下劈 1～1.5 厘米深。将接穗胚轴削成楔形，插入砧木中，使接穗和砧木创伤面紧密结合。用嫁接夹固定，成活后去掉嫁接夹。

3）瓜类靠接方法

①播种期。砧木比接穗晚播 4～6 天。

②靠接方法。当砧木和接穗子叶发足，真叶露出时进行靠接。取大小、粗细相近的砧木、接穗苗，除去砧木的真叶和生长点，在砧木下胚轴子叶下 1 厘米处向下斜切一刀，深及胚轴 2/5～1/2，然后在接穗相应部位斜向上切一刀，将接穗和砧木结合部用嫁接夹固定。嫁接后，砧木、接穗同时移入穴盘，相距约 1.0 厘米，成活后切除接穗的根。接口应距地面约 3 厘米以免接穗发生自根。嫁接后 10～15 天后去掉嫁接夹。

4）瓜类贴接方法

①播种期。砧木比接穗晚播 4～6 天。

②贴接方法。嫁接时间同靠接。取大小、粗细相近的砧木、接穗苗，将砧木苗从心叶处向下斜切一刀，除去砧木生长点及一

片子叶，长度1～1.5厘米，然后将接穗在子叶下1～1.5厘米处斜削一刀，长度1～1.5厘米，将接穗和砧木结合部用嫁接夹固定。

5）茄果类劈接方法

茄子劈接方法：

①播种期。冬春季嫁接砧木播种期比接穗播种期早30～40天；夏季嫁接砧木比接穗早播20天左右。根据定植期确定砧木和接穗的播期。

②劈接方法。当砧木具有6～7片真叶，接穗具有5～6片真叶时进行嫁接。在砧木第2片真叶上方平切一刀，然后在砧木茎中间垂直切入1厘米深。将接穗茄苗保留2～3片真叶，削成1厘米长的楔形，楔形大小与砧木切口相当，随即将接穗插入砧木的切口中，将接穗和砧木结合部用嫁接夹固定。

番茄劈接方法：

①播种期。砧木和接穗同时播种。

②劈接方法。当砧木和接穗具有5～6片真叶时进行嫁接。方法参照茄子嫁接。

辣椒劈接方法：

①播种期。砧木比接穗早播15天左右。

②劈接方法。当砧木长到5～7片真叶、接穗长到4～6片真叶时即可嫁接。方法参照茄子嫁接。

6）茄果类贴接方法

茄子贴接方法：

①播种期。冬春季嫁接砧木播种期比接穗播种期早30～40天。夏季嫁接砧木比接穗早播20天左右。根据定植期确定砧木和接穗的播期。

②贴接方法。当砧木具有5～6片真叶，接穗具有4～5片真叶时进行嫁接。在砧木第2片真叶上方斜削一刀，斜面长0.8厘米左右，然后将接穗苗上部保留2～3片真叶，向下方斜削一刀，

再将两个斜面迅速贴合到一起，对齐后用嫁接夹固定。

番茄贴接方法：

①播种期。砧木和接穗同时播种。

②贴接方法。当砧木和接穗具有 5～6 片真叶时进行嫁接。方法参照茄子嫁接。

（2）嫁接后的管理

1）温度管理　冬春季嫁接要注意保温，夏季要注意降温。

①瓜类嫁接后的温度管理。嫁接后 1～3 天白天温度控制在 28～30℃，夜间 23～25℃，地温 20～23℃。冬春季气温低时要进行加温，秋季气温高时要进行降温，促进愈合。嫁接后 4～6 天嫁接苗愈合，心叶萌动，白天温度控制在 26～28℃，夜间 20～22℃，嫁接成活后按照常规温度管理。

②茄子嫁接后的温度管理。白天温度控制在 25～30℃，夜间 17～20℃，地温在 25℃左右。第 4 天开始逐渐降低温度，白天 23～26℃，夜间 16～18℃。

③番茄嫁接后的温度管理。嫁接后 1～3 天白天温度控制在 25～27℃，夜间 17～20℃，地温 20℃左右。第 4 天开始逐渐降低温度，白天 23～26℃，夜间 15～18℃。

④辣椒嫁接后的温度管理。嫁接后 1～3 天白天保持 28～30℃，夜间 18～20℃，地温 25℃左右。3 天后逐渐降低温度，白天温度控制在 25～27℃，夜间 17～20℃。

2）湿度管理　嫁接后 3 天内保持 95％以上的棚内湿度，3 天后逐渐降低棚内湿度，7 天后根据秧苗成活情况恢复常规管理。

3）光照管理　嫁接后前 3 天进行遮光，以后逐渐延长见光时间，以见光后不萎蔫为标准。

4）通风管理　嫁接后 2～3 天苗床保温、保湿，不必进行通风。3 天后可在苗床两侧上部稍通风，通风时间为早晨和傍晚各半个小时，降低温度、湿度。以后每天增加半个小时至 1 小时。

到第 6～7 天中午太阳光照强时，接穗子叶有些萎蔫，再短暂遮阴。如没有萎蔫现象就可把遮阴物全部撤掉。第 8 天后，接穗长出真叶，可进行苗期正常管理。

5）抹除砧木腋芽　砧木子叶间长出的腋芽要及时抹除，以免影响接穗生长，但不可伤害砧木的子叶。即使是亲和力最好的嫁接苗，若砧木子叶受损，前期生长受阻，进而影响后期开花结果，严重时会形成僵苗。因此在取苗、嫁接、放入苗床、定植等操作过程中均应小心保护秧苗子叶。

6）病害防治　嫁接后幼苗处在高温、高湿、弱光的条件，容易诱发病害。嫁接后根据苗情可选择喷洒 72.2％普力克水剂 500 倍液、80％代森锰锌可湿性粉剂 500 倍液、70％甲基托布津可湿性粉剂 800 倍液、农用链霉素 400 万单位、15％粉锈宁可湿性粉剂 1 000～1 500 倍液等药剂。发现虫害可选用相应的杀虫剂杀灭。

（3）嫁接育苗需要注意的问题

1）严格消毒制度　覆盖用薄膜应清洁无污染，嫁接用的所有器具必须严格消毒，嫁接切口要一刀成型，并保持嫁接区清洁无菌。

2）选择适宜的砧木品种　选用砧木时，不仅要选择抗病性强的品种，也要注意砧木和接穗的亲和力。

3）酌情更换砧木　由于土壤病原菌容易产生新的变异，需要酌情筛选更替新的砧木。

（三）生态栽培技术

1. 防雾滴耐老化功能膜的选择与使用技术

近年来，随着设施园艺的发展，农用塑料薄膜等现代农用覆盖材料在我国棚室栽培上的应用越来越广泛。在冬春季节普通棚膜极易形成大量露滴，露滴洒落到蔬菜的茎叶上，为病菌侵入提供了条件，往往导致病害蔓延。使用流滴膜后，结露沿内薄膜内表面流下，不形成露滴，防病作用明显。防雾滴耐老化功能性农膜覆盖应用，已成为抵御自然灾害、实现蔬菜集约化生产、实现蔬菜周年化供应和稳产高产优质高效的一项不可替代的农艺措施。

（1）功能作用　目前生产上应用的棚膜，按性能的不同分为普通膜、耐候膜、耐候功能膜（防滴、防雾、保温、转光等），耐候功能膜按功能的不同又分为流滴防老化膜、流滴保温防老化膜、流滴转光防老化膜、流滴转光保温防老化以及上述耐候功能膜的消雾类型。根据生产所用原料的不同又分为：聚乙烯棚膜、聚氯乙烯棚膜和乙烯—醋酸乙烯（EVA）棚膜（这三种膜的特性比较见表22）。面对如此众多的棚膜，选择性能优良、经济、对路的产品，并合理使用，才能增产增收，并降低成本，提高应用效果。

表 22　不同树脂原料的棚膜特性比较表

主要特性	聚乙烯（PE）	聚氯乙烯（PVC）	乙烯—醋酸乙烯（EVA）
密度	0.923	1.275	0.94
成本	低	高	中
初期透光性	良	优	优
后期透光性	中	差	良
保温性	差	优	良
功能膜流滴性	良	优	优
防尘性	良	差	良
功能膜耐候性	优	优	优
拉伸强度	良	优	良
耐低温性	良	差	优

（2）不同功能膜的选择与使用　由于地理位置、种植时间、种植种类的不同，势必要求塑料薄膜的多样性，挑选合适的塑料

薄膜、塑料薄膜的使用及保管，对设施的投入产出，农民的增产增收也起着重要作用。

1）地膜的选择

地面覆盖栽培：应选用薄型地膜，露地覆盖栽培，春季宜选用白色地膜或黑白配色、银白配色地膜，夏秋季宜选用银灰或黑色地膜；保护地覆盖栽培，白色、黑色地膜都可使用，但以黑色地膜为好。

近地面覆盖栽培：不能选用薄型地膜，而应选用厚度在0.014～0.02毫米、透明度好的白色地膜。

2）地膜的使用及注意事项

①长时间盖地膜的土地，其表土含水量会明显提高，而在较深的土层中，水分的含量却会明显降低。所以应注意一些根系较深的蔬菜在盖膜后生长中后期浇水时应考虑到使水能渗透到较深的土层中，以免出现上湿下干的问题。

②土地覆盖地膜后，表层土壤中微生物会因地温较高，湿度恒定而加速繁衍，因此加快了对有机肥的分解，除能增加供应分解出的营养外，其"副作用"便是肥的供应会出现前期丰富，后期不足。所以，凡覆盖地膜的菜地在中后期一定要通过追肥补充营养，以免后期肥力不足，影响后期产量的提高或引发植株早衰。

③越冬茬蔬菜定植后，如果立即覆盖地膜，蔬菜根系在表土中的数量会大增，使蔬菜的表层根比例大增，而在较深的土壤中的根比例变小，根系数量变少。而在严冬来临之际，表土温度低温差变化大，这会影响表层根的生理功能。因此在冬前定植越冬茬蔬菜时，不应立即覆膜，须把覆膜时间适当延后，以定植半月后再覆盖为好，以免严冬遇寒流时蔬菜表层根受到严重的影响造成重大损失。

3）棚膜的选择

①根据不同用途进行选择。日光温室，在黄淮地区宜选用

0.08～0.1毫米厚，在"三北"地区选用0.1～0.12毫米厚的耐候功能膜覆盖；大中棚，在江淮、黄淮地区宜选用0.06～0.08毫米厚，在"三北"地区选用0.1～0.12毫米厚的耐候功能膜覆盖；小棚，宜选用0.03～0.05毫米厚的耐候功能膜覆盖。

②根据不同日光温室类型进行选择据多年试验及生产实践，一般一代日光温室宜选用PVC膜，二代日光温室宜选用EVA膜。

③根据种植作物的不同进行选择一般黄瓜及辣椒种植可选用PVC膜，茄子、甜瓜、西瓜、西葫芦、番茄、各类叶菜及果树可选用EVA膜，韭菜及草莓种植可选用韭菜专用膜。

④选用质量稳定可靠、信誉良好的厂家生产的棚膜经过多年应用实践的质量可靠，性能相对稳定棚膜。

⑤从信誉良好的经销商处购买棚膜经销商应有明确的经营地点，"三证齐全"。购买棚膜后要索要并保存好发票（或收据），以备发生质量纠纷时使用。

4）棚膜使用、保存时注意事项

①改进设施。流滴膜必须在一定角度且没有障碍物阻挡的情况下，露珠才能沿膜面顺利流下，而不滴在作物上。因此，应合理加大高跨比，适当缩小拱杆间距，并使拉杆或拉索与膜保持一定的距离，以保证流滴通畅。

②骨架材料的表面处理。耐候功能膜连续覆盖使用寿命在15～18个月，但是若棚室骨架处理不当，特别是拱杆粗糙带刺，则易破坏薄膜，严重影响使用寿命和保温效果。因此，要对棚室骨架材料表面进行光滑处理。对于钢骨架要进行防锈处理。防锈处理最好采用热镀锌或涂刷银粉。覆盖耐候功能膜不宜在骨架上涂刷油漆或缠绕废旧薄膜，以防薄膜固化而撕裂。另外，拱杆上不宜用草绳之类的缠绕物缠绕，以免影响流滴性。

③焊接技术。因耐候功能膜宽度不足和通风的需要，宜采用

熨斗热合焊接。热合重叠部分应控制在30毫米以上，以免影响焊接牢固度。

④扣膜技术。三层共挤耐候功能膜、聚氯乙烯流滴防尘耐候膜有内外之分，应注意按照厂家规定的内外方向扣膜。扣膜作业应选择晴天无风的中午进行。扣膜时，应拉平、绷紧、压牢，以免产生皱折影响流滴效果。纵向骨架材料不能与膜接触，应采用专用塑料压膜线。另外，耐候功能膜有效使用期长，不宜采用上下竹竿加铁丝穿透薄膜的方法绑扎固定，而应采用压膜线固定。

⑤水分管理技术。低温、弱光季节应覆盖地膜，并采取膜下暗灌或滴灌，杜绝大水漫灌，以减轻雾气，延长流滴持效期。另外，耐候功能膜透光好，升温快，应注意及时放风，尤其是EVA耐候功能膜，以免发生高温危害。同时，放风还具有排湿、防病作用。

⑥施药技术。使用含硫、铁元素的农药时，应注意不要喷洒在薄膜上，以免影响使用寿命。

⑦裂口、积雨（雪）及灰尘的处理。在薄膜使用过程中出现裂口，应及时修补，以免遭受风害，影响使用寿命和遭受冻害。耐候功能膜在使用过程中，表面吸尘有加重的趋势，影响透光，应注意擦洗。为保护薄膜，出现雨水兜、积雪要及时清除。

⑧综合利用。耐候功能膜连续覆盖1年后性能较差，且机械强度较低，应从大棚、日光温室上撤下来用于内保温覆盖或覆盖小棚。覆盖一茬小棚后，一般还可以用于地面覆盖菠菜等越冬蔬菜或作为地膜使用。对不能继续覆盖的废旧薄膜，应集中交废品收购站或有关企业回收利用，防止出现白色污染。

2. 防虫网覆盖栽培技术

我国夏季温度高，害虫猖獗，蔬菜生产用药频繁，害虫极易产生抗药性，致使施药次数和剂量不断增加，蔬菜农药残留严重超标，中毒事件时有发生。

防虫网覆盖栽培技术是利用一种网状结构材料形成物理隔离，阻止害虫进入被覆盖空间形成危害的防治害虫技术，对无公害蔬菜的生产具有重要意义。防虫网以人工构建的屏障，将害虫拒之网外，达到防虫、防病保菜的目的。此外，防虫网反射、折射的光对害虫还有一定的驱避作用（图17）。

图17　防虫网帐全天候覆盖栽培小青菜

（1）功能作用

1）**防虫**　在设施上覆盖防虫网后形成封闭隔离空间，可以有效阻止成虫进入产卵和幼虫进入直接危害，切断了害虫的传播途径，防虫效果十分明显。蔬菜覆盖防虫网后，基本上可免除菜青虫、小菜蛾、甘蓝夜蛾、斜纹夜蛾、黄曲跳甲、猿叶虫、蚜虫等多种害虫的为害。据试验，防虫网对白菜菜青虫的防效为96％，小菜蛾的防效为94％，对豆荚螟防效为97％，美洲斑潜蝇防效为95％，对蚜虫防效为90％以上。

2）**防病**　病毒病主要是小型昆虫传播，特别是蚜虫、烟粉虱等传毒。防虫网切断了小型害虫主要传毒途径，可大大减轻蔬菜病毒的侵染。据试验，覆盖防虫网后，春番茄病毒病的防效达88.5％，增产24％，伏白菜病毒防效为79％，增产22％。

3）**防暴雨**　大中棚防虫网覆盖下，暴雨经过防虫网时约有20％左右的雨水沿网流入畦沟，排出田外，落入畦面的雨水，经过防虫网破碎后分散成毛毛细雨，大大减轻了对土壤的冲击力。

4）防风 据测算，25 目防虫网全封闭覆盖大棚，风速比露地降低 15%～20%；30 目防虫网全封闭覆盖大棚，风速降低 20%～25%。同时，由于防虫网具有通透性，也可防止被大风掀起，造成秧苗损失的问题发生。另据观测，采用防虫网覆盖，只要扣紧压牢，可以有效地防止台风的袭击，对保证台风过后的蔬菜市场供应意义重大。

5）调节气温和土温 试验表明：炎热的 7～8 月，在 25 目白色防虫网中，早晨和傍晚的气温与露地持平，而晴天中午比露地低 1℃ 左右。早春 3～4 月，防虫网覆盖棚内比露地气温高 1～2℃，5 厘米地温比露地高 0.5～1℃，能有效地防止霜冻。

6）减少农药用量 试验表明，在 5～10 月用 20 目银灰色的防虫网全天候覆盖小棚生产小青菜，只需在播种前用 80% 敌敌畏乳油 800～1 000 倍液喷洒土壤 1 次，出苗后一般不用喷洒农药，与常规（露地）生产相比每茬减少用药 7 次，保证了无公害生产。

7）节支 据试验测算，用 20 目银灰色防虫网全天候覆盖小棚小青菜，与对照（露地）相比，虽然每亩每茬产量低 5.5%，但是少用药 7 次节约开支 130 元，减去防虫网投资后节支 67 元，蔬菜优质优价增收 738.7 元，合计增收节支 805.7 元。

(2) 防虫网覆盖栽培配套技术

1）合理选用防虫网 防虫网规格种类较多，颜色有白色、银灰色等，通常幅度为 1.0～1.8 米，线（丝）径 14～18 毫米。选择防虫网要考虑目数、颜色和幅宽等，目前生产上一般采用 20～30 目防虫网。春秋季节和夏季相比，温度较低，光照较弱，一般采用白色防虫网；夏季为了兼顾遮阳、降温，一般采用黑色或银灰色防虫网；在蚜虫和病毒病发生严重的地区，为了驱避蚜虫、防治病毒病宜采用银灰色防虫网。

2）因地制宜确定覆盖方式

①棚室全封闭覆盖。按常规精整田块，施足基肥，同时进行化学除草和土壤消毒，然后将防虫网直接覆盖在棚室骨架上，四周用土压严压实，并用压膜线扣紧压牢。大中棚和温室，从门进入进行农事作业，但门必须安装防虫网，并注意进出后必须立即关好门。小棚覆盖防虫网后，浇水直接浇在网上，一直到采收都不揭网，实行全封闭覆盖。

②棚室风口和门口安装防虫网。按常规精整田块，施足基肥，同时进行化学除草和土壤消毒，然后将防虫网安装在棚室（大中棚和温室）的放风口和门口。用压膜线扣紧压牢。从门进入进行农事作业，注意进出后必须立即关好门。此种覆盖节省防虫网，且棚室其余部分覆盖棚膜，防雨效果好。

③平棚覆盖。按常规精整田块，施足基肥，同时进行化学除草和土壤消毒，然后用粗竹或木桩或石柱搭平棚架，上用小竹竿、尼龙绳或铁丝固定防虫网，四周用土压严压实，并扣紧压牢。从门进入进行农事作业，但门必须安装防虫网，并注意进出后必须立即关好门。长宽因地块而定，架高以人进入能进行农事作业为宜。

3）防虫网在蔬菜生产上的应用范围

①防虫网在蔬菜栽培上的应用。在夏菜延后栽培、伏菜栽培和秋菜提前栽培中，应用防虫网覆盖栽培，可以减少多种害虫危害和传播病毒，并兼有防暴雨和台风作用。

②防虫网在蔬菜育苗上的应用。每年6～8月是秋冬蔬菜育苗的季节，正值高温、暴雨、虫害频繁发期，育苗难度大。使用防虫网后，可以防暴雨、台风、害虫和病毒病，提高蔬菜出苗率和成苗率，秧苗素质好。

③防虫网在蔬菜制种和繁种上的应用。在蔬菜制种和繁种时应用防虫网，可以阻止昆虫进入传粉，并兼有防暴雨和台风作用，提高种子纯度和产量。

4）配套管理措施

①消毒处理。土壤、种子、棚室骨架、架材等都有可能携带病原菌和虫卵，一旦环境条件适合，就会在覆盖的小范围内发生、发展、蔓延，并危害蔬菜。所以在种植蔬菜前一定要对土壤、种子、棚室骨架、架材等进行消毒处理，这是防虫网覆盖栽培的关键环节。另外，在播种前还应进行化学除草。

②覆盖技术。防虫网四周用土压严压实，并用压膜线扣紧压牢。大中棚和温室，从门进入进行农事作业，门必须安装防虫网，并注意进出后立即关好门。小棚覆盖防虫网后，浇水直接浇在网上，一直到采收都不揭网，实行全封闭覆盖。小拱棚防虫网覆盖栽培蔬菜，拱棚高度要高于作物高度，避免菜叶紧贴防虫网，使网外害虫采食菜叶，产卵于菜叶。随时检查防虫网破损情况，及时堵住漏洞和缝隙。

③配套农艺措施

选用抗热品种：防虫网一般用于夏菜延后栽培、伏菜栽培和秋菜提前栽培，这期间温度较高，再加有的防虫网会提高地、气温，所以宜选用抗热品种。

减少播种量：因使用防虫网后出苗率和成苗率均提高，应减少播种量，以免过密而导致病害加重，甚至烂秧。

施肥技术：为了减少打开网给害虫飞入的机会，并便于农事作业，施肥应以基肥为主。另外，还应注意为了避免施有机肥带入虫卵和病原菌，有机肥必须充分腐熟。

作畦技术：防虫网覆盖栽培，一般在雨季，所以应采用深沟高畦，沟渠配套，能排能灌，防止雨涝渍害。

水分管理：防虫网具有保湿作用，防虫网内空气湿度比网外高 5%～10%，一般应减少浇水次数，以防止高温高湿、作物徒长以及病害的发生与蔓延。

光照和温度管理：在 7～8 月份，气温特别高，应在其上覆盖遮阳网遮阳降温，同时增加浇水次数，降低温度；生产叶菜，最好采用喷灌。

其他技术常规处理。

3. 遮阳网覆盖栽培技术

遮阳网覆盖栽培，具有遮光、调温、保墒、防暴雨、防大风、防冻融过速脱水坏死、防病虫鼠鸟害等多种功效。

（1）功能作用

1）遮强光，降低气温和土温，改善田间小气候 营造一个更适合于蔬菜生长的小生态环境。据测定，一般遮光率可达 35%～75%，高温季节可降低畦面温度 4.5～5℃，炎热夏天可降温 9～12℃。

2）驱避害虫、预防病害 据试验调查，银灰色遮阳网避蚜效果达 89%～100%，对菜心病毒病防效为 88.9%～95.5%，并能抑制多种蔬菜病害的发生和漫延。

3）防暴雨，抗雹灾 避免暴雨直接冲刷畦面，减少水土流失，保护植株和幼苗叶片完整，提高商品率和商品性状。据测试，采用遮阳网覆盖后，暴雨冲击力比露地栽培减弱 98%，降雨量减少 13%～23%。

4）减少土壤水分蒸发，保持土壤湿润，维持土壤良好的团粒结构和通透性 可防止畦面板结，增加土壤氧气含量，有利于根系的深扎和生长，促进植株生产。覆盖遮阳网后，土壤水分蒸发量比露天栽培减少 60% 以上。

（2）主要技术内容及使用方法

1）规格型号 遮阳网有黑色、银灰色、蓝色、绿色、白色等多种颜色。不同的颜色有不同的透光率，其中以黑色的遮光效果最佳；其次是银灰色、蓝色、绿色、白色，遮光率依次为 60%、50%、45%、43%、32%。

2）选用原则

①番茄、黄瓜、茄子、辣椒等喜温中、强光性蔬菜夏秋季生产，根据光照强度选用银灰网或选用黑色等遮光率较低的黑色遮

阳网；避蚜、防病毒病最好选用 SZW - 12、SZW - 14 等银灰网或黑灰配色遮阳网覆盖。

②夏秋季育苗或缓苗短期覆盖，多选用黑色遮阳网覆盖。为防病毒病，亦可选用银灰网或黑灰配色遮阳网覆盖。

③芹菜、芫荽以及葱蒜类等喜冷凉、弱光性蔬菜夏秋季生产，以选用遮光率较高的黑色遮阳网覆盖为主。

④全天候覆盖的，宜选用遮光率低于 40％的网，或黑灰配色网；也可选用 SZW - 12、SZW - 14 等遮光率较高的遮阳网单幅间距 30～50 厘米覆盖，或搭设窄幅小平棚覆盖。

3）覆盖方式　遮阳网覆盖方式主要有小平棚、大平棚、小拱棚、大拱棚以及浮面覆盖。常用的是小平棚及大平棚两种，以小平棚的覆盖成本低，简便，效果好，最受农民朋友欢迎。小平棚高度距地面 0.8～1 米，宽 1.2～1.5 米，用篙竹搭成简易支架，既要稳固，又要方便拆除。

①平棚覆盖。用角铁或木桩或石柱搭平棚架，上用小竹竿、绳子或铁丝固定遮阳网。架高、畦宽不一。因有一定高度，早、晚阳光可直射畦面，有利于光合作用，防止徒长，亦可遮强光、防暴雨，多为全天候覆盖，可节省用工。

②小拱棚覆盖。利用小拱棚架，或临时用竹片（竹竿）做拱架，上用遮阳网全封闭或半封闭覆盖。一般用于芹菜、甘蓝、花菜等出苗后防暴雨遮强光培育壮苗或小青菜类以及茄果、瓜类蔬菜栽培等。

③大（中）棚覆盖，即利用大（中）棚架进行遮阳网覆盖，分四种：

棚顶固定式覆盖：遮阳网直接盖在棚顶上，网两侧离地 1.6～1.8 米，中午遮强光，早、晚见光，此法可节省经常性揭盖管理用工。

棚顶活动式覆盖：棚膜上盖遮阳网，网一侧用卡槽固定，另一侧系绳子，视天气情况揭盖。此法方便、省工、省时，可遮阳、避雨，主要用于育苗、制种和留种，降温效果好。

棚内悬挂式覆盖：利用大（中）棚架，在其内离地 1.2～1.4 米处将遮阳网悬挂于畦面上，主要用于芹菜、花菜等育苗，或芹菜、青菜等栽培，此法通风效果好，不需每天揭盖。

棚内二道幕覆盖：即在棚肩上拉一道遮阳网帘，主要用于育苗和栽培。

④浮面覆盖，又称畦面覆盖，即将遮阳网直接盖在畦面上，主要用于播种出苗和大田直播蔬菜。

4）注意事项

①不同种类遮阳网其遮阳效果、降温保湿作用显著不同，使用时应根据气候环境及作物种类来选择遮阳网。在炎热的夏秋季种植耐热性不强的叶菜类蔬菜，宜选用透光率 30％～50％ 的黑色网；如种植瓜类、茄果类，可选用透光率 50％～80％ 银灰色网或白色网。

②除个别耐阴性较强的品种外，一般不宜全生长期覆盖，而是抓住个别环节如播种期、幼苗期、关键生产期等进行短期覆盖。

③播种到出苗前进行浮面覆盖，不需进行揭网管理，但必须注意在出苗后及时于傍晚揭网。移苗、定植后至缓苗前也可进行浮面覆盖，但应进行日盖夜揭管理。出苗及缓苗后应进行棚架覆盖。

④春种夏收的瓜、茄、豆类蔬菜定植后可进行防霜覆盖，在小拱棚或大拱棚内的小拱棚上均可覆盖，如果在薄膜覆盖的小拱棚上再盖遮阳网，防霜效果更好，但应进行日揭夜盖管理。

⑤黑色网适宜光照要求较弱的蔬菜生产，白色网则适宜喜光性蔬菜。黑色网适宜短期性覆盖，白色网适宜进行全生育期的覆盖。黑色网覆盖后应根据不同蔬菜和蔬菜不同生育时期严格揭网与盖网管理，而白色网则要求不严。

⑥夏季覆盖主要在晴天中午，早晚及阴天可以揭除。晴天一般从上午 9 时盖网，下午 3 时揭网。

4. 避雨栽培技术

我国受太平洋季风的影响，雨热同步，夏季多雨、高温，不时有台风影响，对蔬菜生长非常不利，尤其是对播种（包括整地施基肥、及时播种及播种操作）和幼苗的生长影响更大，造成病害猖獗，用药频繁，蔬菜污染严重，质次价高，无害化生产难度较大。为了创造一个相对适合蔬菜生长发育的环境，在夏季蔬菜栽培上，可以利用大棚设施进行避雨栽培，即利用大棚骨架覆盖遮阳网、防虫网进行覆盖栽培（图18）。所以，这是一种除去围裙保证通风并具有降温避雨功能的栽培形式。

图18　遮阳避雨栽培

(1) 功能作用

1）改善环境条件　夏季是台风暴雨较为集中的时节，大雨所产生的冲刷力对蔬菜的生长非常不利，种子和幼苗被冲毁，肥料和土壤的流失，根系裸露，土壤板结。薄膜和遮阳网等的覆盖能有效地防止、减少或降低上述现象的发生。同时，薄膜和遮阳网还遮挡了夏季强烈的阳光，起到了遮阴降温的作用，改善了局部的小气候，使得蔬菜能较为正常的生长发育。

2）减轻病虫为害　由于避免了雨水的冲刷和浸泡，依靠雨水或土壤传播的病害就不易蔓延，使得病害的发生就大为减轻。同时，一些生理性的病害，如日灼病和裂果等也不易发生。银灰色遮阳网的避蚜作用可降低病毒病的发生，防虫网覆盖基本可避免当季虫害的危害。

3）提高产量、改善品质　因小气候得到改善，蔬菜的生长发育比较正常，加上病害发生减少，产量及品质都得到了明显的提高和改善。同时减少了以前栽培中因遇雨临时搭建遮雨棚、补播种和补苗，以及喷农药防治病虫害等大量工作，省工省本，提高工效。

（2）主要技术内容

1）设施准备 利用大棚原有的骨架，在架的顶部盖上塑料旧薄膜，或者再盖上遮阳网和防虫网，防虫网可全棚覆盖或作围裙，有条件者可安装喷灌设施。

2）播种 越夏避雨栽培的播种时间大致在6～8月份，由于天气逐渐炎热，水分蒸发越来越多，播种的方法要视天气条件和作物种类决定直播或育苗。一般在7月中旬以前可采用育苗移栽的方法，而7月下旬开始因育苗移栽成活困难，可直播的蔬菜提倡直播，直播有时采用套种于前作之中。若采用直播的蔬菜必须在播种前施足有机肥作底肥，以利土壤的保水保肥。

3）田间管理 夏季温度高，蔬菜生长速度快，田间管理应及时。此时，栽培技术措施应围绕避雨降温、减轻病害为中心，所以，肥水等管理也有别于冬、春季栽培。由于整个生长期处于高温，极易发生病虫为害。因此从育苗开始就要以预防为主，如有发生应及时进行药剂喷施。

5. 黏虫色板应用技术

由于温室湿度大，虫害主要以：粉虱、蚜虫、斑潜蝇、蓟马等为主。黏虫色板及防虫网综合利用能达到控制害虫数量，减少病害发生的目的。色板诱杀技术是利用昆虫对颜色的趋性来诱杀农业害虫的一种物理防治技术，可诱杀蚜虫、白粉虱、烟粉虱、斑潜蝇、蓟马等小型害虫（图19）。与化学防治相比具有使用简单、绿色环保。

图19 黏虫色板应用技术

（1）功能作用

1）技术原理 据统计，

有害昆虫达数万种，这些害虫多数对不同光波或颜色或特异性物质具有趋性，色板诱杀就是利用害虫对光的趋性来诱捕杀灭害虫的物理防虫技术，经济有效，符合现代生态农业可持续发展要求。经试验研究，黄板以橙黄色板诱集效果最好，金黄和中黄色次之；蓝板以略显荧光的深蓝色板诱集效果最好。

2）功能与作用　主要用来诱捕杀灭蚜虫、白粉虱、烟粉虱、斑潜蝇、蓟马和一些其他害虫，因多种蔬菜病毒病由小型害虫传毒，杀灭传毒介体，可有效控制病毒病的发生与蔓延。不使用任何农药防治害虫，不造成害虫抗药性，对蔬菜产品和生产环境不形成农药残留污染。

（2）主要技术内容及使用方法

1）色板种类　根据诱集诱杀害虫的需要，目前色板种类主要有两种：即黄板和蓝板，黄板用途较广泛，可诱捕杀灭蚜虫、白粉虱、烟粉虱、斑潜蝇、部分蓟马等害虫的成虫，而蓝板目前仅用来诱杀西花蓟马、花蓟马、棕间蓟马等。

从制作色板材质分，有塑料的、尼龙的、PP板材质的、木质的、纸质的。

2）使用方法　用竹（木）细棍支撑将其固定，或采用细纯（铁丝）悬挂，棋盘式分布，密度以每亩 20～25 块黄板为宜，高度以高出蔬菜生长点 5～10 厘米为宜，当色板黏虫胶失去黏性随时更换。

3）注意事项

①色板最好在害虫发生前期或初期，害虫数量极少时使用诱捕诱杀效果好，虫口密度容易控制，可以有效预防由害虫传播的病毒病。害虫数量较大时使用效果不佳。

②使用色板期间最好随着蔬菜生长不断升高设置高度，使色板始终高于蔬菜生长点，便于诱捕害虫。

③必须保证色板在田间的设置密度，害虫的飞翔能力是有限的，是通过多次飞翔到达色板被诱捕的，色板太少害虫不能到达

就诱捕不到。

6. 频振式杀虫灯应用技术

应用灯光诱杀或诱捕害虫是无公害防治多种作物害虫的有效技术（图20）。随着我国蔬菜无公害生产不断推进，根据害虫趋性采取相对应的诱捕、诱杀方法防治害虫技术已在许多蔬菜基地示范应用，其中灯诱技术应用面积相对较大，近几年该技术在我国部分地区甜菜夜蛾、斜纹夜蛾、草地螟、多种金龟子等重要害虫暴发成灾而化学药剂不能有效防治的情况下发挥了积极作用，并显现了良好的应用前景。但目前许多地区蔬菜生产所选用的灯诱产品

图20 频振式杀虫灯

或多或少存在有待改进的技术问题，如光源对昆虫的选择性、有害光线对人和环境的影响，使用成本、使用安全性、自动控制、结构和外观以及对有益昆虫的伤害等。

（1）功能作用

1）降低害虫虫口密度，减少化学农药的使用次数和剂量

①诱杀害虫的种类多。频振式杀虫灯诱杀的害虫主要有鳞翅目、鞘翅目等7个目20多科40多种害虫，尤以鳞翅目、鞘翅目、直翅目、半翅目的害虫数量居多（表23），其中鳞翅目占诱杀总量的69.8%以上，斜纹夜蛾、棉铃虫、甜菜夜蛾、甘蓝夜蛾、地老虎、烟青虫等夜蛾科害虫又占鳞翅目害虫的75.2%。同期在上海、重庆的试验也呈同样的趋势。近几年，许多地方的斜纹夜蛾和甜菜夜蛾大爆发，且对化学农药的抗性强，采用频振

式杀虫灯防治，更能显示其优越性。地老虎属地下害虫，防治难度大，重庆市采用频振式杀虫灯诱杀，收到了很好的防治效果。

表 23　频振式杀虫灯诱杀害虫主要种类表

	科	种
鳞翅目	夜蛾科	斜纹夜蛾、甜菜夜蛾、地老虎、烟青虫、棉铃虫、甘蓝夜蛾、银纹夜蛾
	菜蛾科	菜蛾
	螟蛾科	玉米螟、菜螟、豆荚螟、瓜绢螟
	卷叶蛾科	大豆食心虫、大豆卷叶蛾
	天蛾科	豆天蛾、甘薯天蛾
鞘翅目	金龟甲科	铜绿丽金龟子
	天牛科	豆天牛
	象甲科	大猿叶甲、象甲
半翅目	网蝽科	梨花网蝽
	盲蝽科	绿盲蝽
直翅目	蟋蟀科	蟋蟀
	蝼蛄科	蝼蛄

②诱杀害虫的数量大。试验表明，平均每天每盏灯诱杀害虫 1 415 头。其中，9 月份每盏灯每天诱杀害虫 2 000 头，10 月份每盏灯每天诱杀害虫 1 729 头，11 月份每盏灯每天诱杀害虫 700 头（表 24）。

表 24　频振式杀虫灯诱杀害虫数量表

月　份	使用天数（天）	平均每天诱杀害虫数量（头）
9	20	2 000
10	31	1 729
11	30	700
加权平均		1 415

③减少药剂防治的次数和用药量。据重庆市和山东省试验，使用频振式杀虫灯的比对照（常规管理）每茬减少用药2～3次，用药量也相应减少，有利于减轻农药对蔬菜和环境的污染。

2）益害比低 据山东省4个点试验统计，频振式杀虫灯诱杀的益害比≤1∶98.5。应用频振式杀虫灯益害比低，对天敌的伤害小。

3）使用成本低 据试验，普通型号的频振式杀虫灯每晚耗电0.5度，仅为高压汞灯的9.4%。

4）操作方便 使用普通型号的频振式杀虫灯只需每天早、晚关灯、开灯即可，无需加水和洗衣粉或柴油；如选用光控型频振式杀虫灯，每天早、晚自动关灯、开灯，更为方便。

（2）主要技术内容

1）频振式杀虫灯布局的方法 一是棋盘状布局。一般在实际安装过程中，棋盘状分布较为普通，因其在野外顺杆跑线，再进行分线布灯，便于维护、维修。为减少使用盲区，安装时还应呈梅花状错开。二是闭环布局。主要是针对某块危害严重的区域以防止虫害外延。无论采用哪种方法，都要以单灯辐射半径80～100米来安装，以达到节能治虫的目的，将灯吊挂在高于作物的牢固物体上，接通交流电源放置在害虫防治区域。

2）架线 根据所购杀虫灯的类型，选择好电源和电源线，然后顺杆架设电线，线杆位置最好与灯的布局位置相符。没有线杆的地方，可用长2.5米以上木杆或水泥杆，按杀虫灯布局图分配好，挖坑埋紧，然后架线，绝不随地拉线，防止发生伤亡事故。

3）电源要求 每盏灯的电压波动范围要求在±5%之内，过高或过低都会使灯管不能正常工作，甚至造成毁坏。如果使用的电压为220伏，离变压器较远，且当每条线路的灯数又较多时，为防止电压波动，最好采用三相四线，把线路中的灯平均接到各条相线上，使每盏灯都能保证在正常电压下启动工作。另外需要安装总路闸刀，可以方便挂灯，灯具维修以及根据需要开关灯具。

4）挂灯　在架灯处竖两根木桩和一根横杆，用铁丝把灯上端的吊环固定在横杆上。也可以用固定的三角架挂灯，这样会更加牢实，挂灯高度以 1.2～1.5 米为宜。对于有林带相隔的农田，应在接近林带的地边布灯，同时也要适当提高这些灯的架灯高度，以便诱杀田外的害虫。为防止刮风时灯具来回摆动和损坏，应用铁丝将灯具拴牢拉紧于两桩上或三角支架上，然后接线。接线口一定要用绝缘布严密包扎，避免漏电发生意外事故。在用铜铝线对接时要特别注意，防止线杆受潮氧化，导致接触不良而不能正常工作。频振式杀虫灯安装完毕后，要保存好包装箱，以备冬季或变更布灯位置时收灯装厢使用。

5）管理与使用　频振式杀虫灯宜以村为单位安装，并进行集中管理和使用，每村应安排一名专职灯具管理员，具体负责灯具电源开关、灯具保管、灯具虫袋清理、粉管电网虫源清除等工作。频振式杀虫灯在双季稻区使用时间为全年 5～10 月，每天19～24 时。

7. 高温闷棚消毒技术

高温闷棚技术是利用温室或大棚在天气晴好状态下密闭棚室持续高温杀灭棚内病虫，而不至于闷死蔬菜的一种物理防治病虫技术。

（1）功能作用　高温闷棚是根据病虫对高温的致死敏感程度，利用日光温室或大棚在密闭条件下持续保持特定范围高温来杀灭不同种类的病菌或害虫。通常 55℃以上高温持续一段时间几乎所有病虫都可以被杀死，但由于温度在棚室内不均匀，越高的位置温度越高，越低的位置温度越低。所以，高温闷棚必须准确控制某一具体高度的实际温度。

（2）主要技术内容

1）应用范围　高温闷棚比较适宜前期因管理失误造成病虫

发生十分严重，采用药剂或别的防治方法很难取得较理想效果，也不愿意马上拉秧销毁的极端情况下所采取的病虫防治补救措施。

2）适宜对象　高温闷棚比较适宜防治黄瓜霜霉病、黑星病，番茄晚疫病、灰霉病，美洲斑潜蝇等。

3）注意事项

①高温闷棚温度必须严格控制和掌握，温度偏低杀不死病虫，作物受了高温热害，其生长势显著下降，抵抗病虫能力显著下降，病虫可能发生的更加严重；如果温度过高，可能作物和病虫一同全部闷死。

②高温闷棚后基本上杀灭了所有病虫，作物生长势明显降低，需要加强管理，及时足量浇水和施肥，促进作物迅速生长发育。

③高温闷棚技术性很强，棚温很不均匀，高温闷棚时必须多点设置温度观察点，每 10～20 分钟进棚观察 1 次，观察温度的高度应该以作物生长点以下 5～10 厘米为准。

8. 膜下滴（沟）灌（节水灌溉技术）

多年来，蔬菜种植主要采用传统的大水漫灌或畦灌等浇灌方式，用水量大、利用率低，不仅造成了水资源的大量浪费，还因湿度过大增加了病虫害发生的几率，给蔬菜无公害生产的发展造成很大障碍。因此，膜下沟灌、膜下滴灌、膜下微灌等为主的蔬菜节水技术体系的建立，改变了传统的灌溉方式。它以水肥一体化运用为核心，以推广节水品种为基础，立足配套节水设施，集成技术模式，杜绝大水漫灌，实现节肥、节药、节水、提质、增效的目标，缓解水资源紧缺矛盾，促进农业可持续发展（图21）。

（1）功能作用

1）节水作用明显　节水灌溉新技术可以比传统的大水漫灌

节水 50％～90％，节能 30％，同时也能降低蔬菜生产成本。

2）降低棚内湿度 在蔬菜特别是保护地蔬菜生产中采用节水灌溉新技术，既能保证蔬菜用水，又能降低环境湿度（可降低室内空气相对湿度 20％左右），控制或减少蔬菜病害的发生。由于病虫在少，用药就少，生产出的蔬菜安全、品质好。

图21 膜下节水灌溉技术

3）保证室温 采用节水灌溉新技术，不会引起地温下降，有利于作物生长，提高蔬菜总体产量。

4）提高蔬菜品质 根据蔬菜生长不同阶段对水量需求不同灵活掌握灌水量，减少病虫为害，提高蔬菜品质，可使大棚蔬菜收入提高 30％～100％。

5）保证供肥适量 采用节水灌溉新技术，可以保证定时定量的肥料供应，把肥料直接送到作物根部，提高肥料的利用率，不仅提高蔬菜的产时和品质，还能节水、节肥、省工、省本，达到增收增效的目的。

（2）主要技术内容

1）保护地节水灌水新技术

①大棚内灌水系统布置。日光温室蔬菜种植一般为南北向，种植畦较短，因而灌水毛管的布置长度宜为 6～8 米，而支管布置为东西向，长度为日光温室的长度，一般每一双垄铺一地膜，地膜下设 1 条毛管或微灌带，有时也布置两条毛管。双垄的中心距常为 1 米左右，因而典型的滴灌毛管布置间距为 1 米。选用的支管管径为 25～40 毫米，毛管为 10～15 毫米。供水设施可在棚首建池或使用能为大棚灌水提供一定压力和调蓄能力的集中供水设施。在棚内首部安装控制阀，对集中供水还

需安装水表。

②供水方式的选择。按照当地条件选择合适的供水方式，主要有以下几种：一是采用压力罐供水。对于面积较大，蔬菜大棚集中，水源单一的地块，一般采用集中供水，压力罐加压。应用压力罐可以在 24 小时随机供水。解决了以前用水泵直接向管网供水灌溉，各棚用水量减小时管网内压力上升，管道和设备超压向被破坏的问题。采用压力罐供水一般情况下无需人管理并可连续向管网供水。二是采用水塔供水。对于面积适中、大棚集中、水源单一的地块，可选择用水塔作为供水的加压和调蓄设施，棚内不再另设加压设备。蔬菜需用水时，开启棚内闸阀，根据需水多少确定供水时间。从水源提水到水塔后再向大棚供水不需用机用电，使用管理比较方便。水塔高度和容积大小可根据输水管网长短和大棚种植面积确定。以 99 亩灌溉面积为例，选择水塔作为加压调蓄设施，需建 25 米高、50 米³ 容积砖砼结构水塔 2 座，概算投资 16 万元。三是采用贮水窖或蓄水池配微型水泵供水。对于温室大棚建设分散，管理各异的区域，可在每个大棚附近建 1 个蓄水池，用于贮存灌溉用水，在灌溉时再用与棚内滴灌配套的微型水泵抽水加压供棚内滴灌蔬菜。池的容积根据控制面积、日耗水量和复种系数决定。净灌溉面积为 1 亩，日耗水量为 4 毫米时，每日充水 1 次的情况下，池的容积确定为 2.7 米³。对跨度为 7 米、长度为 80 米的典型大棚（面积为 0.8 亩），蓄水池的容积确定为 2.3 米³。

2）露地蔬菜节水灌溉方法

①耕作松土节水措施。采用深耕松土、镇压、耙耱保墒、中耕除草、增施有机肥、改良土壤结构等耕作方法，可以疏松土壤，增大活土层，增强雨水入渗速度和入渗量，减少降雨径流的流失，切断毛细管，减少土壤水分蒸发，既提高天然降水的蓄集能力，又减少土壤水分蒸发，保持土壤墒情，是一项行之有效的节水技术措施。

②覆盖保墒节水措施。在耕地表面覆盖地膜、秸秆等材料，可以抑制土壤水分蒸发，减少降雨地表径流，起到蓄水保墒，提高水的利用率，促使作物增产的效果，还可提高地温，培肥地力，改善土壤物理性状。

③化学制剂节水措施。施用化学制剂如抗旱剂1号等，可以提高土壤保水能力，减少作物蒸腾损失。

④加强栽培管理节水措施。调整作物种植结构，采用抗旱性强的作物，合理轮作（草田轮作与休闲轮作结合）；科学配方施肥，熟施农家肥，增施绿肥（如种植绿肥作物）与无机肥。

9. 合理轮作

蔬菜品种多生长周期短，复种指数高，科学地安排菜园茬口，可恢复与提高土壤肥力，减轻病虫为害，增加产量，改善品质，是一项极其重要并且极为有效的农业增产措施。

(1) 功能作用

1）轮作可均衡利用土壤中的营养元素，把用地和养地合起来。

2）可以改变农田生态条件，改善土壤理化特性，增加生多样性。

3）免除和减少某些连作所特有的病虫草的危害。利用前茬作物根系分泌的灭菌素，可以抑制后茬作物上病害的发生。

4）合理轮作换茬，因食物条件恶化和寄主的减少而使那些寄生性强、寄主植物种类单一及迁移能力小的病虫大量死亡。

5）轮作可以促进土壤中对病原物有拮抗作用的微生物的活动，从而抑制病原物的滋生。

(2) 主要技术内容

1）需求肥料种类不同，如青菜、菠菜等叶菜类需要氮肥较多，瓜类、番茄、辣椒等果菜类需要磷肥较多，马铃薯、山药等根茎类需要钾肥较多，把它们轮作栽培，可以充分利用土壤中的各种养分。

2）根的深浅不同，如深根性的豆类同浅根性的白菜、葱蒜类轮作，则土壤中不同层次的肥料都能得到利用。

3）互不传染病虫害的不同种类作物轮作，能改变病虫的生活条件，达到减轻病虫害的目的。如粮菜轮作、水旱轮作，可以控制土传病害；葱蒜类后作种大白菜，可大大减轻软腐病的发生。

4）改进土壤结构，豆类蔬菜有根瘤菌固氮，可提高肥力，应接着种植需氮较多的白菜、茄子等，再次种植需氮较少的根菜类的葱蒜。

5）注意不同蔬菜对土壤酸碱度的要求，甘蓝、马铃薯等种植后，能减少酸度，故对土壤酸度敏感的洋葱作为南瓜后作可增产，作为甘蓝后作则减产。

根据以上原则，各种蔬菜的轮作年限也各不相同。例如：白菜、芹菜、花菜、葱、蒜等在没有严重发病地块可连作几茬，但需增施底肥。需隔1～2年栽培的有西瓜；每隔2～3年栽培的有马铃薯、黄瓜、辣椒等；需隔3～4年栽培的有番茄、茄子、香瓜等。

10. 有机栽培

现代农业普遍使用化肥、农药、除草剂以及植物生长调节剂，这大大增加了农作物产量，但也带来了环境污染等问题。多年使用化学物质的结果，使生物天敌锐减，病虫、杂草抗药性增加，有机农业被认为是缓和生态系统破坏的一种有效途径。在我国，有机食品的生产虽然起步晚，但发展比较快。随着人们生活水平的提高和环保意识的不断增强，有机食品的消费必将进一步促进有机农业的发展。

（1）功能作用

1）有效提高水肥利用率　与传统土壤栽培相比，蔬菜有机土壤栽培采取与地下隔开的沟槽式栽培,减少了施肥面积和有机肥、灌水的地下渗漏,从而提高有机肥利用率,而且减少了农药污染。另外,由于有机土壤基质保水性强;有效地防止了地下渗漏,大大提高水肥利用率,因此化肥用量明显低于土壤栽培;节约了生产成本。

2)蔬菜产量品质好 采用有机土壤栽培,其突出特点是有机质含量高,结构疏松、保水保肥保温,有机质分解释放出二氧化碳补充了温室内二氧化碳的不足,不施化肥就可以用于生产有机叶菜,如小白菜、生菜等。经测定,其蔬菜产品的硝酸盐含量较普通土壤栽培降低 50%~90%可大大提高了叶菜类蔬菜的食用安全性。用于温室番茄、黄瓜、甜椒等果菜类蔬菜生产,由于根际生长环境改善,蔬菜表现出成熟早、产量高、品质好等特点。

3)便于产业化 由于有机土壤基质生产周期短、原料成本低,可以用于盐碱地的土壤改造,同时还可以在传统农业无法耕作的地区和中低产地区、盐碱地区等进行蔬菜生产,扩大农业生产空间,从而可以在减轻粮菜争地矛盾的同时,缓解人地矛盾。此外,有机土壤基质还可广泛用于植树造林、生态恢复、工厂化育苗及城市绿化等方面,应用领域广泛。

(2)主要技术内容

1)园址选择 有机栽培是一种不用化肥和农药的生产方式,栽培过程中其他情形的污染也应注意,所以园区的选择应符合《国家有机食品生产基地考管理规定》。一般选择土壤、空气、水源没有污染的地块,并且土壤质地要好。

生产地土块必须完整,其间不能夹有进行常规生产的地块,但允许存在有机转换地块;有机蔬菜生产基地与常规地块交界处必须有明显标记,如河流、山丘、人为设置的隔离带等。

必须有转换期。由常规生产系统向有机生产转换通常需要 2年时间,其后播种的蔬菜收获后,才可作为有机产品;多年生蔬菜在收获之前需要经过 3 年转换时间才能成为有机作物。转换期的开始时间从向认证机构申请认证之日起计算，生产者在转换期间必须完全按有机生产要求操作。经 1 年有机转换后的田块中生长的蔬菜，可以作为有机转换作物销售。

建立缓冲带。如果有机蔬菜生产基地中有的地块有可能受到邻近常规地块污染的影响，则必须在有机和常规地块之间设置缓冲带或物理障碍物，保证有机地块不受污染。不同认证机构对隔离带长度的要求不同，如我国 OFDC 认证机构要求 8 米。

2）栽培措施

①品种选择。有机蔬菜的栽培避免使用农药，虽然蔬菜在栽培过程中不可避免地遭受一些病、虫的侵袭，然而由于蔬菜种类繁多，不同种或品种的蔬菜对病虫害的抗性有很大差异，所以栽培前可根据当地病虫发生的有关资料记载，尽可能地选择对病虫害抵抗力较强的蔬菜种类和品种。

②土壤处理。有的园地由于连作多年，土壤中某种病虫害可能非常严重，这样可采用土壤长期浸水的方法，也可采用土壤消毒法或深耕暴晒，但注意避免使用化学消毒剂。

③肥料的使用。有机栽培需要使用大量的有机肥料，以逐渐培养土壤优良的物理、化学性状，从而有利于蔬菜根系的生长以及微生物的繁殖。肥料可分为基肥和追肥两种，基肥多在蔬菜种植前施用，一般叶菜类多在全园撒施后播种或定植；行植蔬菜可按行距条施后整地作畦后定植。基肥主要包括家畜（禽）粪、绿肥、豆饼以及工厂未经污染的有机废弃物。绿肥在我国曾得到普遍推广，但应注意沤制绿肥的原料应未经农药污染。追肥一般适用于生长期较长的蔬菜，因施用固态肥料效果较慢，通常追肥以液态有机肥为主，施用方法一般是将豆类或豆饼磨细后加水开沟施用。

④病虫害防治。有机蔬菜在生产过程中的病虫草害防治要坚

持"预防为主,综合防治"的原则。运用各种农业调控措施,创造有利于植物生长发育而不利于病虫害繁殖的环境条件,压低病原数量、提高植物抗病性、减少虫害的基数。尽量采用物理、农业、生物措施进行预防和防治,严重时采用 BT、苦参碱等生物农药防治。

⑤避免激素污染。茄果类蔬菜不能采用激素蘸花蘸果,采用人工振荡或熊蜂授粉等技术。

(四)蔬菜病虫害生物防治技术

生物防治就是利用有益生物及其相关产物来减少有害生物对作物的危害。我国是世界上最早发现和应用生物防治技术的国家,有着悠久的历史。早在 1 600 多年前,我国就已成功地利用天敌蚁防治柑橘害虫。随着经济的发展,人们更加认识到生物防治在农业病虫害防治中的意义。尤其是随着生活水平的提高,蔬菜产业迅速发展,蔬菜农药污染问题日益受到人们关注,蔬菜病虫害的生物防治技术也已经在生实践中越来越得到广泛应用。

1. 微生物农药

广泛意义上的微生物农药是指利用微生物及其产生的各种生物活性成分,制备出用于防治病虫草害,以及调节植物生长的制剂的总称。一般生产上微生物农药主要是指微生物活菌制剂,在蔬菜生产中应用的主要有微生物杀虫剂、微生物杀菌剂、微生物杀线虫剂。

(1)微生物杀虫剂

1)昆虫病原细菌制剂 目前主要应用的昆虫病原细菌制剂是苏云金杆菌制剂,英文名称:Bacillus thuringiensis,简称 BT 或 Bt。

特点:选择性强,对人体及高等动物无致病性,对环境安全。

药剂品种或剂型：粉剂、可湿性粉剂、悬浮剂、油悬剂、水分散粒剂、颗粒剂等；另外还能与其他杀虫有效成分，如蛇床子素、阿维菌素、昆虫病毒等配合成混配制剂。

防治对象：菜青虫、小菜蛾，以及甜菜夜蛾、斜纹夜蛾、烟青虫、棉铃虫等夜蛾科害虫。

使用方法：8 000 国际单位/毫克可湿性粉剂每亩 50～100 克喷雾；32 000 国际单位/毫克可湿性粉剂每亩 30～50 克喷雾；8 000国际单位/微升悬浮剂每亩使用 50～100 毫升喷雾；15 000 国际单位/毫克水分散粒剂 375～750 倍液喷雾。混配制剂的使用可以参照商业产品的具体使用方法。

注意事项：目前一般的 Bt 制剂仅用于防治鳞翅目害虫。制剂在 20℃以上使用效果较好，气温越高效果越好，但不宜在强光暴晒下施用，最好在阴天、雾天或晴天的傍晚施用。Bt 感染害虫致死需要一个过程，因此不能把 Bt 当作速效药剂使用。制剂对蜜蜂、家蚕、鱼类有毒，应避在这些生物的生活环境中使用。不能与内吸性有机磷杀虫剂或杀菌剂、其他碱性农药等混合使用。

2）昆虫病原真菌制剂

白僵菌制剂：

①球孢白僵菌制剂

防治对象：粉虱。

使用方法：使用浓度为 1.76×10^{10} 孢子/公顷。

②布氏白僵菌制剂。

防治对象：蛴螬。

使用方法：2%布氏白僵菌粉剂使用剂量 1 千克/亩。

拟青霉制剂：主要是玫烟色拟青霉制剂。玫烟色拟青霉是一种全球分布的常见昆虫病原真菌。

特点：拟青霉寄主广泛，能侵染同翅目（粉虱、蚜虫）、鳞翅目、双翅目、鞘翅目、膜翅目等8目40多种昆虫。

防治对象：粉虱、蚜虫等多种昆虫。

使用方法：防治黄瓜和甜瓜上粉虱每公顷用 $2\times10^{13}\sim4\times10^{13}$ 孢子的剂量，防治番茄粉虱喷施 1×10^6 孢子/毫升的孢子悬液。

注意事项：高湿是孢子萌发和穿透寄主的必要条件，施用时注意保湿，防治干燥。

轮枝菌制剂：主要是蜡蚧轮枝菌，是寄生于蚜虫、粉虱的一种常见昆虫病原真菌。

药剂品种或剂型：粉虱专用型和蚜虫专用型。

防治对象：蚜虫、粉虱。

使用方法： 2×10^7 孢子/毫升喷施 $2\sim3$ 次防治蚜虫； 1×10^9 孢子/毫升喷施2次，或者 5×10^8 孢子/毫升喷施3次防治，粉虱。

注意事项：至少保持空气相对湿度 $85\%\sim95\%$ 12小时，才能保证蜡蚧轮枝菌对害虫的正常侵染。

3）昆虫病毒制剂 昆虫病毒具有宿主特异性强、杀虫效果高，能在害虫群体内流行，持效作用长，以及对人畜、天敌和环境安全等优点。

但是昆虫病毒制剂在使用时，不能作为应急农药使用；同时，由于昆虫病毒具有很强的专一性，在施用时如果同时有其他非目标害虫为害，还需要同时使用其他防治措施，尤其是可以同时释放其他天敌进行害虫防治。

目前应用最多的有核型多角体病毒和颗粒体病毒。

①棉铃虫核型多角体病毒

药剂品种或剂型：10亿病毒体/克可湿性粉剂、20亿病毒体/毫升悬浮剂。

防治对象：番茄棉铃虫、辣椒烟青虫。

使用方法：10亿病毒体/克可湿性粉剂 $80\sim100$ 克/亩，20亿病毒体/毫升悬浮剂 $50\sim60$ 毫升/亩。

②斜纹夜蛾核型多角体病毒

药剂品种或剂型：10 亿病毒体/克可湿性粉剂。

防治对象：斜纹夜蛾。

使用方法：使用剂量 40～50 克/亩。

③小菜蛾颗粒体病毒

特点：可与苏云金芽孢杆菌配制成复合制剂。

药剂品种或剂型：40 亿病毒体/毫升可湿性粉剂。

防治对象：菜青虫。

使用方法：150～200 克/亩。

④苜蓿银纹夜蛾核型多角体病毒

药剂品种或剂型：10 亿病毒体/毫升悬浮剂。

防治对象：十字花科蔬菜上的甜菜夜蛾。

使用方法：100～150 毫升/亩。

⑤甜菜夜蛾核型多角体病毒

药剂品种或剂型：核型多角体病毒与苏云金杆菌的复配剂：1 万病毒体/毫克病毒＋1.6 万国际单位/毫克苏云金杆菌可湿性粉剂。

防治对象：十字花科蔬菜上的甜菜夜蛾。

使用方法：75～100 克/亩。

⑥菜青虫颗粒体病毒

药剂品种或剂型：菜青虫颗粒体病毒与苏云金杆菌复配制剂：1 万病毒体/毫克病毒＋1.6 万国际单位/毫克苏云金杆菌可湿性粉剂。

防治对象：甘蓝菜青虫。

使用方法：50～75 克/亩。

(2) 微生物杀菌剂 在病害防治上可利用的拮抗微生物种类包括：细菌、真菌、放线菌以及噬菌体等，但以拮抗细菌利用较多。

1）蜡质芽孢杆菌制剂

特点：制剂低毒。

药剂品种或剂型：可湿性粉剂。

防治对象：茄子青枯病、姜瘟病。

使用方法：20 亿孢子/克可湿性粉剂 100～300 倍灌根防治茄子青枯病。8 亿个/克可湿性粉剂 240～320 克制剂/100 千克种姜浸泡种姜 30 分钟、400～800 克制剂/亩顺垄灌根防治姜瘟病。

2）枯草芽孢杆菌制剂

特点：制剂低毒。

药剂品种或剂型：可湿性粉剂。

防治对象：黄瓜白粉病、黄瓜灰霉病、番茄青枯病、辣椒枯萎病。

使用方法：1 000 亿个/克可湿性粉剂 56～84 克/亩喷雾防治黄瓜白粉病，35～55 克/亩喷雾防治黄瓜灰霉病；200 亿孢子/克可湿性粉剂 90～150 克/亩喷雾防治黄瓜白粉病；10 亿个/克可湿性粉剂 400～800 倍液喷雾黄瓜白粉病、600～800 倍液灌根防治番茄青枯病、200～300 克/亩灌根防治辣椒枯萎病。

3）多黏类芽孢杆菌制剂

特点：制剂微毒。具有促生长、增产作用。

药剂品种或剂型：细粒剂。

防治对象：番茄青枯病、辣椒青枯病、茄子青枯病。

使用方法：0.1 亿 cfu/克细粒剂 300 倍液浸种，0.3 克/米²苗床泼浇，1 050～1 400 克/亩灌根。

4）荧光假单胞杆菌制剂

特点：制剂微毒。

药剂品种或剂型：3 000 亿个/克粉剂。

防治对象：番茄青枯病。

使用方法：3 000 亿个/克粉剂 435～550 克制剂/亩浸种＋泼浇＋灌根。

5）木霉菌制剂

特点：杀菌谱广，无残留毒性。

药剂品种或剂型：2 亿个活孢子/克可湿性粉剂。

防治对象：蔬菜灰霉病、霜霉病、叶霉病等叶部病害；蔬菜根腐病、枯萎病、白绢病等根部病害。

使用方法：防治蔬菜根腐病、枯萎病、白绢病等根部病害，可用可湿性粉剂 1 500～2 000 倍液灌根。防治蔬菜灰霉病、霜霉病、叶霉病等，可用可湿性粉剂 600～800 倍液，在发病初期喷施，每隔 7～10 天 1 次，连续 2～3 次。

(3) 微生物杀线虫剂

1) 拟青霉制剂　主要是淡紫拟青霉制剂。

特点：具有较高的杀虫活性，而且其发酵液具有类似生长素和细胞分裂素的作用。

药剂品种或剂型：5 亿活孢子/克颗粒剂。

防治对象：蔬菜根结线虫。

使用方法：播种前、移栽前或在移栽时每亩用 5 亿活孢子/克颗粒剂 2.5～3.0 千克与有机肥混合，均匀穴施、条施在种子或幼苗根系附近。定植后可用 1.5～2 千克/亩与少量腐熟农家肥混匀施于作物根部。

2) 轮枝菌制剂　主要是厚垣轮枝菌菌剂。

特点：对作物不会产生药害，对人畜安全。

药剂品种或剂型：2.5 亿个孢子/克微粒剂。

防治对象：蔬菜根结线虫。

使用方法：移栽时按 1～1.5 千克/亩与农家肥混匀施入穴中。苗期每亩用 0.5 千克与营养土混匀后施用，成株期每亩用 1～1.5 千克与农家肥或细干土混匀后施入植株根围。

2. 生物源农药

(1) 微生物源农药　微生物源农药主要是指农用抗生素，是一类由微生物产生的次级代谢产物。

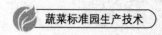
1）阿维菌素（阿弗米丁、阿富麦菌素）

特点：原药高毒、制剂低毒。具有内吸作用；是广谱、低残留的杀虫杀螨剂，有胃毒和触杀作用，不能杀卵。对线虫也有很好的杀灭效果。

药剂品种或剂型：产品有效成分含量从 0.1%～1.8% 不等。剂型包括乳油、可湿性粉剂。

防治对象：多种蔬菜害虫，包括蜱螨目、鳞翅目、双翅目、鞘翅目等害虫；以及蔬菜根结线虫等有害线虫。

使用方法：使用剂量 1 000～8 000 倍液。

注意事项：阿维菌素对捕食性和寄生性天敌昆虫有直接触杀作用，对蜜蜂、鱼类及水生生物高毒，所以要避免在蜜蜂活动区域及水系地区用药。另外，我国已规定在作为 A 级绿色食品的蔬菜生产中禁止使用阿维菌素（NY/T 393—2000）。

2）中生菌素（农抗 751）

特点：制剂中等毒性。

药剂品种或剂型：1% 中生菌素水剂。

防治对象：蔬菜细菌性病害，如白菜软腐病、黄瓜角斑病等。

使用方法：按药和种子比例为 60 毫克/千克拌种或 20～30 毫克/千克喷雾。

3）浏阳霉素

特点：是一种低毒、低残留的广谱杀螨剂，对红蜘蛛有较强的生物活性，而无杀卵作用。

药剂品种或剂型：20% 复方浏阳霉素乳油、10% 浏阳霉素乳油。

防治对象：多种作物、瓜果上的红蜘蛛。

使用方法：使用剂量 3～5 克（有效成分）/亩。

4）农抗 120

特点：水溶性核苷类抗生素。遇碱易分解。制剂低毒。

药剂品种或剂型：2％和4％农抗120水剂。

防治对象：多种蔬菜真菌病害，如瓜类白粉病、炭疽病、枯萎病、纹枯病、番茄疫病、大白菜黑斑病等。

使用方法：200倍液喷雾可用于防治瓜类白粉病、大白菜黑斑病和番茄疫病，在发病初期开始喷药，每次每亩用2％水剂200倍液喷雾，隔15～20天喷药1次，共用药4次。如病情严重，可隔7～10天喷1次。200倍液灌根可防治西瓜枯萎病、炭疽病。

5）多抗霉素（多氧霉素、多效霉素）

特点：广谱性抗菌素。制剂低毒。

药剂品种或剂型：1.5％可湿性粉剂。

防治对象：黄瓜霜霉病和白粉病、瓜类枯萎病、番茄晚疫病和早疫病、猝倒病等。

使用方法：防治黄瓜霜霉病、白粉病，用75～100倍液，间隔7～9天用药5次；防治瓜类枯萎病，用200～300倍液发病前灌根，然后连续多次喷药；防治番茄晚疫病和早疫病，用75倍液，间隔7～9天用药5次；防治猝倒病，用150倍液土壤消毒。

6）春雷霉素（春日霉素）

特点：碱性水溶性抗菌素，制剂低毒。具有较强的内吸性。

药剂品种或剂型：我国登记产品为6％（6万国际单位）春雷霉素可湿性粉剂，日本登记的产品为2％液剂。

防治对象：蔬菜真菌或细菌病害，如黄瓜枯萎病、黄瓜角斑病、番茄叶霉病等。

使用方法：防治黄瓜枯萎病，使用6％春雷霉素可湿性粉剂300倍液灌根及喷雾；防治黄瓜角斑病和番茄叶霉病，可使用2％液剂400～500倍液喷雾。

7）宁南霉素

特点：制剂低毒。

药剂品种或剂型：20％水剂。

防治对象：番茄病毒病、辣椒病毒病等。

使用方法：每亩 200 毫升喷雾，间隔 7 天喷 1 次，连喷 3 次。

8）井冈霉素

特点：葡萄糖苷类水溶性抗生素。低毒，持效期长，耐雨水冲刷。未发现抗药性。

药剂品种或剂型：5％水剂。

防治对象：黄瓜立枯病。

使用方法：在黄瓜播种于苗床后，以 1 000～2 000 倍液浇灌苗床，每平方米用药液 3～4 升。

9）武夷菌素

特点：核苷类抗生素，制剂低毒。

药剂品种或剂型：1％水剂。

防治对象：多种蔬菜真菌病害，如番茄叶霉病、番茄灰霉病、黄瓜白粉病、黄瓜黑星病等。

使用方法：100～150 倍液喷雾。

10）多杀菌素

特点：制剂低毒。对昆虫有胃毒和触杀作用。

药剂品种或剂型：2.5％悬浮剂。

防治对象：小菜蛾等多种害虫。

使用方法：使用剂量 0.8～1.67 克（有效成分）/亩。

注意事项：药剂对蜜蜂高毒，应避免直接施用于开花期的蜜源植物上，避开养蜂场所；对水生节肢动物也有毒性，应避免污染河川、水源。

11）农用链霉素

特点：制剂低毒。

药剂品种或剂型：72％可溶性粉剂。

防治对象：主要防治蔬菜细菌性病害，也可防治黄瓜霜霉病、菜豆霜霉病等。

使用方法：每亩 10～20 克（有效成分）。

（2）植物源农药 目前已登记注册的植物源农药品种有几十种，其中登记产品数量较多，使用量较大的有如下几种。

1）印楝素

特点：对高等动物无毒；具有内吸作用；对害虫虫有较强的拒食作用、不易产生抗药性。印楝素制剂能与 Bt、菊酯类药剂等混用，具有增效作用。

药剂品种或剂型：0.3% 乳油。

防治对象：鳞翅目、半翅目、同翅目、双翅目、鞘翅目、缨翅目、膜翅目、直翅目、蜱螨目等重要蔬菜害虫，如小菜蛾、甜菜夜蛾、斜纹夜蛾、菜青虫、烟粉虱、蚜虫、叶螨、斑潜蝇等。

多种植物病原真菌、细菌、线虫以及某些植物病毒等，如炭疽病、早疫病、晚疫病、叶斑病、霜霉病、白粉病、疮痂病、锈病、穿孔病等。

使用方法：防治十字花科蔬菜害虫，每公顷使用剂量为 2.5～4.5 克（有效成分）。

注意事项：印楝素对赤眼蜂、通草蛉、斑腹刺益蝽、绿僵菌等有一定影响。菜品品种及生育期对印楝素不同剂型敏感程度不同，应避免药害的发生。

2）苦参碱

特点：制剂低毒。

药剂品种或剂型：一般为水剂，含量从 0.2%～2.0% 不等。

防治对象：菜青虫、黏虫、蚜虫，以及韭蛆等多种害虫。

使用方法：在害虫的低龄幼虫期，用 0.2% 水剂稀释 400～600 倍或 2.0% 水剂 1 000～3 000 倍液喷雾，5～7 天 1 次，连续 2～3 次。对韭蛆、蛴螬、蝼蛄、金针虫等地下害虫可采用 0.2% 水剂 400 倍液或 2.0% 水剂 1 000 倍液开沟灌根。

注意事项：现用现配，稀释后的液体一次性用完。勿与碱性农药混配使用。

3）苦皮藤素

特点：制剂低毒，对害虫具麻痹作用，对哺乳动物、蜜蜂、鸟类、天敌安全。

药剂品种或剂型：0.23%乳油、0.15%微乳剂。

防治对象：小菜蛾、菜青虫、马铃薯叶甲、马铃薯二十八星瓢虫、猿叶甲、黄守瓜、棉铃虫、黏虫、菜叶蜂等。

使用方法：使用量500～1 000倍液喷雾。

4）川楝素

特点：低毒，并有一定的内吸作用；对菜青虫有较高的拒食及毒杀作用。

药剂品种或剂型：0.5%楝素乳油。

防治对象：十字花科蔬菜上的菜青虫和蚜虫。

使用方法：使用剂量3.5～7.5克（有效成分）/公顷。

5）小檗碱（黄连素）

特点：广谱抗菌、杀虫，制剂微毒。

药剂品种或剂型：0.5%水剂、5%粉剂。

防治对象：蚜虫、黏虫、菜青虫、小菜蛾、甜菜夜蛾等蔬菜害虫；灰霉病、白粉病、霜霉病、炭疽病、疫霉病、病毒病等蔬菜病害。

使用方法：于发病前或发病初期施药，0.5%水剂每亩400毫升，1 200倍液喷雾或根部浇灌，或5%粉剂每亩60～90克对水均匀喷雾，每隔3～4天喷1次，共2次。

3. 生物化学类农药

（1）昆虫信息素 信息素是由同种昆虫的个体释放到体外并能引起同种昆虫的特殊生理效应和行为反应的一类微量化学物质。信息素包括性信息素、集合信息素、追踪信息素、警告信息素、产卵信息素等。

目前也可以人工合成昆虫信息素类似物，主要是性诱剂，是人工合成的具有性引诱活性、但不一定是昆虫体内含有的化学物质。性诱芯是目前昆虫性诱剂的主要产品，通过诱芯释放人工合成的性信息素，来诱杀异性害虫。

特点：专一性强，选择性高，操作简便，价格低廉，适合大面积使用；无毒无污染，对人、畜、天敌安全。

药剂品种或剂型：性诱剂诱芯品种按不同害虫分类。

防治对象：不同害虫的性诱剂诱芯用来防治相应害虫。

使用方法：将一个直径约为 15～20 厘米的盆盛水，最好用洗衣粉水或肥皂水，水面离盆上沿 1～2 厘米，将盆放置在高出作物约 30 厘米的位置，在水盆正上方悬挂一个诱芯，诱芯离水面约 2 厘米。每两个诱芯放置位置之间的距离，依照不同诱芯的有效诱捕距离设定，一般间隔 30～50 米，每亩菜地设置 1～2 个诱捕点。每天及时检查，从盆中取出被诱杀的害虫，并及时添加水。

注意事项：诱芯应放在玻璃瓶或塑料袋中避光保存，最好放在冰箱里，使用时再取出。

（2）昆虫生长调节剂　是通过抑制昆虫生理发育，如抑制蜕皮、抑制新表皮形成、抑制取食等导致害虫死亡的一类药剂。其作用机理不同于传统的杀虫剂，毒性低、污染少，对天敌和有益生物影响小。

1）双氧威（苯氧威、苯醚威）

特点：能抑制卵的发育、幼虫的蜕皮和成虫的羽化，同时具有胃毒和触杀作用，杀虫专一，对蜜蜂和有益生物无害。

药剂品种或剂型：12.5%乳油、5%颗粒剂、5%粉剂、10%微乳状液、1.0%饵剂、25%可湿性粉剂。

防治对象：鞘翅目、鳞翅目类害虫。

使用方法：使用浓度一般为 0.012 5%～0.025%喷雾。

2）吡丙醚（蚊蝇醚）

特点：能抑制幼虫的发育。用量少，持效期长。

药剂品种或剂型：10％乳油。

防治对象：同翅目、缨翅目、双翅目、鳞翅目害虫。

使用方法：10％吡丙醚乳油 2 000～4 000 倍液喷雾。

注意事项：对蜜蜂和家蚕高毒，应避免在蜂园附近、蚕室及桑园附近使用。

3）抑食肼

特点：可通过根系内吸，可迅速降低幼虫和成虫取食能力，能使昆虫发生异常的早蜕皮而死亡，并能抑制产卵。

药剂品种或剂型：20％可湿性粉剂。

防治对象：鳞翅目及某些同翅目和双翅目害虫，如小菜蛾、菜青虫、黏虫、马铃薯甲虫等。

使用方法：750～1 500 倍液喷洒。

注意事项：幼虫死亡速度慢，应提前用药。

4）虫酰肼

特点：制剂毒性小，对非靶标生物安全。

药剂品种或剂型：20％悬浮剂。

防治对象：甜菜夜蛾、小菜蛾、斜纹夜蛾。

使用方法：1 000 倍液喷施。

注意事项：杀虫效果较慢，应提前用药。以卵孵化盛期用药效果最好。

5）除虫脲（灭幼脲 1 号、敌灭灵、氟脲杀、二氟脲）

药剂品种或剂型：20％悬浮剂。

防治对象：菜青虫、黏虫。

使用方法：防治菜青虫，使用 3 000 倍液喷雾；防治黏虫，使用 700 倍液喷雾。

6）灭幼脲（灭幼脲 3 号、苏脲 1 号）

药剂品种或剂型：25％悬浮剂。

防治对象：菜青虫等鳞翅目幼虫。

使用方法：低龄幼虫期，使用 2 000～4 000 倍液喷雾。

7）氟虫脲

药剂品种或剂型：5％可分散液剂。

防治对象：小菜蛾、斜纹夜蛾、甜菜夜蛾等。

使用方法：使用 2 000 倍液喷雾。

8）氟啶脲（定虫隆、定虫脲、氯氟脲）

药剂品种或剂型：5％乳油。

防治对象：甜菜夜蛾、菜青虫、小菜蛾。

使用方法：1 000～2 000 倍液喷雾。

9）氟铃脲

药剂品种或剂型：5％乳油。

防治对象：高抗的棉铃虫和小菜蛾。

使用方法：防治高抗的棉铃虫，使用 500～1 000 倍液；防治小菜蛾，使用 1 000～2 000 倍液。

10）杀铃脲（杀虫脲、杀虫隆、氟幼灵）

药剂品种或剂型：20％悬浮剂。

防治对象：抗性棉铃虫。

使用方法：2 000～3 000 倍液喷雾。

11）噻嗪酮（灭幼酮）

特点：对温室白粉虱有特效，持效长。

药剂品种或剂型：25％可湿性粉剂。

防治对象：温室白粉虱。

使用方法：1 000～1 500 倍液喷雾。

12）灭蝇胺

药剂品种或剂型：10％悬浮液、2％颗粒剂。

防治对象：潜叶蝇。

使用方法：使用 1 500 倍液叶面喷雾，或用 2％颗粒剂每亩 2 千克处理土壤。

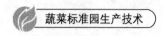

4. 昆虫天敌

（1）寄生性天敌

1）赤眼蜂　赤眼蜂是应用最广泛的一类寄生蜂，种类较多，全世界有 130 多种。赤眼蜂的成虫体长 0.3～1.0 毫米，黄色或黄褐色。

防治对象：菜粉蝶、小菜蛾、甘蓝夜蛾、斜纹夜蛾、菜心野螟、番茄棉铃虫、番茄麦蛾、辣椒烟青虫、辣椒玉米螟、小地老虎、黄地老虎等多种蔬菜害虫。

防治方法：首先实际调查田间害虫的实际产卵日期、产卵量。了解放蜂日的天气情况。最适于赤眼蜂活动和寄生的温湿度为 23～28℃、空气相对湿度 70％～80％。一般在害虫产卵初期、始盛期、盛期、盛末期均要放蜂，每次放蜂间隔 3～5 天。放蜂量在卵初期每亩 0.5 万～1 万头，卵盛期每亩 1.5 万～2 万头，卵盛末期每亩 1 万～1.5 万头。赤眼蜂只有短距离的飞行能力，多数情况下是在植株上爬行而不是飞行，因此在苗期放蜂应多布点，一般放蜂点的间距应为 8～10 米，即每亩均匀设置放蜂点 8～10 个为宜。在风力较强时，上风向应多设放蜂点。

注意事项：赤眼蜂对农药十分敏感，因此，在放蜂区放蜂期间应严禁打药。蜂卡应挂放在作物背箩阴面的枝叶上，避免阳光直晒，但不要距地面太近，否则在赤眼蜂羽化过程中，容易受到蚂蚁、蜘蛛等捕食。

2）丽蚜小蜂　丽蚜小蜂是温室白粉虱、烟粉虱等粉虱若虫和蛹的专性寄生蜂。成虫体长 0.5～0.65 毫米。卵乳白色半透明，长约 1 毫米，长卵圆形，一端较圆，一端较尖。幼虫虫体粗壮，弯曲，乳白色半透明。丽蚜小蜂为产雌孤雌生殖的寄生蜂。

防治对象：白粉虱、烟粉虱。

防治方法：一般每张商品蜂卡上黏有 1 000 头"黑蛹"，可供 30～50 米^2 温室防治粉虱。在放蜂前，首先用对寄生蜂无害的农药（如扑虱灵、灭螨猛等）把粉虱基数压到 0.5 头以下；温室内温度控制在 20～35℃ 之间，夜间不低于 15℃，日平均温度 25℃；放蜂量以每株 5～20 头为宜，放蜂 3～4 次，每隔 7～10 天放蜂 1 次。

注意事项：控制好温室的温度，营造有利于丽蚜小蜂而不利于粉虱的温度环境。放蜂后要及时调查粉虱成虫的消长及黑蛹量、寄生率的变化，及时与其他无公害防治措施相配合。

3）蚜茧蜂　蚜茧蜂是蚜虫的重要寄生蜂。蚜茧蜂雌性成虫体长一般为 1.0～2.4 毫米，少数种类可达 3～3.5 毫米，体色呈黄褐色至深褐色。雄性体略小。

防治对象：多种蔬菜蚜虫。

防治方法：在蔬菜上平均蚜量大于 10 头/株时，按照蜂蚜比为 1：200 进行放蜂，每隔 5 天释放 1 次，依据防治效果确定连续放蜂次数。或者在初见蚜虫时开始放僵蚜，每平方米菜地蚜茧蜂寄生的僵蚜 10～12 头，每 4～5 天 1 次。

（2）捕食性天敌

1）草蛉　捕食性草蛉是在蔬菜作物上捕食蚜虫、粉虱、叶螨以及多种鳞翅目害虫卵和初孵幼虫的重要的天敌昆虫。

防治对象：蚜虫、粉虱、叶螨、鳞翅目害虫。

防治方法：可在温室内释放发育成熟的灰卵或初孵幼虫。投放量按益害比 1：15～20，或每株 3～5 头草蛉幼虫，隔周 1 次，共释放 2～4 次。投放时间以早晨为宜，用毛笔将其均匀布放到植株上。

注意事项：必须在作物上害虫（蚜、螨、粉虱）有一定数量时进行，如果虫太少或无虫，草蛉因无食料而无法生存，如释放过迟，害虫基数过大，则难以控制。

2）食蚜瘿蚊

防治对象：多种蔬菜蚜虫，如黄瓜上的瓜蚜、辣椒（甜椒）和番茄上的桃蚜、甘蓝和白菜上的桃蚜、甘蓝蚜、萝卜蚜及豌豆

上的修尾蚜等。

防治方法：商品食蚜瘿蚊是即将羽化的蚊蛹。把装蛹的容器置于温室有蚜植株下面，待瘿蚊羽化时，撕掉容器小孔上的胶带，让成虫飞出。一般按1：20的益害比例，隔周1次，分3次释放。

注意事项：释放食蚜瘿蚊防治蚜虫的关键是要在蚜虫初发生期或种群密度较低（200头种/株以下）时应用。如在高蚜量情况下，应先使用对瘿蚊没有影响的高选择性杀蚜剂如抗蚜威将蚜虫种群压低之后，才能释放瘿蚊。在用瘿蚊治蚜的期间，应避免使用农药。

3）智利小植绥螨　是捕食叶螨和附线螨的重要天敌。该螨的优良特性是发育快（25℃下由卵发育到成螨仅4～6天，成螨期25天）、繁殖力强、捕食量大（1头雌螨可捕食叶螨150～200头）、田间适应能力及抗逆性强。

防治对象：多种蔬菜叶螨，如温室黄瓜、番茄、辣椒、甜椒、茄子、菜豆、豇豆上的二斑叶螨、朱砂叶螨、神泽氏叶螨、皮氏叶螨等。

防治方法：通常在蔬菜作物上按益害比1：10～20或10～12头/米^{2}的数量均匀释放到植株上。

注意事项：应在叶螨发生初期，种群数量低时释放。释放捕食螨的温室宜控制在25～28℃、空气相对湿度70％。智利小植绥螨的水平扩散能力差，所以应采用每株释放方法。

4）瓢虫　捕食性瓢虫是蚜虫、介壳虫、粉虱等害虫的重要捕食性天敌。

防治对象：蔬菜蚜虫、介壳虫、粉虱等。

防治方法：由于室内饲养困难，当前主要还是从引进和保护两方面进行捕食性瓢虫的利用。在温室中以1：20～30的益害比释放瓢虫2龄幼虫（每亩2万～2.7万头）。

5）小花蝽　可捕食蚜虫、蓟马、叶螨、粉虱等害虫，是一类重要的捕食性天敌昆虫。

防治对象：蔬菜蚜虫、蓟马、叶螨、粉虱等。

防治方法：国内产品是带有小花蝽卵的黄豆芽，使用时将带有小花蝽卵的黄豆芽栽培在温室土壤里。释放量按 20～30 头/米^2 或 1～2 头/株，虫口大时可加大释放量。

注意事项：带有小花蝽卵的黄豆芽在运输、贮存、释放过程中要注意保湿保鲜。

（五）蔬菜病虫害化学防治技术

1. 蔬菜病害的化学防治

（1）蔬菜病害

1）病害类别和传染性　蔬菜病害种类很多，常因蔬菜种类、生育期及种植区域的生态和气候环境不同而有较大差异。病害可以发生在蔬菜的不同部位，如根、茎、叶、花、果等部位。病害的常见症状包括各种变色、畸形、叶斑、叶枯、果斑、斑驳、萎蔫、枯死、腐烂等。导致蔬菜出现上述病害症状的原因很多，包括不正常的气候环境（如过高或过低的温度和湿度、过强或过弱的光照）、营养和生态环境（如肥料过多或过少、营养元素不平衡、土壤或营养液偏酸或偏碱、根部通气不足）及农事操作（如机械损伤、药害）等非生物因素。非生物因素引起的病害没有传染性，可以通过改善环境和农事操作等相应措施加以控制和恢复正常生长。但是，植物保护常常针对的是生物因素引起的病害。引起蔬菜病害的有害微生物可以粗略地分为四类，包括植物病原真菌、植物病原细菌、植物病毒和植物病原线虫，他们引起的病害分别简称为真菌病害、细菌病害、病毒病和线虫病。由微生物引起的病害往往具有传染性，可以通过种子、接穗等繁殖材料、土壤、气流、雨水、病残体、中间寄主如杂草、厩肥、农具及昆虫、家畜和人的活动携带等途径传播危害。生产上除了可以通过栽培抗病品种、培育壮苗和无病繁殖体、优化栽培管理、改善生态环境、田园清洁卫生、除草杀虫、清洁农机具等防疫措施防治传染性病害外，大多数病害还可以采用物理、生物和化学的方法进行防治。

2）病害发生与危害　病原微生物通过不同途径传播到合适的感病寄主上，还需要一定的条件才能完成侵染和发病过程。也就是说病原物、寄主、环境是病害发生的三要素。如多数真菌和细菌不仅需要合适的温度，还需要较高的湿度甚至水膜才能侵染。病原物一般可以通过一种或几种途径侵入寄主作物。如有的微生物可以通过作物的自然孔口如气孔、水孔、皮孔侵入，有的通过形成侵入栓直接从幼叶、幼茎、幼根部位侵入，有的则从伤口侵入。光照不足和湿度过高会使作物表面的角质层或蜡质层减少，也有利于病原物直接侵入。

病原物侵入以后在作物体内发展蔓延，经过一段时间后才表现出病害的症状或发病。从侵入至表现症状的时间称为潜育期。潜育期的长短与病害种类、环境条件、寄主生理状况有关，短则3～7天，长则数月，有的甚至根本不表现症状，只是影响作物健康生长。因此，人们观察到少数作物发病时，其他看似健康的作物很可能早已被侵染。

病害造成的危害不仅表现为减少产量，而且还影响品质。许多病原物能够产生微生物毒素，导致食品变质、变味。因此，积极采取病害防治措施，不仅具有经济价值，而且对保证食品安全也十分重要。

（2）蔬菜病害化学防治实践中必须注意的问题

1）了解需要解决的问题　首先要鉴定或诊断有害生物，了解需要防治的是哪种病原物，才能有针对性地选择有效的药剂。其次要评估危害水平或可能造成的经济损失，确定是否需要化学防治。如果其危害程度是可以接受的，则不必用药。如果需要用药，则要选择适宜的药剂。用于土壤处理的药剂还要考虑土壤类型或处理区域的土质。

2）选择杀菌剂需要注意的问题　①选择的产品必须已经登记于所要防治的病害及在所要保护的作物上使用。②该产品可以处理的作物生长期和在病害循环中的作用。③推荐的应用时间（如春天、夏天、秋天或一天中使用的时间）、收获间隔期有无限定。④选择的药剂必须是低毒、低残留的产品。

3）效果不理想或引起药害的原因分析及申诉　首先应该确认所选用的杀菌剂是否合适，保护的作物和防治对象是否列于标签；第二，药剂稀释方法与产品使用说明是否一致；第三，核对喷雾设备如喷头型号、喷孔大小是否正确，用水量是否符合要求，喷施是否均匀，处理的作物生育期及病害发生阶段即用药时间是否符合标签说明；第四，对照标签上注明的限制使用的特殊气候条件，如低温、高温、干旱等，分析喷药时的气候条件；第五，考虑施药后的早期情况。因为有的杀菌剂持效期较短，防效在几天以后会变得不明显。第六，如果效果差或造成药害是按标签用药后出现的药剂本身问题，应收集所有相关技术资料和证明材料，如用于诊断的照片和样本，药剂处理的经过及当时气候条件、证人及告知的人员和他们的反响等，及时向有关部门申诉。

4）杀菌剂抗性　杀菌剂的高度选择性和病原微生物遗传简单及繁殖系数高、周期短的特性，决定了病原物抗药性比其他任何有害生物发生抗药性的问题更为严重。具有抗药性的个体通过繁殖形成群体，引起防治失效而出现抗药性。因为病害发生及药剂防效受很多因素影响，因此，病原物抗药性不像害虫和杂草抗药性容易诊断，通常需要通过实验室诊断和检测才能发现。

多数蔬菜的复种指数高，尤其是保护地种植的蔬菜，使病原物不仅具有常年合适的侵染寄主和环境，而且抗药性病原物在保护地相对封闭条件下，没有药剂选择压力期间也难以与外界敏感群体稀释。当病原群体存在 1% 的抗药性个体时，再经过 1～2 次用药，就可能在较短时间内迅速形成抗药性群体，造成抗药性病害的突然爆发流行。因此，进行蔬菜病害化学防治时应该考虑最大限度地阻止抗药性的发生和防止现有抗药性群体的蔓延。

在菜园尤其是保护地内轮流或交替使用不同作用机制的选择性杀菌剂，虽然可以延缓对这些杀菌剂的抗性发生，但是由于选择性杀菌剂抗性风险高，一些引起多循环病害和繁殖量大的病原菌也存在对不同类型的药剂产生多重抗药性的风险。一般来说，不同作用机制的选择性药剂混用比交替使用产生抗药性的风险较低，最好是与传统的非选择性杀菌剂混用或交替使用。

5）杀菌剂的桶混使用问题　桶混是指两种或两种以上的杀菌剂单剂加入到喷雾容器内，不同于农药企业加工的混剂或复配制剂。

①桶混比例。必须根据农药标签说明按比例进行不同药剂的桶混。一般来说，应该根据单剂的使用量进行桶混，但根据实际情况也有降低单剂用量的情况。必须记住：不相容的杀菌剂组分进行桶混或不合理的桶混比例可能造成对作物的药害、残留、防效下降和经济损失。

②桶混程序。为了防止不同杀菌剂的物理不相容性，应按下列步骤进行桶混：

加一半水与一种农药稀释→搅拌→搅拌的同时再加入另一种农药→加另一半水并搅拌→喷施。

为了减少桶混可能形成的凝结或胶体阻塞喷头和滤网膜，不同剂型的杀菌剂桶混顺序应该按照农药标签说明进行。如果没有特殊规定，一般依据下列顺序向喷雾容器内加入不同剂型的农药：

可溶性粉剂或水分散粒剂→可湿性粉剂或胶悬剂→溶液（胺和盐）→添加剂（表面活性剂）→乳油（脂类）。

（3）蔬菜病害的化学防治　不同的病原真菌、细菌、病毒和线虫的结构、生理生化、生活史、传播和侵染途径、病害循环等特性差异很大。化学防治必须针对具体的病原物种类选择合适的药剂和使用方法才能够达到理想的效果。因此，在使用杀菌剂前必须准确诊断引起病害的病原物种类。

1) 蔬菜真菌病害的防治　真菌病害常常包括由不同分类地位的担子菌、子囊菌及半知菌等病原真菌引起的病害和由卵菌引起的病害。如常见的各种蔬菜锈病、立枯病等担子菌病害；各种蔬菜灰霉病、菌核病、白粉病、镰刀菌根腐病、枯萎病等子囊菌病害；各种蔬菜早疫病、黑斑病、叶斑病、叶霉病、炭疽病等半知菌病害；各种蔬菜霜霉病、疫病/晚疫病、白锈病、猝倒病、绵腐病等卵菌病害。可见真菌病害是蔬菜生产上最重要的一类病害，目前市场上的大多数杀菌剂是用来防治各种真菌病害的。因此，生产上常说的作物病害化学防治也多指是真菌病害化学防治。

①霜霉病。是一类气传卵菌病害。蔬菜霜霉病多发生在叶片，也可以发生在茎、花梗和种荚等部位。蔬菜霜霉病属于多循环病害，发生周期短，流行性强，危害性大。如果不及时防治，往往会造成毁灭性的危害。许多蔬菜从苗期到成株期均可被霜霉病危害，因此化学防治工作几乎贯穿于整个蔬菜生长期。十字花科蔬菜和菠菜、莴苣、霜霉病发生早期叶面产生水渍状，受叶脉限制逐步形成黄色至黄褐色、边缘不明显的多角形病斑，叶背面产生白色霉层；甘蓝和花椰菜叶面则呈黑色至紫黑色多角形或不规则病斑，叶背面产生灰紫色霉层。瓜类霜霉病叶面常呈不规则褪绿黄斑，潮湿条件下叶背面产生灰黑色霉层。

霜霉病的发生和流行与蔬菜生长环境的温、湿度关系密切。蔬菜生长期的温度一般适合发病条件，所以湿度是流行危害的关键要素。尤其是保护地昼夜温差大、夜间温度低、易结露，易于孢子囊萌发和侵染，白天温度高易于菌丝扩展，霜霉病危害特别严重。在15℃和叶面有水膜时，孢子囊萌发至侵入只需要2小时。环境条件适宜时，病菌从侵入至发病只要4~5天的潜育期，环境条件不适宜时，潜育期可延长至8~10天。因此，防治霜霉病的关键是降低蔬菜生长环境的湿度，保持通风透气。

阴雨天气来临前必须采用杀菌剂防治霜霉病。化学防治可使用的药剂有保护性和内吸性杀菌剂两大类。在没有发病情况下使用杀菌剂进行化学保护时可用保护性杀菌剂，如百菌清、代森锰锌、代森锌、氢氧化铜、氢氧化亚铜、氧氯化铜等。但值得注意的是，在高温、高湿条件下，铜制剂浓度高时容易产生药害。在空气湿度大或已经开始出现零星病斑时，应该选用高效、内吸治疗性杀菌剂如乙磷铝、甲霜灵、霜霉威、甲霜锰锌、霜脲锰锌、恶霜锰锌、嘧菌酯、醚菌酯、吡唑菌酯、烯酰吗啉、氟吗啉、双炔酰菌胺等。如用 70％代森锰锌或 77％氢氧化铜可湿性粉剂 500～600 倍液，或 68％精甲霜灵锰锌可湿性粉剂 800～1 200 倍液，或 25％嘧菌酯悬浮剂 1 000～1 200 倍液喷施。

霜霉病菌主要从叶片背面侵入，所以药液最好喷施到叶片背面。药剂稀释方法和用量及收获间隔期等应该按照农药标签说明进行。喷施药液时要注意雾滴小、喷施均匀，尤其是保护性杀菌剂喷施的药液应该在叶片上形成药膜，覆盖全部叶片。

在保护地防治霜霉病时，还可以使用 5％百菌清粉剂每亩 1 千克和 45％百菌清烟剂每亩 250 克进行防治，可以避免喷雾增加湿度。喷粉或喷施烟剂最好在傍晚进行，利于药剂微粒在作物上附着。喷施时要注意让粉尘或烟雾能够均匀接触作物叶片正反两面。

目前已知黄瓜霜霉病菌对甲霜灵、霜脲氰等酰基丙氨酸类杀菌剂和嘧菌酯、醚菌酯、肟菌酯、吡唑菌酯等甲氧基丙烯酸酯类及烯酰吗啉等杀菌剂极易产生抗药性。因此，在使用这些杀菌剂时要特别注意与其他保护剂的混合使用和轮流使用，并限制每年使用这些杀菌剂的次数，一般每生长季节单独使用不超过 3 次，防止抗药性病害流行危害。

②晚疫病。主要指番茄晚疫病和马铃薯晚疫病。可以危害叶片、叶柄、茎秆和果实或块茎。叶片发病多从叶缘和叶尖开始，初显水渍状褪绿斑，边缘不明显，湿度大时可迅速蔓延全叶，导

致叶枯，病斑边缘可出现白色稀疏霉轮。马铃薯块茎发病初为褐色或紫褐色不规则病斑，后深入薯肉导致褐色坏死。番茄青果病斑初期呈灰绿色水渍状硬斑块，后表现为暗褐色或棕褐色云纹状，病斑边缘不清晰。病菌的孢子囊在 10～13℃ 和叶片表面有水膜时，在 3～5 小时内就可以萌发释放游动孢子和侵入，温度在 15℃，孢子囊可以直接萌发侵入。温差大、湿度高的情况下，病菌侵入后的潜育期很短，3～5 天就可发病。

因此，使用杀菌剂进行化学防治要及时。在防治时所用的农药种类及使用的方法与防治霜霉病基本相同。但是，乙磷铝只可以用来防治番茄晚疫病，而不能防治马铃薯晚疫病。因为，该药剂在马铃薯体内不能降解形成亚磷酸根离子发挥活性。

③疫病。由疫霉引起的蔬菜疫病种类很多，可以危害辣椒、黄瓜、茄子、番茄等多种蔬菜的茎、枝、叶片、叶柄和果实。从苗期至成株期均可发生。在苗期首先在茎基部形成暗绿色水渍状病斑，迅速褐腐缢缩而猝倒，植株死亡，常常又称猝倒病。成株期多从茎基部和枝条分杈处发生，开始为暗绿色水渍状病斑，后迅速环绕扩展形成褐色或黑色病斑，并使病部以上枝叶失水凋萎。果实发病一般从果蒂开始。病原菌存在于土壤中，主要借雨水传播，有的孢子囊也可以借气流传播。当温度达到 24～27℃、相对湿度 95% 以上时，潜育期只要 2～3 天。因此，遇到阴雨天时，可能在几天内发生毁灭性流行危害。

疫病属于卵菌病害，所以可以选用的杀菌剂与防治霜霉病和晚疫病相似。除了通过对蔬菜地上部分的喷雾处理外，还可以通过种子处理和土壤处理的方法防治苗期猝倒病和成株期根茎基部腐烂。土壤处理的方法有灌根，即使用上述防治霜霉病的药剂，在病害发生的初期将根茎基部的土扒开，每株浇入 100～200 毫升的药液；也可以将上述药液喷施在根茎基部或拌成毒土撒施在根茎基部。

④绵腐病。是由腐霉菌引起的一类卵菌病害，常引起番茄、

茄子及瓜果等近地面果实软腐，腐果表面生白色绵霉。此外，还常引起多种蔬菜苗期的猝倒病。该病在潮湿温暖的条件下，3~5天内就可以引起果腐。防治用药大多数与霜霉病相同。

⑤白锈病。一类由白锈菌引起的卵菌病害，主要危害十字花科和旋花科蔬菜。危害叶片、茎、花荚等组织，在叶片背面形成白色疱疹状病斑，后破裂散出白粉；花序受害畸形弯曲肿胀成肉质叶状，上生白色疱疹。防治用药与霜霉病相同。

⑥枯萎病、黄萎病。枯萎病和黄萎病分别是由半知菌的镰刀菌和轮枝菌引起的系统性真菌病害。主要危害茄科、葫芦科和豆科蔬菜。如黄瓜枯萎病、西瓜枯萎病、冬瓜枯萎病、豌豆和蚕豆枯萎病、番茄枯萎病、番茄黄萎病、茄子黄萎病等。病原菌由土壤和雨水传播，或通过种苗远距离传播。病菌从根部线虫危害伤口侵入或从幼根表皮直接侵入，然后在作物维管束内扩展蔓延。受害作物表现萎蔫黄化，部分或整株作物叶片凋萎，根茎维管束变褐色。

枯萎病菌和黄萎病菌存在于土壤中，而且在作物一生中均可侵染危害，因此很难通过杀菌剂进行有效防治。因为各地土壤理化性质差异大，许多对病原菌有活性的杀菌剂容易被土壤或茎基部的木质素吸附钝化。目前主要通过栽培抗病品种或通过嫁接换根的方法进行防治，如抗病性强的南瓜苗上嫁接黄瓜。化学防治为辅助的措施。通常采用脂水系数较低、土壤吸附较少的多菌灵盐酸盐和多菌灵水杨酸盐、嘧菌酯等杀菌剂进行防治。一般采用种子处理，如60%多菌灵盐酸盐1 000倍液浸种，再用清水冲洗干净后播种。也可以对苗床土壤进行处理，如用60%多菌灵盐酸盐或水杨酸盐以8克/米² 的用量或用70%的敌克松可湿性粉剂5克/米² 的用量拌土或浇灌苗床。在定植时还可以使用药剂灌根或蘸根，可用的药剂有多菌灵、苯菌灵、甲基托布津、嘧菌酯等。在移栽后发现少数病株时，可以根部灌药或拔除病株。

⑦灰霉病。是由葡萄孢属真菌引起的一类病害。几乎可危害各种蔬菜的花、果和叶片，尤以温、湿度适宜的保护地蔬菜上发

生最重。在 20℃左右、相对湿度 90％以上时，3～5 天就可以完成一个病害循环。病部可产生大量灰色的分生孢子霉层，通过气流、雨水和农事操作传播扩散，不断再侵染危害。灰霉病菌是一种弱寄生菌，多危害萎蔫的花器、衰老枯黄的叶片和植物组织、比较成熟的果实或衰败的幼果，也可以通过伤口侵染或蔓延到健壮的组织，或引起蔬菜在运输、贮存期间的腐烂。

保护地内由于湿度高，极有利于灰霉病的发生和流行。除了在管理中要注意经常通风降低湿度以外，还应该及时清除衰败的花果并深埋，切不可以将摘除的蔬菜残体放置在菜园旁边，以免其上产生大量的病菌孢子再侵染作物。

许多杀菌剂对灰霉病都有很好的防治活性，但是该病原菌繁殖系数大、周期短、变异快，极易形成抗药性群体，而使药剂防治突然失效。可以用来防治蔬菜灰霉病的常见杀菌剂有：传统保护性杀菌剂：百菌清、福美双、代森锰锌等，现代选择性杀菌剂：多菌灵、苯菌灵、噻菌灵、甲基硫菌灵、腐霉利、导菌脲、菌核净、嘧霉胺、啶酰菌胺等，以及这些杀菌剂之间的复配杀菌剂。如 70％代森锰锌或百菌清，或 40％多菌灵可湿性粉剂，或 25％嘧霉胺、50％菌核净或异菌脲可湿性粉剂。但是最好使用选择性与非选择性杀菌剂之间的复配剂，或者三元复配剂。防止灰霉病菌对多种杀菌剂产生多重抗药性而无药可用的情况出现。

在用液剂喷洒时应选择在晴天的上午进行，用药后扣棚升温，然后将棚开个小缝透气，降低湿度。苗期用药可将杀菌剂与草木灰混在一起撒施在幼苗上，以起到杀菌和降低环境湿度的双重作用。

⑧白粉病。是由子囊菌引起的一类真菌病害。多种蔬菜均可发生白粉病，其中以瓜类受害最重。近些年来辣椒白粉病也有明显加重趋势。白粉病菌的孢子可以通过气流和农事操作传播，多危害叶片，也可以发生在茎、花、果上。主要症状是病斑上形成大量分生孢子呈白色霉层，后期其上形成黑色小点（病菌有性阶

段的闭囊壳）。空气相对湿度高、温度在 20～24℃ 条件下，最宜白粉病流行。白粉病菌在适宜条件下潜育期只要 5～7 天。但是，多数白粉病菌孢子在遇到雨水或水膜时会破裂或死亡。因此，保护地种植的蔬菜在叶面没有结露的情况下白粉病发生较重。白粉病菌和灰霉病菌一样，可产生大量分生孢子再侵染，属于多循环病害，在较短的时间内就可能造成流行危害。

可用来防治白粉病的杀菌剂种类较多，其中包括保护性杀菌剂硫黄、百菌清、福美双、代森锰锌等；内吸性杀菌剂多菌灵、苯菌灵、甲基硫菌灵、嘧菌酯、醚菌酯、烯肟菌酯、吡唑菌酯等。

值得注意的是，双子叶蔬菜，如瓜类和辣椒对唑类杀菌剂比较敏感。如果喷施三唑酮、氟环唑、苯醚甲环唑、丙环唑、腈菌唑、咪鲜胺等杀菌剂时，容易造成不易发现的药害而减产。主要表现为生长减缓、矮化，新生叶片变小、深绿和节间缩短，瓜果膨大受抑。只有在苗期使用，才容易发现僵苗。但是，一些挥发性较强的三唑类杀菌剂可以采用熏蒸的方法防治白粉病。

由于白粉病菌繁殖系数大，变异快，极易对现代选择性杀菌剂产生抗药性。杀菌剂效果越高，选择性越强，抗药性发生也越快。如嘧菌酯等新型甲氧基丙烯酸酯类杀菌剂对多种白粉病菌有特效，但有时连续使用 3 次就可能出现抗药性。因此，这类杀菌剂必须与其他保护性杀菌剂或内吸性杀菌剂混合使用，而且每个生长季节不超过 3 次。

在保护地，尤其是阴雨天气时防治白粉病，最好使用硫黄烟雾剂或熏蒸剂，以免喷雾处理增加湿度。三唑类杀菌剂可以蘸在布条上，挂在温室内。

⑨早疫病、黑斑病、紫斑病。这里指的是由交链孢属真菌引起的一类病害。包括番茄和马铃薯早疫病、十字花科蔬菜黑斑病、葱类的紫斑病等。这些蔬菜苗期和成株期均可发病，主要危害叶片、茎和果实。初期呈针尖大的小黑点，后扩大成深褐色或黑色、圆形至椭圆形病斑，有同心轮纹，边缘有黄色晕圈，表面

生有黑色霉层。相对湿度80%以上、气温15℃以上即可以发病，20～25℃最宜流行。适宜条件下，病菌侵入后潜育期只有2～3天。这类真菌产生黑色素，有较强的防护能力。常用的多菌灵、硫菌灵等对该病无效。防治这类病害可用的非选择性杀菌剂有：福美双、百菌清、代森锰锌等；选择性杀菌剂有：异菌脲、腐霉利、菌核净及嘧菌酯、醚菌酯等，或选择性杀菌剂与非选择性杀菌剂之间的复配剂。异菌脲、腐霉利和菌核净也不具有内吸性，只有保护作用。嘧菌酯和醚菌酯虽然有内吸作用，但治疗效果差，保护作用好。所以，防治早疫病等交链孢菌病害必须在病菌侵入以前用药。防治番茄早疫病，应从初见病斑时施药，如用70%百菌清和代森锰锌可湿性500倍液喷雾，每周1次，连续5次，而在防治大白菜黑斑病时，可在病害的普发病时进行，每7～10天1次，连续防治2次即可控制为害。在防治葱类紫斑病时，应在药液中增加一些展着剂，以克服叶片多蜡、黏着不上药的困难。

⑩黄瓜黑星病。是一种半知菌引起的真菌病害，黄瓜整个生育期均可被害，嫩叶、嫩茎和幼瓜最感病。叶片上形成黄白色小斑点，并穿孔。嫩茎受害部位以上常常枯死。幼瓜受害则生长不均匀，形成畸形瓜。发病部位后期会出现灰色霉层。该病是一种低温、高湿、耐弱光的病害。当气温在10～30℃、相对湿度90%以上，特别是有结露时，发病严重。潜育期在保护地3～6天，露天菜园9～10天。

黄瓜黑星病的化学防治可使用百菌清、多菌灵、苯菌灵、硫菌灵、嘧菌酯等杀菌剂进行种子处理。如用50%多菌灵可湿性粉剂500倍液或冰醋酸100倍液浸种20～30分钟，洗净催芽；或用50%多菌灵按种子量的0.4%、25%嘧菌酯按种子量的0.1%～0.2%拌种。生长期可以使用的药剂有：百菌清、代森锰锌、硫黄、多菌灵、嘧菌酯等。如50%多菌灵或75%百菌清可湿性粉剂500倍液，或25%嘧菌酯悬浮剂1 000～1 200倍液喷雾防治；也可用45%百菌清烟剂每亩250克，或5%百菌清粉剂每亩1千克进行喷施。防治该病害时要警惕抗药性病害爆发流行。

⑪番茄叶霉病。是一种半知菌引起的真菌病害。主要危害叶片，也可以危害茎、花、果实。病部常有棕黄色、灰紫色至墨绿色茂密霉层。在20～25℃和相对湿度90％以上时，最适宜病害发生和流行。因此，温、湿度较高的保护地发生最为严重。栽种抗病品种是控制该病的重要措施。但是，一些品种往往农艺性状好而不抗病，化学防治仍然是重要措施。可用的杀菌剂与防治黄瓜黑星病相似。在定植前可施用硫黄熏蒸温室或大棚，熏棚的时间以傍晚最好，每亩用2～3千克硫黄，与1倍的锯末（或秸秆）混合后，分成几堆点燃，闭棚至次日清晨放风。值得注意的是这种方法释放的硫黄浓度大，一定要在蔬菜定植（或播种）前进行，以免造成药害。田间防治应在发病初进行，可使用的药剂有：百菌清、代森锰锌、多菌灵、苯菌灵、硫菌灵、嘧菌酯、醚菌酯等。如50％多菌灵或75％百菌清可湿性粉剂500倍液，或70％代森锰锌400倍液，40％多硫悬浮剂400倍液进行喷雾防治。在保护地还可使用45％百菌清烟剂每亩250克，或5％百菌清粉尘剂每亩1千克进行喷施防治。药剂防治每7天1次，连续3～4次。

⑫炭疽病。炭疽病是一类半知菌引起的真菌病害，可危害的蔬菜种类较多，主要有黄瓜、甜瓜、西瓜、辣椒、菜豆和一些十字花科蔬菜。苗期可造成猝倒死苗，成株期危害叶片形成圆形或半圆形褐色病斑，茎蔓受害形成长圆形凹陷病斑，果实受害病斑大，凹陷、开裂、腐烂。防治炭疽病的药剂有保护性杀菌剂福美双、代森锰锌、炭疽福美、多菌灵、苯菌灵、硫菌灵、嘧菌酯、吡唑菌酯、醚菌酯等。如可使用25％嘧菌酯悬浮剂按种子量的0.1％～0.2％拌种，或80％炭疽福美或50％多菌灵可湿性粉剂按种子量的0.3％～0.5％拌种。生长期用50％多菌灵可湿性粉剂500倍液，或70％甲基硫菌灵可湿性粉剂1 000倍液，或50％异菌脲·福美双可湿性粉剂800倍液，或80％炭疽福美可湿性粉剂800倍液，或25％嘧菌酯悬浮剂1 200倍喷雾防治。

该病在保护地瓜类蔬菜上危害比较严重。在防治时应从棚室消毒做起，即在定植前，用硫黄熏棚（与叶霉病防治方法相同）。

炭疽病菌侵入后潜育期幅度大，适宜条件下 5～7 天即可发病，寄主健壮情况下可长期不表现症状。因此，防治炭疽病用药要早，立足种子处理。叶、茎幼嫩组织和幼果容易被侵入，应及时喷药保护，生长期喷药每隔 7 天 1 次，连续 4～5 次。

⑬茄子褐纹病、番茄和芹菜斑枯病及芦笋茎枯病。这是一类半知菌引起的真菌病害，可危害果实、叶片、叶柄和茎。果实上开始呈圆形或椭圆形稍凹陷病斑，后形成褐色不规则半软腐病斑，并出现同心轮纹。在叶和茎上可形成小型病斑（3 毫米以内）和大型病斑（3～10 毫米）。病菌侵入后的潜育期较长，一般需要 8 天以上。病斑中央可密生小黑点。可用于防治这类病害的杀菌剂有波尔多液、百菌清、福美双、代森锰锌、多菌灵、硫菌灵、嘧菌酯及多菌灵＋硫黄混剂等。如用 1∶1∶200～250 倍的波尔多液，或 50％硫悬浮剂 200～300 倍液，或 75％百菌清可湿性粉剂 600 倍液，或 70％代森锰锌可湿性粉剂 400 倍液，或 50％多菌灵可湿性粉剂 500 倍液，或 70％甲基硫菌灵可湿性粉剂可湿性粉剂 800～1 000 倍液，或 40％多硫悬浮剂 400～500 倍液进行喷雾防治。防治芦笋茎枯病还可以在母茎长到 5 厘米时用 40％硫菌灵悬浮剂 40～50 倍液涂茎，每隔 5～7 天 1 次，共涂 3 次。但是，该病菌极易对多菌灵、硫菌灵产生高水平抗药性。因此，必须用不同作用机制的杀菌剂复配剂或保护剂与内吸剂交替使用。

⑭蔬菜锈病。这是一类由担子菌引起的真菌病害，包括各种豆类、葱类锈病。主要侵染叶片，严重时也可危害茎、蔓、叶柄、荚等。受害部位初呈小点状隆起黄斑，后形成深黄色疱斑。该病主要发生在夏秋季，适温 15～24℃，温差大、湿度高，尤其在叶面有结露时发生严重。栽种抗病品种是防治锈病最有效的方法。在发病初期可以用来化学防治的杀菌剂有保护性杀菌剂福

美双、硫黄、代森锰锌、百菌清，内吸性杀菌剂多菌灵、苯菌灵、硫菌灵等，及新型高效选择性杀菌剂嘧菌酯、醚菌酯、吡唑菌酯等。如 25％嘧菌酯或吡唑菌酯悬浮剂 1 000～1 250 倍液，或 50％多菌灵可湿性粉剂 500 倍液，或 50％硫悬浮剂 200～300 倍液，或 75％百菌清可湿性粉剂 600 倍液，或 70％代森锰锌可湿性粉剂 400 倍液喷雾防治。一般每 7～10 天喷 1 次，连喷 3 次。

由于葱类蔬菜的叶片直立，多蜡质，给防治带来了一定的困难，遇到这种情况用药时可在药液配制时加一些展着剂，如 0.1％吐温-20。

2）蔬菜细菌性病害的防治　细菌属于一种比真菌还小的原核生物。常见的蔬菜细菌病害有十字花科的软腐病、黑腐病，瓜类蔬菜的角斑病，茄果类的青枯病，番茄、辣椒的疮痂病，番茄的溃疡病，菜豆细菌性疫病，姜瘟等。有的以种子带菌、有的以病残体带菌传播危害。细菌繁殖和抗药性变异速度比真菌更快，田间发病以后可以通过雨水传播迅速蔓延。同时，目前可用于作物细菌病害防治的杀菌剂种类很少，而且活性较低。因此，防治细菌病害的难度更大。目前可用于细菌病害防治的药剂主要为非选择性的铜制剂、抗菌素和化学合成杀菌剂，如波尔多液、氢氧化铜、氢氧化亚铜、氧氯化铜、琥胶肥酸铜、铜氨合剂等铜制剂；链霉素、新植霉素等抗生素；噻枯唑、代森铵等化学杀菌剂。如用 72％链霉素可溶性粉剂 5 000 倍液浸种 20～30 分钟，或在菜园病害发生前使用 1∶1∶200～300 倍波尔多液，或 77％可杀得可湿性粉剂 500 倍液，或 50％琥胶肥酸铜（即 DT）可湿性粉剂 500 倍液，或 72％农用链霉素可溶性粉剂 5 000 倍液，或 100 万单位新植霉素 5 000 倍液，或 45％代森铵水剂 900～1 000 倍液，或 25％噻枯唑 500 倍液喷雾防治。每隔 7 天 1 次，连续喷 2～3 次。值得注意的是，如果在高温、高湿的条件下使用铜制剂或代森铵浓度稍高，则很容易造成药害。使用抗生素和噻枯唑也很容易出现抗药性。防治番茄细菌性青枯病和姜瘟等可以用抗生素和噻枯唑进行预防性土壤浇灌。防治大白菜软腐病还可以从防治害虫入手，防止黄条跳甲、大猿叶虫、菜花蝽、菜青虫、小菜蛾、菜叶蜂、甘蓝夜蛾、甜菜夜蛾、地蛆等害虫对病害的传播。

3）蔬菜病毒病害的防治　蔬菜病毒病种类很多，目前几乎没有真正能够杀死病毒或抑制病毒的药剂。防治病毒病的策略主要是选用抗病品种，或者使用杀虫剂防治病毒传播的媒介昆虫如蚜虫等，或培育壮苗和使用能够促进作物生长、提高免疫力的药剂。如用病毒 A 或 20％盐酸吗啉胍铜可湿性粉剂 400～600 倍液、10％混合脂肪酸水剂每亩 600～1 000 毫升对水喷雾防治番茄、辣椒等多种花叶病毒病。一般每 7 天喷 1 次，共用 3～4 次。

4）蔬菜线虫病害的防治　危害蔬菜最为严重的线虫病害是根结线虫病，又称瘤子病。可危害葫芦科、茄科、豆科、十字花科蔬菜及菠菜、茼蒿、莴苣、生菜、苋菜、芹菜、香菜、落葵等多种蔬菜。主要危害根部，侧根和主根形成大小不等的根结。该病通过种苗远距离传播和雨水及农事操作田间传播。连作和土质疏松的田块危害最重。

防治蔬菜根结线虫病需要采取综合措施。如大葱、大蒜、韭菜等耐根结线虫病的蔬菜与易感根结线虫病的黄瓜、丝瓜、芹菜等轮作；在无病苗床或土壤处理过的苗床培育无病壮苗；夏天灌水淹埋；或间隔 10 天两次耕翻 25 厘米以上，再覆盖塑料薄膜暴晒高温杀虫；或在土中预埋蒸汽管道，再覆盖塑料膜，进行蒸汽高温熏蒸。根结线虫病的化学防治方法都是进行土壤处理。一般只能在栽种前处理土壤，应选择毒性相对较低、在土壤中容易降解的药剂或制剂，并在收获前较长时间进行处理。一般在种植前进行土壤熏蒸消毒，可用药剂有棉隆、噻唑磷、威百亩、阿维菌素等，如用 98％的棉隆微粒剂，按每亩 6 千克药剂与 60 千克干燥细土混合后，撒施于 25 厘米深、间隔 30 厘米的沟中，然后覆土压实，土温 15～20℃时，封闭 10～15 天后再播种栽苗。或者在种植时进行土壤处理，如用 3％米乐尔或 10％力满库颗粒剂，每亩 4～5 千克穴施或沟施。也可以在生长期用药防治，如用阿维菌素或威百亩药液灌根。

2. 蔬菜虫害的化学防治

(1) 蔬菜虫害的发生危害特点

1) 害虫种类繁多　蔬菜种类（品种）繁多，不同种类蔬菜，其发生的害虫种类不一样。据对主要蔬菜害虫的不完全统计，其危害种类达 700 余种。

2) 害虫发生演替规律复杂　蔬菜栽培方式复杂多变，加上蔬菜的生长周期一般比较短，复种指数高，换茬快，使蔬菜生态系统中昆虫群落的稳定性差，种类和数量变化多端，造成害虫的发生和演替规律呈现复杂性的特点。

3) 害虫发生危害严重　高肥高水特别适合害虫的发生危害，同时由于菜田的生态系统更替频繁，自然天敌数量极少，控制作用很弱；蔬菜栽培方式的改变也为害虫提供了良好的越冬、越夏场所。如北方的日光温室为小菜蛾、甜菜夜蛾等一些不能在北方露地越冬的害虫提供了越冬场所和充足的食料；南方盛夏用于降温的遮阳网和早春用于防雨、增温的塑料棚为害虫提供良好的越夏和避雨场所，使得蔬菜害虫的发生危害严重。

4) 害虫的抗药性强　蔬菜产品产值较高，害虫发生危害频繁而严重，因而农民用药防治的频率也较高，这样极易导致害虫的抗药性出现。同时由于蔬菜生长周期短、茬口多，特别是随着设施蔬菜的大面积种植，使得部分害虫由季节性发生转变为周年发生危害，连续的化学防治使得蔬菜害虫对部分常用药剂产生了不同程度的抗药性，有的种类抗性程度极高，加大了防治难度。

(2) 蔬菜虫害化学防治中农药的使用原则　蔬菜虫害的防治要坚持"预防为主，综合防治"的植物保护原则，严格按照国家

制定的《农药合理使用准则》、《农药安全使用规定》、《无公害蔬菜农药使用标准》等要求使用农药。具体要做到如下几点：

1）正确识别害虫种类，有针对性地选施农药　针对不同的害虫种类、生物型等，其抗药性和耐药性存在较大的差异。因此，正确识别害虫种类，然后才能"对症下药"。否则，不仅控制不住危害，而且会造成农药浪费，还污染蔬菜和生态环境。比如，抗蚜威对桃蚜有特效，对瓜蚜效果则很差，不宜使用。近年来，在我国大部分地区发生危害的烟粉虱的生物型为Q生物型，该生物型烟粉虱与B型烟粉虱相比，前者的耐药性更高、更强。根据部分研究结果，目前北方地区对B型烟粉虱进行化学防治，选用吡虫啉防治效果较好，而对Q型烟粉虱防治效果则差。因此，选施农药时需要考虑到不同害虫对药剂的反应特性。

2）掌握时机，适时施药　害虫的发生都存在从轻到重的发展过程。但是，如果不适时进行防治，等到虫害发展到一定阶段，再好的农药也达不到应有的防治效果。而防治适期的确定，则是需要有关单位和部门在长期、连续监测某地区的某种害虫发生规律的基础上，来进行预测预报的。而一些缺乏预报的地区，可以根据当地害虫平常年份发生的时间来进行提前用药，加以预防。如在蔬菜播种或定植前，应采取棚室施药消毒、土壤处理和药剂拌种等措施；当蚜虫、蛾类害虫、红蜘蛛等点片发生时，采用"挑治"或者局部施药的方法，来预防其大面积扩散为害。还可以根据某种害虫的发生特点，找出其薄弱环节，及时用药防治。

3）按照农药的推荐剂量和方法来进行施药　每种农药都有一个最适宜的施用剂量，施用多了不仅造成浪费，而且会引起药害，加大对蔬菜和环境的污染；施用少了，达不到应有的防治效果，且易引起害虫对药剂的敏感度下降。喷施农药时，需要做到对正反叶面均匀细致施药，加大农药与叶片的接触面，这样，某些隐藏在叶背取食为害的害虫就易直接接触到农药而致死。如蚜虫、粉虱、红蜘蛛等害虫喜欢栖息在幼嫩叶片的背面，因此喷药时必须喷均匀，喷头向上，重点喷叶片背面。但是，药剂的喷施量并非越多越好，喷施过量，则药液极易掉落地面，浪费农药而且引起污染，不能起到有效的杀虫作用。因此，要按照药剂推荐的施用量进行施药。另外，施药一般应该在无风的晴天进行。刮大风、下雨、高温、高湿等天气条件下不宜施用农药，否则会降低药效、增加环境污染和产生药害的机会。

4）轮换用药和安全用药　农药选择时，需要注意不可单一长期使用一种药剂，否则很快就会发现，长期连续施用一种效果较好的农药后出现防治效果下降的问题，那就是害虫产生了抗药性，这样，与其同类的化学药剂的防治效果也会下降，也就是具有交互抗药性。例如，对阿维菌素产生抗药性的小菜蛾，采用甲维盐防治时，也会发现防治效果下降的现象。菜农要选择不同类型药剂，轮换和交替使用不同的两种以上的农药是延缓抗性产生的最佳方法之一。如有机磷类、拟除虫菊酯类、新烟碱类、昆虫生长调节剂类及生物制剂类等，合理轮换使用防治害虫，可以延长农药的使用寿命，提高防效。而对于田间混合发生的害虫，可选择对不同害虫具有兼治作用或者机制互补的药剂合理混用，而不可随便把几种容易购买到的、经常使用的农药随便"桶混"在一起，喷洒到蔬菜田内去防治多种害虫。混用时需要了解将混合农药的理化性质，以免在混合后发生不良反应，发生拮抗作用而降低药效或者增加农药的毒性。

不同蔬菜种类和生育阶段的耐药性常有差异，应严格掌握用药量，不要随意增加浓度，防治蔬菜出现药害。严格执行《农药安全使用规定》，在蔬菜上绝对禁止使用甲胺磷等高毒、高残留农药；遵守施药安全间隔期（最后一次施药距离蔬菜采收的安全天数）的规定，防止蔬菜产品中农药残留超标。

(3) 蔬菜主要害虫及其化学防治技术　菜农使用化学农药防治蔬菜害虫，是目前控制害虫的最常用方法，也是给蔬菜带来污染最为严重的一种方法。因此，如何使用农药，如何控制蔬菜中化学农药的残留，是蔬菜标准园创建中的一项艰巨而重要的任务之一。下面列出了蔬菜主要害虫的种类及可以控制害虫危害的高效低毒化学农药的种类和施用方法。

1）十字花科蔬菜害虫的化学防治

①小菜蛾。小菜蛾俗称方块蛾、小青虫、两头尖，在我国南北方的甘蓝、花椰菜、大白菜等十字花科叶菜类作物上危害非常严重，而且极易产生较强的抗药性。由于南方天气炎热，小菜蛾年发生代数可多达 20 代，频繁施药造成小菜蛾对很多种化学药剂均产生了不同程度的抗药性，尤其是对常见的有机磷类、氨基甲酸酯类和拟除虫菊酯类农药均产生了较高抗性，推荐剂量早已不能有效控制小菜蛾的危害。对此，南北方及不同地区需要在小菜蛾抗药性监测的基础上，科学合理地选择有效防治的高效低毒化学药剂。

小菜蛾老龄幼虫抗药性很强，因此，应用化学药剂防治应掌握在卵孵化盛期至幼虫 2 龄期。北方地区 5 月中旬至 6 月中旬是防治的重点时期；南方地区每年在 4～5 月份和 9～11 月份有两个发生高峰，防治时虫口掌握在百株虫量为 10～20 头。药剂可采用阿维菌素 1 000～2 000 倍液、0.5%甲维盐乳油稀释 3 000 倍液、2.5%多杀菌素悬浮剂 1 000 倍液、15%茚虫威悬浮剂 3 500倍液、20%氟虫双酰胺水分散粒剂 2 000～3 000 倍液、5%溴虫腈 1 000～1 500 倍液、Bt 制剂 100～500 倍、5%定虫隆乳油 1 000～1 500 倍、50%丁醚脲可湿性粉剂 1 000～2 000 倍液、10%虫螨腈悬浮剂 1 000 倍液喷雾。5%氯虫苯甲酰胺悬浮剂是 2008 年在我国获得临时登记，可稀释 1 000～2 500 倍液进行小菜蛾防治，目前在南方地区已成为防治抗性小菜蛾的首选药剂。阿维菌素由于其广谱杀虫性，近年来使用范围较广，北方多数地区小菜蛾对阿维菌素已产生了不同程度的抗药性。因此，用药时，一个地区、一类制剂每年仅施用 1～3 次，特别需要注意轮换用药，延缓抗药性的产生和发展。

在南方地区，小菜蛾对阿维菌素和高效氯氰菊酯等药剂的抗性极高，对其他常用药剂也具有不同程度的抗药性。因此，药剂选择上需要注意轮换交替使用茚虫威、虫酰肼、杀螟丹和定虫隆等化学杀虫剂进行防治，而在害虫危害发生严重时，可选用 Bt、丁醚脲、多杀菌素和氯虫苯甲酰胺等药剂。各地小菜蛾的抗药性发展并不平衡，这与各地的用药历史、用药种类、频率和强度等因素密切相关。因此，对某种（类）药剂抗药性严重的地区，应暂时停止使用该种（类）药剂，改用其他作用机制不同的药剂，或将苏云金杆菌与其他化学农药混用或轮用。由于小菜蛾极易产生抗药性，因此应特别注意轮换交替用药，或用复配农药。

②菜青虫。菜青虫是甘蓝、花椰菜上危害最为严重的害虫种类之一，严重时造成品质下降、产量减少。防治菜青虫的关键是需要抓住发生的初期、虫口密度不是很大的时候。因此，应密切注意田间菜青虫的种群发生动态。在甘蓝幼苗初期（2叶）百株虫量5头以上，团棵期（6～8叶）百株虫量15头以上，莲座期（10～24叶）百株虫量50头以上，成熟期（24头以上）百株虫量200头以上，即应该打药。菜青虫共有5龄，3龄以后幼虫取食量大，且耐药性增强，因此，防治时应抓住1～3龄幼虫占多数时打药。根据菜青虫的生活习惯，菜青虫每天有两次取食高峰，上午约在9点，下午约在4点前后，此时幼虫在叶面活动比较活跃，打药极易直接触杀。

由于菜青虫年发生代数不是很多，因此对大多数药剂基本没有产生抗药性，一般蔬菜田允许使用的杀虫剂对菜青虫均有效。生产中可选择以下药剂进行防治：1.8%阿维菌素乳油3 000倍液、50%辛硫磷乳油1 000倍液、4.5%的高效氯氰菊酯微乳剂2 000～3 000倍液、10%氯氰菊酯乳油1 000倍液、2.5%溴氰菊酯乳油3 000倍液、多杀菌素悬浮剂1 000～1 500倍液、24.7%高效氟氯氰菊酯＋噻虫嗪混剂（0.54～0.72克/亩）进行喷雾。为了防止或减缓其产生抗药性，应注意几种杀虫剂轮换交替使用。同时也可在防治十字花科蔬菜作物上其他鳞翅目害虫时兼治菜青虫。

③甜菜夜蛾。甜菜夜蛾是一种间歇性暴发的杂食性害虫。该害虫对包括有机磷类、拟除虫菊酯类、氨基甲酸酯类等多种常规性农药均产生了较高的抗药性，建议暂停采用这三类药剂用于该害虫的防治。目前可选用5％氯虫苯甲酰胺胶悬剂1 000～1 500倍液、1％甲氨基阿维菌素苯甲酸盐乳油2 000～3 000倍液、20％氟虫双酰胺水分散粒剂2 000～3 000倍液、2.5％多杀霉素胶悬剂500～1 000倍液、茚虫威胶悬剂2 000～4 000倍液、10％虫螨腈胶悬剂1 000～2 000倍液和昆虫生长调节剂类杀虫剂，如20％除虫脲胶悬剂750～1 000倍液、5％氟虫脲乳油800～1 200倍液、5％氟啶脲乳油800～1 200倍液、5％氟铃脲乳油800～1 200倍液、20％虫酰肼胶悬剂600～1 200倍液、24％甲氧虫酰肼胶悬剂1 500～3 000倍液、5％虱螨脲乳油1 500～2 000倍液等。施药时机选择在甜菜夜蛾低龄期，特别是卵孵化高峰期进行，一般在早上与傍晚作业，注意叶面和叶背均匀施药。为了减轻和延缓甜菜夜蛾抗药性的产生，每种农药在每季或者每茬作物上使用最好不超过2次，并注意不同作用机制的农药轮换用药。根据虫情决定施药次数，一般间隔7～10天。

④斜纹夜蛾。斜纹夜蛾是一种喜温性害虫，发育适宜温度为28～30℃。一般常发地区，大多是温暖潮湿地带，并都是在7～10月作物受害最重。在我国长江以南地区发生危害严重。斜纹夜蛾初孵幼虫群集在卵块附近取食，3龄前仅吃叶肉，残留上表皮及叶脉，被害叶片呈现灰白色纱窗状的斑块；后转黄色，易于识别。初孵幼虫日夜均可取食，但遇惊扰就会四处爬散，或吐丝下垂或假死落地。3龄后开始分散。4龄后进入暴食期，白天躲在阴暗处或土缝中，多在傍晚后出来危害。但在阴雨天气，白天也会爬上植株取食。幼虫老熟后，入土在1～3厘米处作一个椭

圆形的土室化蛹。化学防治应选择在斜纹夜蛾的低龄幼虫盛期施药，特别是应在 3 龄幼虫前，幼虫还未分散之前施药防治效果最好。在防治时间上，傍晚 6 时以后施药效果更好，此时用药能使药剂直接喷到虫体和食物上，触杀、胃毒并进，增强毒杀效果。药剂可选用 10% 溴虫腈悬浮剂 1 500 倍液、4.5% 的高效氯氰菊酯微乳剂 2 000 倍液、10% 氯氰菊酯乳油 1 000 倍液、多杀菌素悬浮剂 1 000～1 500 倍液、24.7% 高效氟氯氰菊酯＋噻虫嗪混剂 2 000 倍液、20% 除虫脲胶悬剂 750～1 000 倍液、5% 氟虫脲乳油 800～1 200 倍液、5% 氟啶脲乳油 800～1 200 倍液、5% 氟铃脲乳油 800～1 200 倍液、20% 虫酰肼胶悬剂 600～1 200 倍液、24% 甲氧虫酰肼胶悬剂 1 500～3 000 倍液、5% 虱螨脲乳油 1 500～2 000 倍液等。施药时注意叶正反面均匀喷雾。重发年份，田间虫卵量高，世代重叠，药剂防治需 5～7 天 1 次，连续用药。需要注意不同种类药剂应轮换使用，以免抗性发展。

⑤黄条跳甲。黄条跳甲属鞘翅目害虫，近年来在我国南方地区常年暴发危害，随气候变暖，该害虫发生危害区域明显北移。该害虫防治成虫的参考指标为菜苗被害率达 10%～20%，平均每百株有成虫 1～2 头；定植后植株的被害率达 20%，平均单株有成虫 0.5 头。黄条跳甲的防治应以防治土壤中幼虫为重点，与地上部防治成虫相结合。

土壤和种子处理：在播种或定植时每 667 米^2 用 3% 辛硫磷颗粒剂 4～5 千克，或 5% 辛硫磷颗粒剂 2～3 千克顺沟均匀撒施或穴施；也可用 50% 辛硫磷乳油 300～350 克，对水 5 倍稀释后喷在细干土（5～10 千克）上施用。

生长期防治：可选用 90% 晶体敌百虫 800 倍液，或 48% 毒死蜱乳油 1 000 倍液，或 10% 氯氰菊酯乳油 1 000 倍液，或 90% 杀螟丹可湿性粉剂 1 000～2 000 倍液。

毒杀成虫：用上述有机磷或菊酯类药剂，或 52% 毒死蜱·氯氰菊酯乳油 800～1 000 倍液，或 5% 氟虫脲乳油 1 000～2 000

倍液、2.5％的多杀菌素 2 000 倍液等，当成虫开始活动而尚未产卵时喷施为适期。注意要先在田块四周喷药，形成药剂包围圈，防止成虫逃窜。

⑥菜螟。菜螟俗称钻心虫、吃心虫等，是十字花科蔬菜苗期的重要害虫，该虫在华北地区年发生 3 代，华南地区年发生 9 代，多以幼虫吐丝缀土粒或枯叶做丝囊越冬，少数以蛹越冬。在广州地区，该虫全年皆可发生危害，无明显越冬现象，但常年以处暑（8 月下旬）至秋分（9 月下旬）期间发生数量最多，此时以花椰菜（花蕾形成前）受害较重，白菜类作物于 4～11 月均受害较重。凡秋季天气高温干燥，则有利于菜螟的发生，此时如菜苗处于 2～4 叶期，则受害更重。该虫成虫昼伏夜出，稍具趋光性，产卵于叶茎上散产，尤以心叶处着卵量最多。初孵幼虫潜叶危害，3 龄吐丝缀合心叶，藏身其中取食危害，4～5 龄可由心叶、叶柄蛀入茎髓危害。幼虫有吐丝下垂及转叶危害的习性。老熟幼虫多在菜根附近土面或土内作茧化蛹。菜螟的化学防治应掌握在其成虫盛发期和幼虫孵化期及时施药，或根据菜苗初见心叶被害时安排施药。药剂可选 20％氰戊菊酯乳油 2 000 倍液，或 2.5％高效氟氯氰菊酯（功夫）乳油 3 000 倍液，或 2.5％联苯菊酯（天王星）乳油 3 000 倍液，5％氟啶脲（抑太保）乳油 2 000 倍液等。注意交替喷施，确保药液喷洒到菜苗心叶上，视苗情、虫情、天气等情况连喷 2～3 次，每隔 7～15 天喷 1 次。

⑦蚜虫。在十字花科蔬菜苗期，蚜虫也是发生为害普遍和严重的害虫。蚜虫群集为害，刺吸汁液，同时，蚜虫又是十字花科蔬菜病毒的传播媒介，其传播病毒所造成的危害，有时比其刺吸造成的危害更大。化学防治于蚜虫始盛发期喷雾，可选择 25％噻虫嗪（阿克泰）水分散颗粒剂 4 000 倍，或 3％啶虫脒乳油 2 000 倍液，或 10％吡虫啉乳油 2 000 倍液，或 50％抗蚜威可湿性粉剂 2 000～3 000 倍液，或 10％氯氰菊酯 2 000 倍液等。注意交替喷施，视虫情、苗情、天气等隔 7～10 天喷 1 次，采收前

10～15 天应停止用药。

⑧地下害虫。十字花科蔬菜在苗期时经常遭受地下害虫的危害,主要的地下害虫有蛴螬、蝼蛄、金针虫和地老虎等,它们在地下活动而不易被发现,因此易造成危害。化学防治上,在蔬菜播种前(移栽前)进行土壤处理。可选用以下药剂进行土壤喷洒:5%敌百虫粉剂或 5%甲萘威粉剂,每亩用 2 千克,随耕作或者随水渗入土中。或用 80%敌敌畏乳油 100 克,配制成炉渣颗粒剂 15～20 千克,撒于地表,并立即深耕耙平。出苗后遭受虫害时,可选择以下药液灌根:50%辛硫磷乳油 1 000 倍液,或25%喹硫磷乳油 1 000 倍液,或 90%晶体敌百虫 1 000 倍液,或48%毒死蜱乳油 1 000 倍液等,持效期可达 7～10 天。

⑨蛞蝓和蜗牛。随着棚室蔬菜栽培的迅速发展,蛞蝓和蜗牛已成为重要的有害生物,在南方及温暖潮湿地区发生较重,二者常混合发生。防治方法:a. 蔬菜出苗或移栽后,一般在蜗牛和野蛞蝓发生初期,每亩用 6%四聚乙醛(密达)颗粒剂 400～550克,或 6%四聚乙醛(斗蜗螺)颗粒剂 500～750 克,或 5%四聚乙醛颗粒剂 480～660 克,或 6%甲萘·四聚乙醛颗粒剂 560～750 克,或 3%灭棱威(灭旱螺)颗粒剂 750～1 000 克,拌细干土 15～20 千克,于傍晚均匀撒在行间垄上,特别是植株周围。也可采用条施或点施于根际土表,药点(条)间距 40～50 厘米为宜。施用颗粒剂的适宜温度为 15～30℃,于棚室浇水后土地潮湿条件下进行,施药后不要在田间行走,避免把颗粒剂踩入土中,也不宜与其他农药或化肥混用。b. 清晨蜗牛和野蛞蝓未潜入土时,可用 30%硫酸铜可湿性粉剂 800 倍液或氨水 100 倍液喷洒进行防治。

⑩十字花科蔬菜作物其他害虫。十字花科蔬菜作物上发生的其他害虫,如甘蓝夜蛾、银纹夜蛾等。甘蓝夜蛾主要发生区域在我国长江以北,在春、秋季有两个高峰期。银纹夜蛾分布于全国,在长江中下游地区,1 年发生 5～6 代,10 月份危害较重,

每年春、秋两季常与小菜蛾、菜青虫混合发生，但数量较低。化学防治上应抓住幼龄期，以及虫体集中、食量小、抗药性差的有利时机进行。可喷洒5％氟虫脲乳油2 000倍油、10％虫螨腈悬浮剂2 000倍液、15％茚虫威悬浮剂3 500～4 500倍液，或40％氰戊菊酯乳油2 000～2 500倍液，或2.5％氯氟氰菊酯乳油2 000倍液，或10％高效氯氰菊酯乳油1 500倍液，或24％甲氧虫酰肼悬浮剂2 500～3 000倍液，或2.5％高效氯氟氰菊酯乳油2 000倍液等。采收前7～10天停止用药。

2）茄果类蔬菜害虫的化学防治

①粉虱类害虫。主要发生危害的粉虱类害虫是温室白粉虱和烟粉虱，而烟粉虱还有至少24个生物型。由于烟粉虱可传播多种蔬菜病毒病，尤其是近年来由烟粉虱传播的番茄黄化曲叶病毒病，对番茄生产造成严重的损失。对于粉虱害虫的化学防治，必须抓住种群发生初期，在粉虱发生密度较低时（平均成虫密度2～5头/株）及时进行化学防治。可选择1.8％阿维菌素乳油2 000～2 500倍液、10％烯啶虫胺水剂1 000～2 000倍液、50％噻虫胺水分散粒剂6 500～10 000倍液、25％噻嗪酮可湿性粉剂1 000～15 00倍液、2.5％联苯菊酯乳油1 500～2 500倍液、25％噻虫嗪水分散粒剂5 000～6 000倍液、24.7％高效氯氟氰菊酯＋噻虫嗪（阿力卡）悬浮剂2 000～3 000倍液等。一般10天左右喷1次，连喷2～3次。将药液均匀地喷洒在叶片背面，注意轮换用药。应该注意，不同地区烟粉虱的生物型存在差异，对不同杀虫剂的抗药性也有不同，比如目前北京地区的烟粉虱生物型为Q型，其对吡虫啉、啶虫脒等烟碱类杀虫剂抗药性较强，暂不宜采用。

②斑潜蝇。蔬菜斑潜蝇发生危害比较普遍，严重影响了蔬菜的产量和品质。防治蔬菜斑潜蝇，常用药剂有10％灭蝇胺悬浮剂800倍液或40％灭蝇胺可湿性粉剂3 000倍液，持效期10～15天；或20％阿维·杀单微乳剂1 000倍液、10％溴虫腈悬浮

剂 1 000 倍液、1.8%阿维菌素乳油 2 500~3 000 倍液、5%氟虫脲乳油 3 000 倍液、5%氟虫腈 1 500 倍液、4.5%高效氯氰菊酯乳油 1 000~1 500 倍液、2.5%高效氯氟氰菊酯乳油 2 500 倍液、18%杀虫双水剂 300 倍液及 0.5%楝素乳油 800 倍液等。防治成虫一般在早晨晨露未干前施药为好，防治幼虫以 1~2 龄期施药最佳（虫道很小时），通常于苗期 2~4 片叶或查出一片叶上有 3~5 头幼虫时，进行喷药防治，隔 6~7 天防治 1 次。用药剂防治斑潜蝇提倡轮换交替用药，以防止抗药性的产生。棚室蔬菜还可用 30%敌敌畏烟剂每亩 250 克熏烟。熏烟法和喷雾法结合应用效果好。

③棉铃虫和烟青虫。蔬菜上的棉铃虫和烟青虫常发生于番茄和辣椒作物上。此类害虫常钻蛀到番茄或辣椒果实内进行危害，因此化学防治时必须抓住卵期和尚未钻蛀到果实内的低龄幼虫期，此时使用杀虫、杀卵药剂可大大提高防治效果。幼虫防治掌握卵孵化盛期，百株卵量为 15 粒，或百株幼虫数达 5 头以上，应立即进行防治。可选用 5%氟啶脲乳油 1 000 倍液，或 48%多杀霉素悬浮剂 15 000 倍液，或 1.8%阿维菌素乳油 2 000 倍液、4.5%高效氯氰菊酯乳油 1 000 倍液、2.5%氯氟氰菊酯乳油 2 000 倍液、10%氯氰菊酯乳油 1 500 倍液、2.5%高效氯氟氰菊酯乳油 2 500 倍液、20%甲氰菊酯乳油 2 500 倍液等，一般 7 天后需再防治 1 次。打药以上午为宜，重点喷施植株顶部，注意轮换用药。

④茄黄斑螟。茄黄斑螟俗称茄螟，主要危害茄果类蔬菜，分布于华中、华南和西南等地。幼虫孵化盛期喷洒 15%茚虫威悬浮剂 4 000 倍液、2.5%多杀菌素悬浮剂 1 000 倍液、20%氰戊菊酯 2 000 倍液，灭杀毙（21%增效氰·马乳油）3 000 倍液，10%菊·马乳油 1 500 倍液，25%增效喹硫磷乳油 1 000 倍液等。采收前 3 天停止用药。

⑤马铃薯甲虫。马铃薯甲虫属鞘翅目、叶甲科，是世界有名

的毁灭性检疫害虫。寄主主要是茄科植物,大部分是茄属,其中栽培的马铃薯是最适寄主,此外还可为害番茄、茄子、辣椒、烟草等。原产地是美国,1993年传入我国新疆地区。控制该虫蔓延的主要措施是加强检疫。化学防治方法应选择在该虫发生初期进行,可喷洒48%噻虫啉悬浮剂2 000～7 000倍液、70%吡虫啉水分散粒剂10 000倍液、25%噻虫嗪水分散颗粒剂4 000倍液或者采用75%噻虫嗪干种衣剂0.07～0.1克加适量水稀释后拌种施用。因该虫对杀虫剂容易产生抗性,应注意轮换和交替使用。

⑥茄果类其他害虫。茄果类蔬菜上还可发生其他害虫,如茶黄螨、红蜘蛛、蓟马、二十八星瓢虫等。茶黄螨、红蜘蛛和蓟马均可参见本节中瓜类蔬菜害虫的化学防治部分。二十八星瓢虫以成虫和幼虫取食蔬菜作物的叶片而造成危害,该类害虫对药剂比较敏感,常规浓度的杀虫剂即可达到较高的防治效果。如90%敌百虫可溶性粉剂1 000倍液、2.5%溴氰菊酯乳油2 000倍液或20%氰戊菊酯乳油2 000倍液进行喷施,均可有效防治瓢虫的危害。

3)瓜类蔬菜害虫的化学防治

①粉虱类害虫。参见本节茄果类蔬菜害虫中粉虱类害虫的化学防治方法。

②瓜蚜。瓜蚜又叫棉蚜,是瓜类蔬菜作物苗期至结瓜初期的严重害虫,该虫的防治可选用3%啶虫脒乳油1 500～2 000倍液、2.5%鱼藤精乳油800倍液、70%吡虫啉水分散粒剂15 000倍液、2.5%溴氰菊酯乳油2 000倍液、25%噻虫嗪水分散剂5 000倍液、50%抗蚜威可湿性粉剂1 500倍液、10%吡虫啉可湿性粉剂1 000～2 000倍液、10%高效氯氰菊酯乳油1 500倍液、98%杀螟丹可溶性粉剂2 000倍液喷雾,隔10～15天喷1次。在棚室瓜蚜发生较普遍时可用熏蒸法,药剂可选用30%敌敌畏烟剂,每亩用300克,或10%异丙威烟剂,每亩用300～400克,或2%高效氯氰菊酯烟剂,每亩200～300克,于傍晚收

工前将棚室密闭，然后将烟剂分成等量的5～6份，由里向门的方向依次点燃熏烟。

③茶黄螨和红蜘蛛。茶黄螨和红蜘蛛由于体型微小，因此在初期发生时不易被察觉。其防治中需要加强虫情调查，当点片发生时即进行挑治，有螨株率在5%以上时，应立即进行普遍除治。化学防治所用药剂可选用1.8%阿维菌素（爱福丁）乳油2 500～3 000倍液、1%甲维盐乳油3 000～5 000倍、10%浏阳霉素（华光霉素）乳油1 000倍液、10%虫螨腈2 000倍液、24%螺螨酯悬浮剂4 000倍液、0.3%印楝素乳油800～100倍液、5%噻螨酮乳油2 000倍液、2.5%联苯菊酯乳油2 000倍液、20%甲氰菊酯2 000倍液、5%氟虫脲乳油2 000倍液、73%炔螨特乳油2 000倍液、20%速螨酮可湿性粉剂3 000倍液、20%双甲脒乳油1 500倍液等，防治效果好。

茶黄螨具有强烈的趋嫩习性，因此在作物的顶芽和幼嫩生长点等部位分布密度高，危害最严重，打药时应根据这些习性着重打在作物的这些幼嫩部位，可起到较好的防治效果。

④蓟马。危害瓜类蔬菜作物的蓟马种类繁多，不同地区、同一地区不同季节，其危害优势种并不完全一致。蓟马锉吸蔬菜心叶和嫩芽，毁坏生长点，造成幼瓜畸形，严重时造成落果减产等后果。当植株每株有成虫3～5头时，进行药剂防治，常用下列药剂喷雾：2.5%多杀菌素悬浮剂1 000倍液、10%吡虫啉可湿性粉剂1 000～2 000倍液、40%乐果乳剂1 000倍液，或10%高效氯氰菊酯乳油、10%氯氰菊酯乳油、5 000倍液，或18%杀虫双水剂250～500倍液，或90%杀虫单或90%杀螟丹可湿性粉剂1 500倍液等。

⑤黄守瓜。黄守瓜主要为害葫芦科的黄瓜、西瓜、甜瓜、南瓜、丝瓜等。瓜类幼苗期是防治的关键时期。瓜苗移栽前后到6片真叶前，可采用喷雾法消灭成虫和灌根法杀灭幼虫。防治成虫：可选用4.5%高效氯氰菊酯微乳剂2 500倍液、5.7%氯氟氰

菊酯微乳剂 2 000 倍液、3％啶虫脒（莫比朗）乳油 1 000 倍液、20％氰戊菊酯乳油 3 000 倍液、50％敌敌畏乳油 1 000 倍液、2.5％鱼藤精 500 倍液进行喷雾防治。防治成虫产卵和幼虫：可选用 70％高巧干种衣剂拌种，或选用 20％吡虫啉浓可溶剂 1 500 倍液、90％晶体敌百虫 2 000 倍液、50％辛硫磷 1 500 倍液灌根。幼虫危害严重时，可用 80％敌百虫可湿性粉剂或 50％辛硫磷乳油 1 000 倍液灌根防治地下幼虫，每株药量 100～200 毫升。

⑥瓜实蝇。瓜实蝇俗称瓜蛆，是瓜类蔬菜（苦瓜、节瓜、冬瓜、南瓜、丝瓜、笋瓜等）的重要恶性害虫。由于该虫的成虫飞行能力强，幼虫藏于瓜果内，对该虫的防治比较困难。化学防治可在成虫盛发期，于中午或者傍晚喷施 48％毒死蜱（乐斯本）乳油 1 000 倍液、21％增效马·氰（灭杀毙）乳油 6 000 倍液、2.5％氯氰菊酯乳油 2 000～3 000 倍液、50％敌敌畏乳油 1 000 倍液等，每 5～7 天喷 1 次，连喷 2～3 次。

⑦瓜类蔬菜其他害虫。瓜类蔬菜其他发生危害的害虫有瓜绢螟、美洲斑潜蝇等。瓜绢螟用药必须抓住 3 龄幼虫在叶背啃食叶肉的时期喷药，可选用 10％氯氰菊酯乳油 1 000 倍液，2.5％的氯氟氰菊酯乳油 2 000～4 000 倍液进行防治。美洲斑潜蝇的防治可参见本节茄果类蔬菜害虫中斑潜蝇的化学防治部分。

4）豆科蔬菜害虫的化学防治

①粉虱。参见本节茄果类蔬菜害虫中粉虱类害虫的化学防治部分。

②豌豆潜叶蝇（豌豆彩潜蝇）。豌豆潜叶蝇的危害特点是幼虫潜叶为害，蛀食叶肉留下上下表皮，形成曲折隧道，影响蔬菜生长。在其成虫产卵盛期，可喷洒 90％晶体敌百虫 1 000 倍液，或 10％灭蝇胺悬浮剂 1 000 倍液，或 20％氰戊菊酯乳油 2 000 倍液，隔 10 天左右 1 次，连续防治 2 次。使用氰戊菊酯的，采收前 10 天停止用药。

③蚜虫。蚜虫是豆科蔬菜上的主要害虫，其主要种类包括豆

芽和首蓿蚜等，均以无翅蚜成虫和若虫群集危害叶、嫩茎和嫩梢，在种群发生初期应抓紧时机进行防治。选用药剂和防治方法参见本节中瓜类蔬菜害虫瓜蚜的化学防治部分。

④茶黄螨和红蜘蛛。参见本节茄果类蔬菜害虫中茶黄螨和红蜘蛛的化学防治方法。

⑤芫菁。豆芫菁属于鞘翅目芫菁科。以成虫群聚，大量取食叶片及花瓣，影响结实。在成虫发生盛期，可喷撒 2.5%敌百虫粉剂，每亩撒施 2～3 千克，或 20%氰戊菊酯乳油 2 000 倍液，均可杀死成虫。使用氰戊菊酯时，采收前 10 天停止用药。在果实近成熟期，采用 90%敌百虫 800 倍液加 80%敌敌畏 1 000 倍液，或 48%毒死蜱（乐斯本）乳油 1 500 倍液、10%氯氰菊酯乳油 1 000 倍液等进行防治。

⑥豆野螟和豆荚螟。在豆科蔬菜作物上取食危害豆荚的螟虫主要有两种：危害豇豆、菜豆、扁豆为主的豆野螟，以及主要危害大豆，同时危害菜豆和扁豆的豆荚螟。它们以幼虫在豆荚内取食危害，从外面施药不易直接触及虫体，因此防治困难。在化学防治上，应抓住发蛾盛期、产卵盛期、幼虫孵化后和尚未蛀入豆荚之前进行喷药。"治花不治荚"是行之有效的防治原则，当豇豆花被害率达 15%，或荚被害率达 5%或百花有虫 10 头时，应及时施药防治。药剂可选用 90%敌百虫可溶性粉剂 1 000 倍液，或 Bt 制剂（100 亿芽孢/克菌粉）800 倍液，或 10%溴虫腈（除尽）悬浮剂 2 000 倍液，或 25%杀虫双水剂 500 倍液，或 15%茚虫威（安打）悬浮剂 3 000 倍液，或 48%毒死蜱（乐斯本）乳油 1 000 倍液，或 20%氰戊菊酯乳油 3 000 倍液，或 10%氯氰菊酯乳油 3 000 倍液，或 2.5%溴氰菊酯乳油 3 000 倍液等。药剂重点喷在蕾、花及嫩荚上，喷药时间掌握在上午 8～10 时（花未闭合以前），可同时杀死蛀入花内的幼虫。每 7～10 天喷药 1 次，连喷 2～3 次。

5）葱、蒜、韭菜类蔬菜害虫的化学防治

①韭蛆。韭蛆主要指韭菜迟眼蕈蚊的幼虫，是棚室和露地韭菜最主要害虫。幼虫钻蛀韭菜地下部分，造成植株叶片瘦弱、枯黄、萎蔫断叶，严重时韭菜成片死亡，臭气冲天。过去经常有菜农使用高度或剧毒农药进行灌根，对环境安全和食用者构成了极大的威胁，绝对禁止。在成虫盛发期可选用40％辛硫磷乳油或80％敌敌畏乳油1 000倍液，或20％氰戊菊酯乳油3 000倍液，于上午9～11时喷雾。幼虫开始危害盛期，可选用40％辛硫磷乳油800～1 000倍液，或48％毒死蜱乳油1 000倍液，或80％敌百虫可溶性粉剂1 000倍液灌根，防治幼虫。灌根前先扒开韭菜根部表土，去掉喷雾器喷头的旋水片后对准韭根喷浇，随即覆土。也可每亩用5％辛硫磷颗粒剂2千克，或3％毒死蜱颗粒剂3～4千克，掺适量细土均匀撒于根部附近再覆土。韭蛆发生较重时，可用1.1％苦参碱粉剂2千克，对水500千克，顺垄浇根，使药液渗到韭菜鳞茎部（深5厘米），防效好且持效时间长。

②葱蛆和蒜蛆。葱蛆和蒜蛆是葱地种蝇的幼虫，在土壤中蛀入葱、蒜鳞茎，引起腐烂。化学防治可用90％敌百虫可溶性粉剂或50％辛硫磷乳油1 000倍液灌根来防治幼虫；其成虫发生期可喷施2.5％溴氰菊酯2 000倍液，或20％菊马乳油3 000倍液，每隔7天1次，施用2～3次。大蒜上发生韭蛆危害时，可采用上述防治韭蛆所用的药剂。

③葱、蒜、韭菜类蔬菜的其他害虫。葱田还可发生其他的害虫，如葱蓟马、葱斑潜叶蝇、甜菜夜蛾等，可参见本节中瓜类蔬菜害虫蓟马、茄果类蔬菜害虫斑潜蝇和十字花科蔬菜害虫甜菜夜蛾的防治部分。

（六）蔬菜施肥与土壤管理技术

1. 蔬菜养分需求与根系发育特点

（1）蔬菜干物质累积特点　许多蔬菜品种的生物产量高，生

长速度快，在其生长发育过程中对水分和养分供给的要求也相对较高。绝大多数蔬菜的干物质积累呈现"S"型曲线（图22），即在其生长的前期生物量累积速率很慢，进入生育中期以后生长速度明显加快，而到末期接近成熟采收时生长速度又下降。各种蔬菜在整个生育期都存在一个迅速生长阶段，此时的水肥供应对蔬菜的正常生长起到十分关键的作用。

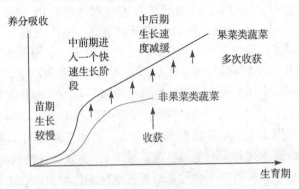

图22　果类（多次收获）和非果类（一次收获）
蔬菜对肥水的需求特点

不同种植季节、不同种植模式、不同茬口类型，植株干物质累积规律和养分吸收数量有较大差异。因此，对蔬菜进行合理的灌溉施肥，必须首先考虑蔬菜作物的栽培模式、栽培季节、目标产量以及在该目标产量水平下的干物质累积及养分吸收规律，以确定不同生育时期养分分配施用的比例。

(2) 蔬菜养分需求特点　蔬菜对养分的需求与大田作物明显不同，主要有以下特点：

1）需肥量大　蔬菜作物产量高，茎叶及食用器官中氮、磷、钾等营养元素含量均比大田作物高，与大田作物相比，其需肥量要大很多。同时，由于蔬菜的生育期较短，一年中复种茬数多，许多蔬菜如大白菜、萝卜、黄瓜、番茄等产量常高达75吨/公顷以上，因此，一般蔬菜氮（N）、磷（P）、钾（K）、钙（Ca）、镁（Mg）的平均带走量比小麦要高得多。

2）吸收强度大　蔬菜作物根部的伸长带（根毛发生带）在整个植株中的比例一般高于大田作物，该部位是根系中最活跃的部分，其吸收能力和氧化力强。再者，根系盐基代换量高，作物根系盐基代换量是根系活力的主要指标之一，蔬菜作物根系盐基代换量较大田作物高。

3）多为喜硝态氮作物　多数蔬菜在完全硝态氮条件下，产量最高，而对铵态氮敏感，铵态氮占全氮量超过一定比例后，生长受阻，产量下降，但在旱地土壤中，只要每次氮肥用量不高，铵态氮的抑制效应很难出现。

4）需硼量高　蔬菜作物多属双子叶植物，所以其需硼量也就较多，如根菜类蔬菜比麦类高 8～20 倍，比玉米高 5～10 倍。

5）需钙量高　蔬菜作物需要吸收钙的数量较多，主要原因是许多蔬菜本身是豆科作物，需钙量大；另一个原因可能是钙能中和作物代谢过程中所形成的有机酸。因此，蔬菜作物较大田作物就需要更多的钙。

不同蔬菜种类的养分需求特点有所不同：

①白菜类蔬菜。吸收钾最多，氮次之，磷最少，大白菜吸收三要素的大致比例为 1∶0.3∶1.25。结球叶菜生长初期吸收钙较多，若缺钙将会严重影响其产量与品质。

②甘蓝类蔬菜。结球甘蓝开始结球前由于生长量有限，吸收氮、磷、钾的数量较少，而进入结球期后，由于生长量大增，养分吸收量急速增加。同时这类作物为典型的喜钙作物，另外花椰菜对缺硼反应很敏感。

③绿叶类蔬菜。大多数绿叶菜类的根系较浅，生长迅速，而且种植密度很大，因此对肥水条件要求很高。当氮肥时，叶片柔嫩多汁而少纤维；氮素不足时，则植株矮小而纤维多，叶面积小，色黄而粗糙，易未熟抽薹，失去食用价值。

④茄果类蔬菜。在营养生长阶段需肥量较少，但对氮、磷比

较敏感，缺氮、缺磷会影响花芽分化和果实品质。在果实膨大期需充足的氮和钾，以利合成大量的碳水化合物。茄果类蔬菜需肥规律是，既要连续供肥，又要满足不同生育阶段对养分的吸收，通过及时而又足量的平衡施肥达到优质高产高效的目的。

⑤瓜类蔬菜。适宜富含有机质的肥沃壤土，这种土壤能平衡瓜果类蔬菜根系喜湿而不耐涝、喜肥而不耐肥等矛盾。露地和棚室生产瓜果蔬菜，以施用优质腐熟有机肥作基肥为主，分期追施有机肥与无机肥为辅的措施，效果较好。幼苗期吸收氮素较多，结瓜盛期，吸氮、磷、钾达到高峰期。

⑥根菜类蔬菜。产量高，需肥量大，适合于土层深厚、肥沃、疏松、排水良好的沙壤土中栽培。种子萌发后，幼苗期地上部分生长缓慢，吸收养分较少，需氮量最大，其次为磷；后期氮不能过量，否则会导致地上部徒长。该类蔬菜需硼较多，缺硼对根部膨大会产生不良影响，从而影响产量。

⑦豆类蔬菜。多以新鲜的种子或豆荚供食用，根部有根瘤菌共生，能固定空气中氮素，需氮量比根菜类、叶菜类蔬菜低，故施适量氮肥效果好。豆类蔬菜对钙、镁、硼、钼均有良好反应，尤其是适量施用钼可促进作物对氮、磷、钾的吸收、运转，并能缓解落叶，提高产量和品质。

⑧葱蒜类蔬菜。叶鞘基部能形成鳞茎，以茎、假茎（叶鞘）或叶供食，并且有一种特殊的气味，是人们生活中不可缺少的调味品和药材。葱蒜类蔬菜根系较浅，不耐寒，难于利用土壤深层的水分和养分，因而需要在富含有机质的壤土上种植，土壤应疏松透气，保肥、保水性能良好。大葱需氮、磷、钾的比例为1：0.19：1.22，大蒜是1：0.24：0.90。

⑨芥菜类蔬菜。叶用芥菜是以叶供食用的蔬菜，因此，施肥应以氮肥为主，适当配合钾肥，以提高其抗病能力，增加产量。根用芥菜是一种特产加工蔬菜，肉质根是栽培的主要产品，在施肥上应重视施用钾肥，促进肉质根的发育，提高产量。

⑩薯芋类蔬菜。主要以块茎、根茎、球茎、块茎等器官供人们食用。这类蔬菜对于有机肥和钾肥的反应良好，以生姜为例，全生长期中吸收钾最多，氮次之，磷居第三位，是一种喜钾的蔬菜，因此大量施用厩肥和钾肥，配施氮、磷肥是使薯芋类蔬菜获得高产的重要措施。

(3) 蔬菜根系发育特点 根系是植物吸收养分最主要的器官，但是与大田作物相比，蔬菜作物根系普遍分布较浅，根长密度低，养分吸收能力相对较弱，而在设施条件下，移栽蔬菜时的低温（冬春季）、高温（秋冬季）、土壤的紧实度、土传病害、高强度的养分供应有限、生长空间以及土壤的次生盐渍化等因素都限制了蔬菜根系的生长。一般来说，根系越浅和根长密度越低，作物的耐肥及耐旱性越差。与大田作物相比，蔬菜作物的根长密度要低得多，根长密度可能和养分消耗能力有关，如果某一土层的根长密度水平很低，该层根系吸收的氮素在作物吸收的氮素总量中占有的比例相对就低，相应的要提高土壤氮素供应的强度。

2. 有机肥料的选择与施用技术

(1) 氮、磷总量养分控制原则 有机肥施用为蔬菜作物生产提供了全面的养分和丰富的有机质。由于菜田土壤温、湿度较高、微生物分解能力较活跃，因此通过施用有机肥来补充土壤有机质是维持土壤肥力、保证高产优质蔬菜生产的关键。

发达国家很早就对粪肥施用数量作了严格的规定。欧盟规定通过粪肥施用带入到农田中的氮素每公顷不应超过170千克，即每亩11.3千克氮素；美国等国家对粪肥的投入数量没有具体限制，但是限制了农田土壤中有效磷的含量。这表明，如果在生产中把有机肥当作满足氮素养分供应来处理，往往容易造成菜田土壤磷素过量累积。目前国内蔬菜生产中盲目施用有机肥的问题非常突出，一方面由于很少考虑养分均衡供应，因过量施用有机肥而导致菜田土壤氮磷等养分累积并带来土壤质量和环境问题；另一方面，一些有机肥含有重金属或者病菌微生物，若不采取适当措施处理而直接施用，可能会影响蔬菜品质。

有机肥必须通过堆肥处理杀死大部分的杂草种子和病原菌，钝化重金属活性才能施用。同时，必须限制盲目施用粪肥的习惯，建议设施蔬菜生产以每季通过粪肥带入的总氮数量以每亩不超过 15 千克氮为宜，露地蔬菜每季通过粪肥带入的总氮数量每亩不超过 10 千克氮为宜。鼓励施用碳/氮比高的有机肥肥料，如秸秆还田等措施，以提高土壤有机质水平和微生物活性。

(2) 有机肥料中养分的有效性取决于 C/N 有机肥施入土壤后，只有非常小的一部分氮是以铵/氨形态或者无机形态存在，大部分氮以有机形态存在，有机氮对于作物根系的吸收来说是无效的，必须通过微生物降解，将其转化为铵态氮和硝态氮后才能吸收。随着有机肥料中 C/N 的增加，其矿化分解的比例逐渐下降，当季有效性的比例逐渐降低。以常用的鸡粪和猪粪为例，通常在施用第 1 年后 40%～50%的氮素会矿化释放出来，剩下的稍微难分解的有机氮素在来年的分解比例为总氮含量的 14%～20%，在施用后的第 3 年，7%～8%氮素仍可释放出来；而 70%～80%的磷和 80%～90%的钾在施用后第一年都是有效的。

(3) 选用不同种类的有机肥 有机肥的种类十分丰富，可根据不同的生产目的和菜田的特点选用不同种类的有机肥。例如新菜田可以适当以粪肥为主，主要是通过粪肥的施用迅速提高菜田土壤的理化性状，提高菜田土壤养分供应；而老菜田土壤养分累积水平较高，再加上连年种植蔬菜，可能导致土壤 C/N 比很低、微生物活性不高、土传病害严重等问题，补充施用秸秆类有机肥、生物有机肥等措施可以很好避免养分继续过量累积，促进土壤微生物多样性，提高土壤生物肥力，减少作物土传病害，提高作物产量。

新菜田的有机肥可以结合翻地撒施为主，老菜田的有机肥如秸秆类有机肥可结合整地进行条施、或撒施。在反季节生产中，采用垄下条施秸秆及半腐熟的堆肥，或者结合应用秸秆反应堆的技术，可以明显提高根区土壤温度，实现促根增产的效果。

3. 化肥的推荐施用技术

蔬菜种类多、根层浅，产量水平和养分需求差异大，因此各种蔬菜作物在不同生长时期的养分吸收强度及根层土壤养分供应的要求明显不同。实现优质高产和环境友好，必须通过肥料施用进行合理调控根区的养分供应水平，做到保证各个生育期的根层有效养分供应水平基础上的最低养分供应，以减少养分向环境中释放损失的比例。肥料的推荐和分配施用的目的都是为了维持这个根层的养分供应水平，而土壤和有机肥中的养分释放特点及作物的养分需求规律明显决定了化肥的分配施用。

（1）氮素推荐与氮肥施用 肥料的施用是为了满足作物的吸收和作物生长期间氮素可能的损失。目前一般采用平衡的方法进行氮肥推荐，即所有来源不同、对作物有效的氮素养分要满足蔬菜作物的目标养分需求——"氮素供应目标值"，这个数值一般可以通过氮素量级田间试验得到。由于根层土壤无机氮和有机肥中的有效氮素对作物都有效，所以来自化学氮肥的推荐数量是由下面的公式决定的：

氮（N）肥推荐数量（千克/亩）＝氮素供应目标值－播前（移栽前）根层土壤无机氮－灌溉水中的硝态氮－有机肥中的有效氮素

该公式表明从资源高效和环境保护的角度出发，首先需要考虑来自土壤及环境中（如灌溉水中的氮素）的氮素供应，其次再考虑有机肥氮素矿化供应，最后则考虑是否需要化学氮肥进行补充。如果无法得知上述组分的有效氮素，可以假定根层土壤无机氮水平为每亩 4 千克，如果按照有机肥原则施用鸡粪，那么有机肥带入每亩 15 千克氮中 40％对作物有效，则当季来自有机肥的有效氮每亩为 6 千克。这样公式可以简化为：

$$\text{氮（N）肥推荐数量（千克/亩）} = \text{氮素供应目标值} - \text{播前（移栽前）根层土壤无机氮 4 千克（氮）/亩} - \text{有机肥中的有效氮 6 千克（氮）/亩}$$

影响氮素供应目标值的因素有：①作物的氮素吸收量越高，相对应的目标值可能也越大；②同样氮素吸收水平情况下，作物的生育期越长，存在的氮素损失可能性越多，氮素供应目标值也就相应增加；③畦灌下氮素淋洗损失的风险高于滴灌施肥，其氮素供应目标值明显高于滴灌条件。

表 25 列出主要蔬菜作物的氮素供应目标值，在生产过程中可以进行参考和调整使用。

表 25　主要蔬菜产量水平与相应的推荐氮素供应目标值

作　物	露地/设施	目标产量（中高产）（吨/公顷）	氮素带走量（千克/公顷）	氮素供应目标值（千克/公顷）
大白菜	露地	90～120	216～288	300～375
结球甘蓝	露地	60～90	237～356	300～375
花椰菜	露地	22～37	273～455	375～450
菠菜	露地	37～60	105～168	240～300
芹菜	露地	75～105	165～231	300～375
莴苣	露地	15～30	31～63	225～270
胡萝卜	露地	45～60	152～201	240～300
萝卜	露地	60～90	156～234	300～375
番茄	露地	60～75	146～182	450～525
	设施	90～120	218～288	500～675
茄子	露地	45～60	165～219	450～525
	设施	75～105	275～384	600～675

（续）

作　物	露地/设施	目标产量（中高产）（吨/公顷）	氮素带走量（千克/公顷）	氮素供应目标值（千克/公顷）
甜椒	露地	45～60	201～267	450～525
	设施	60～75	267～334	600～675
黄瓜	露地	60～75	204～255	525～600
	设施	120～180	408～512	475～800

　　设施菜田土壤有机养分含量较高，因此一般在施用有机肥作基肥后不必将所推荐的化学氮肥的作基肥施用，可以全部用于追肥。露地菜田或者设施新菜田则需要考虑将氮肥推荐数量的20%左右做基肥施入，其余化学氮肥作追肥分次追施。施用的原则包括：①少量多次，畦灌条件下每次每亩施用4～5千克氮为宜，每亩1次施用数量不要超过8～10千克氮；滴灌条件下每次每亩施用2～3千克氮为宜，每亩1次施用数量不要超过5千克氮；②随水施用，在作物生长关键期可增加施用次数，收获前2～3周则不要追肥。

　　以甘蓝为例，甘蓝的产量为8 000千克/亩，查表得知大概的氮素供应目标值为20千克（N）/亩。设定露地菜田施用鸡粪，投入的总氮量为10千克（N）/亩，在整个季节中有效氮比例为50%，没有测定土壤无机氮。

　　按照公式计算，氮肥推荐数量＝氮素供应目标值20千克（N）/亩－移栽前根层土壤无机氮4千克（N）/亩－有机肥中的有效氮素5千克N/亩，那么整个甘蓝生育期的氮肥推荐数量为11千克（N）/亩，考虑到稳产因素，可以增加2千克氮/亩的推荐数量，即13千克（N）/亩。在氮肥施用的分配上：

　　畦灌条件下：分施比例为定植前20%、莲座期40%和结球前期40%，即施用数量分别为定植前2.6千克（N）/亩，莲座期和结球前期分别为5.2千克（N）/亩。

微喷灌条件下：施肥比例与畦灌相同，可以结合微喷灌采取分 2 次对莲座期和结球前期的氮肥进行分施。

注意：如果单次的氮肥推荐量高于 10 千克（N）/亩，必须结合灌溉分 2 次施用。

（2）磷、钾素推荐与磷、钾肥施用　与氮肥不同，磷、钾肥施入土壤后相对比较稳定，一般采用基于养分丰缺指标进行恒量监控。该方法是利用土壤养分测定值与作物养分吸收量之间存在的相关性，对不同作物通过田间试验，把土壤养分测定值按作物相对产量的高低分等，制成土壤养分丰缺指标及应施肥料数量的检索表（表 26）。当获得某一种土壤的养分测定值后，就可以对照检索表了解土壤中该养分的丰缺情况和施肥量的大致范围。这种方法所确定的施肥量只能达到半定量的精度。对于磷、钾来说，其施肥量不要求非常精确，因为土壤对磷、钾元素有很大的缓冲性，即使当季施用轻微过量对作物和环境也不会产生危害。

表 26　菜园土壤地力分级及磷、钾肥供应推荐指标（参考值）

土壤 Olsen-P 含量（毫克/千克）		土壤有效钾（K）含量（毫克/千克）	地力分级	相应的 P_2O_5 或 K_2O 推荐量*
露地	保护地			
0～30	0～60	0～100	A 低	作物带走量的 1.5～2.0 倍
30～60	60～120	100～180	B 中	作物带走量的 1.0～1.5 倍
＞60	＞120	＞180	C 高	作物带走量的 0.5～1 倍

由于当前有机肥的施用面积比例很高，因此需要考虑有机肥中的磷、钾养分供应。一般而言当季粪肥中的磷、钾有效性为80％左右，因此在磷、钾的推荐中必须扣除来自有机肥中的有效磷、有效钾养分，而实际生产中很少考虑这部分的养分供应，因此多数设施老菜田土壤磷、钾养分累积现象严重。故对于露地菜田及设施新菜田可以按照上述方法进行磷、钾推荐，而对于老菜田，由于长期的过量施肥，土壤磷、钾水平过高，因此在有机肥

施用时应选择高 C/N 的堆肥类含碳较丰富的有机肥，其主要目的是改良土壤。在施用方法上，更多地需要在定植前后或在幼苗期结合滴灌施肥方式，进行近根追肥，以减少磷肥的施用量。推荐的钾肥可以结合氮肥进行追施，或者选用合适配比的氮磷钾复合肥进行施用。

注意：目前市场上的化肥种类很多，有各种单质肥料（如尿素、硫酸铵、过磷酸钙、钙镁磷肥、硫酸钾、氯化钾等）和不同养分配比和养分含量的专用肥、复合肥。从理论上来说，选用单质肥料和专用复合肥料都能够实现养分的有效供应，但是从操作的角度来说，施用专用复合肥料更能够省工、省力。南方菜田菜田推荐施用钙镁磷肥、北方非石灰性土壤推荐施用过磷酸钙，以用于补充钙素营养。一般地磷肥最好基施，因此选用复合肥作基肥时最好选用高磷含量复合肥，而追肥用的复合肥最好选用高氮低磷高钾的复合肥。

(3) 中微量养分的施用技术 一般而言，菜园土壤很少存在中微量养分供应不足的问题，但是在生产中蔬菜缺乏某些中微量养分的现象十分普遍。过量水肥供应容易导致土壤 pH 逐渐下降，土壤有效态铁、锰、锌、铜含量均有所增加；有机肥中含有丰富的微量元素，因此长年施用粪肥对补充土壤铁、锰、铜、锌等具有明显的作用。因此，土壤铁、锰、铜、锌的供应比较充足。相反，过量水肥供应容易造成土壤钙、镁元素的淋失，此外由于设施蔬菜施用的肥料纯度过高，钙、镁的供应可能不足；大部分蔬菜的需硼量很大，有机肥物化肥的施用不能完全满足。因此，菜园土壤普遍需要注意补充硼肥。

1) 钙素管理 缺钙主要是由于作物体内代谢的生理失调引起的，一般酸性土容易缺钙，但 pH 大于 7 的石灰性土壤中含钙量高，一些果类蔬菜也难以高效吸收利用钙，主要原因是在温室大棚中，相对湿度大，蒸腾量低，钙在植物体内难于移动，在蒸腾量低的部位，如果实、菜心部位等，更易发生生理性缺钙现象。此外，在干旱条件下，钙在土壤中的移动性更差，其有效性也很低。典型的缺钙症状如白菜、甘蓝的心腐病（干烧心病）、黄瓜和甜椒叶上的斑点病、番茄的脐腐病等在生产中比较普遍，这些症状通常是因为作物不能将充足的钙运送到植株的受害部位，而不是因为土壤中的钙的供应不充足。解决蔬菜的缺钙问题，应对症下药。若是因为土壤的原因造成缺钙，则应根据土壤的特点，结合土壤调理工作，对沙壤土、酸性土等易缺钙的土壤补钙。砂质土壤宜施钙镁磷肥、过磷酸钙、硝酸钙和有机肥等；酸性土壤和重茬地宜施石灰，每年亩施用量为 25～50 千克。栽培过程中还应控制钙与其他营养元素的比例，过量的钾素供应容易导致果类蔬菜缺钙。若要解决根系吸收出现障碍或钙的移动性差等问题，可通过增加空气流通、人工展开叶片，以及调节温、湿度措施来提高蒸腾速率，还可通过叶面喷施的方式补充钙肥。如可在开花时对花序上下喷施 2～3 遍，对于瓜果类蔬菜最好在盛果期直接向果实表面喷施。钙肥最好选用 1 000～2 000 倍液的糖醇螯合的钙肥，如甘露糖醇钙，这种钙肥可彻底解决钙在植株体内移动较慢的问题。

2）镁素管理　一般情况下，蔬菜作物对镁的需要比较少，但对果菜类蔬菜，特别是露地栽培条件下，镁肥往往显得比较重要。另外，对镁敏感的作物有芹菜、黄瓜、花椰菜、甜瓜、番茄等。这些作物缺镁时，叶片变得斑驳或比正常叶片或新叶的绿色更浅。蔬菜缺镁症状在叶片上表现得特别明显，首先出现在中下部叶片上，然后逐渐向上发展。缺镁时叶片通常失绿，开始叶尖和叶脉间色泽变淡，由淡绿变黄再变紫，随后便向叶基部和中央扩展，但叶脉仍保持绿色，因而形成清晰的网状脉纹。严重缺镁时叶片枯萎、脱落。施用镁肥应注意，镁肥的肥效取决于土壤、蔬菜种类和施用方法。硫酸镁宜在碱性土壤上施用，中性或微碱性土壤以施用磷酸镁肥效高；酸性土壤施用碳酸镁及氧化镁可改良土壤酸性，且肥效较高。在果菜类栽培中，如在栽培前先施入少量镁肥则比较安全。按镁计算，一般每亩施用 1～1.5 千克。硫酸镁比其他形态速效，果实肥大期用作追肥比较适宜。也可用 1%～2% 的硫酸镁或 1% 的硝酸镁作叶面喷肥，每亩喷施肥液 50 千克左右，连续喷几次。硝酸镁喷施效果优于硫酸镁。另外，水溶性镁肥如硫酸镁、氯化镁、硝酸镁、氧化镁、钾镁肥等宜作追肥，微水溶性镁肥如钙镁磷肥、磷酸镁铵等宜作基肥施用。

3）硼素管理　硼是当今世界农业生产上普遍缺乏而又应用最广的微量元素之一。蔬菜作物缺硼普遍，按主要症状归类：一是生长点萎缩死亡，叶片皱缩，扭曲畸形。多见于菠菜、食用甜菜、结球白菜等。二是茎叶及叶柄开裂、粗短、硬脆。如芹菜的裂茎病，老叶叶柄出现多数裂纹、裂口；番茄叶柄及叶片主脉硬化、变脆。三是根菜类肉质根内部组织坏死变褐，木栓化，如萝卜褐心病。四是果皮、果肉坏死木栓化，如黄瓜果实木栓化开裂、番茄表皮龟裂等。蔬菜缺硼的主要原因是土壤缺硼。影响土壤硼有效性最重要的因素是土壤 pH，随着土壤 pH 的升高，硼的有效性降低；另外硼有效性与土壤质地有关，沙地上生长的蔬菜常出现缺硼的症状。土壤的有机质含量也是决定土壤硼含量的主要因素，有机质是作物需硼的基本来源，有机质含量升高可以提高硼的有效性。由于硼与硝酸盐一样易淋洗，在降水量或灌溉量过大的情况下，土壤可溶性硼会被淋失，尤其是在酸性和沙性土壤中。在干旱情况下，土壤中硼的扩散途径变长，且承载硼元素的土壤溶液移动性变弱，因此也容易出现缺硼的症状。以往通常施用硼砂或硼泥解决蔬菜铁硼问题，近年来市场上出现了一些新型肥料，解决了硼砂土施易固定、叶喷水溶性差养分含量低等难题。一类是颗粒硼肥，原料为五水硼砂和硼矿石，这种肥料既含有水溶性硼元素，也含有部分缓释性硼，其颗粒的形态又减少了与土壤直接接触的面积，不易被土壤吸附与流失，非常适合土壤施用，基施颗粒状五水硼砂用量为 3 千克/公顷。一类是八硼酸盐类硼肥，喷施浓度为 800～1 000 倍液，如八硼酸钠或八硼酸钾,水溶性好,硼含量高达 21%。最有效的喷施时期是:茄果类蔬菜在苗后期、莲座期、初花期各喷 1 次;根茎类蔬菜在苗后期至块根生长期各喷 1 次;甘蓝类蔬菜在苗后期、莲座期、结球初期共喷 2～3 次;叶菜类蔬菜在苗后期至生长旺期喷施 2～3 次。当田间发生缺硼症状时,应尽快喷施 2 或 3 次,每次间隔 5～7 天。对蔬菜来说,在任何生长期喷施都是有效的。

4. 水肥一体化

水肥一体化是按照蔬菜生长过程中对水分和肥料的吸收规律和需要量,进行全生育期的需求设计,在一定的时期把定量的水分和肥料养分按比例直接提供给作物。实际运作时将灌溉与施肥融为一体,借助压力灌溉系统,将可溶性固体肥料或液体肥料配对而成的肥液与灌溉水一起,均匀、准确地输送到作物根部土壤的一项新技术,是根据根层调控原理实现精确施肥与精确灌溉相结合的技术。水肥一体化技术可控制由于盲目过量施肥造成的地下水及土壤环境污染,减少农药残留污染,有效改善农田生态环境,改善水资源短缺症状,对促进农业可持续发展意义重大。

(1)根层养分水分供应是水肥一体化的理论基础 蔬菜柔嫩多汁,对水分要求比较严格,保证水分和养分在根区内供应十分关键。虽然多数情况下生产上都施用铵态氮肥,但是在旱地土壤适宜温度环境下,铵态氮肥在 1 周以后就很快通过硝化作用转化为硝态氮,带负电荷的土壤颗粒不能像吸持带正电荷的铵离子那样有效地吸持硝酸根离子,因此过量灌溉降低根层硝态氮的浓度,硝酸根离子就很容易地被淋洗到土壤剖面中根系分布区以下的土层。例如,对设施果类蔬菜来说,如果在砂壤土上每亩一次的灌溉量超过 40 米^3,那么表层土壤中的硝态氮就可能要平均下移 20～30 厘米,在这种情况下,设施果菜的幼苗就很难利用这部分养分。

保证蔬菜作物正常生长的重要条件是水分和养分的充足同步供应。许多农户反映多施有机肥可以有效地实现稳产，其主要原因是有机肥供应的增加，就相应地增加了土壤中的有机氮库，提高了土壤氮素供应的容量水平，即使在一次过量灌溉中导致大多数硝态氮淋洗损失，但是在后期作物生长过程中，有机氮素的矿化可以补充很大一部分有效氮，因此，施用有机肥可以在为作物提供养分的同时增加土壤有机质的含量，从而能够提高土壤的养分持有能力，提高根区的缓冲性。

（2）主要蔬菜水分需求与灌溉制度的确定

1）主要蔬菜水分需求特点　根据蔬菜对水分的需要程度不同，可将其分为5个类型（表27）。

表27　主要蔬菜水分需求特点

对灌溉依赖程度	生理特点	栽培注意事项	主要作物
弱	叶片大而有缺刻，有的叶面还有茸毛，可减少水分的散失，并有发达的根系，入土深，可以吸收土壤底层水分，抗旱力强	这类蔬菜茎叶繁茂，叶面积颇大，果大肉厚，消耗水分多，尤其坐果以后，果实迅速发育，需水更多，如持续干旱不及时灌溉，易形成畸形瓜	瓜类蔬菜（指西瓜、甜瓜、苦瓜等）
中	叶面积较小，组织较硬，叶面常有茸毛，水分消耗量较少，吸收水分为中等类型	豆类蔬菜比较耐旱，种子富含蛋白质，播种后水分过多，易腐烂丧失发芽力。开花时水分要少，结荚后水分则要充足	茄果类、根菜类、豆类等蔬菜
中—强	叶为筒状形、带状形、拟叶，叶面积都很小，叶面蒸腾水分少，根系吸收力很弱	要求较高的土壤湿度，尤其是在食用器官形成阶段，更要保持土壤湿润	葱蒜类、多年生蔬菜中的芦笋

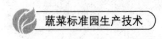

（续）

对灌溉依赖程度	生理特点	栽培注意事项	主要作物
强	叶面积较大，组织柔嫩，根系入土浅，生长和发育过程中要求较高的空气和土壤湿度，对水分需求量较大	栽培选地时要注意选择保水良好的土壤，并适时灌溉。这类蔬菜在湿润冷冻季节生长好，产量高，品质好	白菜类、绿叶蔬菜、瓜类中的黄瓜、根菜类中的小型萝卜

蔬菜不同生育期对土壤水分的要求不同。种子萌芽期要求充足的水分，幼苗期植株叶面积小，蒸腾量也小，需水量不多，但根群分布浅，且表层土壤水分不稳定，易受干旱的影响，栽培上应特别注意保持一定的土壤湿度；营养生长旺期和养分积累期是根、茎、叶一生中需水量最多的时期，必须注意在养分贮藏器官开始形成时，水分不能供应过多，以抑制叶、茎徒长，促进产品器官的形成，开花结果期对水分要求严格，水分过多、过少，易引起落花落果。

2）确定合理的灌溉制度　在蔬菜栽培中，除了满足上述蔬菜需水规律进行灌溉外，土壤湿度的调控十分重要，在不同的季节，在蔬菜不同的生长发育阶段，对灌溉的要求不同。表 28 简要地列举了在设施栽培条件下不同月份蔬菜生长的水分管理原则。

表 28　设施栽培蔬菜的水分管理原则

时　期	特　点	水分管理原则
冬季及早春季节	设施外界温度较低，光照较弱，作物生长缓慢，蒸腾、蒸发量较小	在天气晴好的情况下，应适当缩短灌水周期，实行小水灌溉，不宜大水漫灌 在阴天多云的情况下，气温较低，应适当延长灌水周期，相应加大灌水量，且灌水时间应尽选择在晴天的中午，以免造成土温进一步下降而引起寒害 应尽量采用地下水或温室内的蓄水进行灌溉，以增加地温

（续）

时 期	特 点	水分管理原则
3～6月份	温度逐渐上升，作物生长量和耗水量增加，蒸腾、蒸发量增大，温室内通风量也随之增加	一般应适当缩短灌水周期，逐渐增大灌水量 由于气温增高，会出现空气湿度过低，影响作物蒸腾，此时应在正常灌溉周期内，采用小沟漫灌的方式进行补充灌溉，以增加设施内的空气湿度
6～9月份	日光温室大部分揭棚膜种植和管理，主要是防雨降温，是否灌溉要根据降雨情况而定	作物生长主要是利用自然降水。若雨水较多、空气湿度较大，应少灌或不灌，同时要防涝排渍；若雨水偏少、天气干燥，适时进行灌溉
9月中旬至立秋后	外界温度逐渐下降，由北向南开始扣棚，是蔬菜定植时间	定植后，一般要结合土壤情况浇1次透水 此阶段设施内外的气温较高，并且蔬菜生长速度逐步加快，一般应采用正常的灌水管理

各地菜园土壤质地分为砂性、壤性及黏性等。沙性土宜增加灌水次数，每次灌水量要少（图23），并施入有机肥改良土质以

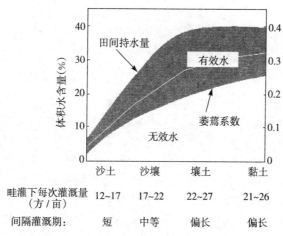

图23　不同质地土壤的有效水和无效水的变化范围及灌溉数量

利保水；为了防止土壤表皮板结，黏性土采取暗水播种，浇沟水，数量要控制。一方面要根据土壤含水量来判断是否需要灌溉（表29）；另一方面，叶片形态表现也是确定灌溉的很好指标：设施青菜，早晨看叶尖溢出水珠的多少；温室黄瓜要看茎端（龙头）的姿态与颜色；露地黄瓜，早晨看叶的上翘与下垂，中午看叶子萎蔫与否或轻重，傍晚看恢复得快慢。当番茄、黄瓜、胡萝卜等叶色发暗，中午略呈萎蔫，或甘蓝、洋葱叶色蓝、蜡粉较多而脆硬表现缺水时，要立即进行灌溉。

表29　手测法估计细质地土壤有效水含量

相对含水量	土壤质地（黏土和黏壤土）	水分管理
100%（田间持水量）	土色很暗，当用手挤压时可留下轻微的湿痕，可搓成4厘米以上的土条	停止灌溉
70%～80%	土色相当暗，易搓成光滑的土条和紧实的土球	不需灌溉
60%～65%	土色比较暗，可搓成紧实的土球，土条大小为0.5～1厘米	不需灌溉
50%	容易搓成土球，土块压平不致破碎，些微地成土条	开始灌溉
35%～45%	土色稍暗，形成不牢固的土球，土块易碎	继续灌溉
<20%（凋萎点）	土色浅，坚硬紧实，土块破碎	继续灌溉

土壤水势是判断土壤水分有效性及土壤干旱程度的唯一指标。对于大部分作物，土壤水势保持在-25～-35千帕的范围内，就能保证作物高产稳产。可以采用真空表负压计的方法进行监测土壤水分，以确定灌溉时间（图24）。具体方法是在滴头或滴孔正下方20厘米深处埋设一支真空表负压计，观察负压计的指针读数。对于大部分设施栽培的经济作物来说，读数在5～25千帕表示土壤水分适宜，不需要灌溉；而指针到了25～35千帕就该灌溉了。实际操作中，可以根据天气和作物生育时期适当减少或者增加灌溉量，或者根据经验来判断。表30为利用土壤吸

力值指导灌溉的指标。

图 24　真空表负压计测定土壤水分

表 30　主要蔬菜的灌溉制度

土壤类型	蔬菜种类	张力计指示	每次灌水定额（毫米）	
			苗期	中后期
沙土	黄瓜、大白菜、甘蓝、萝卜及绿叶菜类	8～12	15～20	
	番茄、甜椒、茄子、胡萝卜	15～20	25～30	
壤土	黄瓜、大白菜、甘蓝、萝卜及绿叶菜类	16～34	27～45	
	番茄、甜椒、茄子、胡萝卜	16～34	27～45	

（3）选用合适的灌溉施肥方式　灌溉施肥系统为灌溉技术和施肥技术的耦合提供了硬件，一套完整的灌溉系统由水源工程、首部控制枢纽、输配水管道、灌水器四部分组成。目前在蔬菜生产中主要有以下系统模式：①单棚单井膜下滴灌施肥系统。该系统应用最普遍，在灌溉水源埋藏深度较浅的地方一般都采用该系统。系统控制面积 0.5～1.5 亩，配置独立小型首部，使用离心泵或潜水泵，支管顺大棚东西走向铺设于地表，毛管南北向铺设于地膜下。投资少，安装操作简单。②单井衡压集中供水分棚自管膜下滴灌施肥系统。该系统适合于面积较大的蔬菜集中种植区，集中恒压供水，各个大棚分别配置截门和施肥设备，各自实

施灌溉施肥管理。③单井供水平行多拱棚轮流膜下滴灌施肥系统。该系统适合拱棚早春作物栽培，拱棚南北走向且相邻间距小，毛管与棚纵向平行铺设，支管垂直于棚纵向铺设。其优点是可以使多个拱棚共同使用一个首部，由于拱棚经济效益较低，农户对设施投入的积极性不高，应用面积很小。

注肥方法与设备主要包括：①压差式施肥罐法，在单棚单井膜下滴灌施肥系统中广泛使用。②文丘里施肥器施肥法，在各种灌溉施肥系统中普遍应用。③泵吸水侧注入法，利用离心泵抽水管侧壁上的吸管汲取肥液，无须配备专用施肥设备，在地下水埋藏较浅、使用离心泵的地方广泛应用。④喷雾器注肥法，用手动或脚踏式农用喷雾器注射肥液。⑤静水微重力自压施肥法，在保护地内将储水罐架高（或者修造储水池），溶解肥料于池水中，利用高水位势能压力将肥液注入系统。该方法仅适用于面积较小（小于 350 米²）的保护地。⑥泵注式施肥法，多为示范园区现代化温室采用，常用的注射泵有水动和电动两种。

(4) 确定合适的灌溉施肥制度 安装好设备后，施用时，首先将要施的肥料溶解到水中，配成肥液，倒入肥料罐，肥料罐的进水管要达罐的底部，施肥前先灌水 10～20 分钟。施肥时，利用水泵或者喷雾器把肥液吸入微灌系统中，利用灌溉系统设备，通过输水管道和滴孔湿润作物根区，小管出流方式施肥时间控制在 40～60 分钟之间，滴灌施肥的时间稍长一些，防止由于施肥速度过快或者过慢造成的施肥不均或者不足。

加肥结束后，灌溉系统要继续运行 30 分钟以上，以清洗管道，防止滴管堵塞，并保证肥料全部施于土壤，并渗到要求深度，提高肥效。

表 31 列举了华北地区部分蔬菜的滴灌施肥方案，可供各地参考。

(5) 注意事项

①适合水肥一体化的肥料必须完全溶于水、含杂质少，流动

表31 设施蔬菜滴灌施肥方案（适用于华北地区）

作物	生育时期	灌溉周期（天）	滴灌次数	灌水定额（米³/亩）	灌溉总量（米³/亩）	加肥周期（天）	施肥次数	肥料配方（N∶P₂O₅∶K₂O）	施肥定额（千克/亩）	施肥总量（千克/亩）
黄瓜	苗　　期	5~7	1~2	10	180~230	10~12	1~2	25∶10∶15	8	120~150
	开花—结果	5~7	2~3	10		8~10	1~2	25∶05∶20	8	
	采收期	4~6	10~15	12		7~9	5~8	20∶00∶30	10	
番茄	移栽—开花	6~8	1~2	10	130~160	10~12	1~2	25∶10∶15	10	100~120
	开花—结果	6~8	1~2	14		9~11	1~2	25∶05∶20	10	
	结果—采收	5~7	7~9	14		7~9	4~6	20∶00∶30	12	
甜椒	苗　　期	6~8	1~2	13	120~140	10~12	1~2	25∶10∶15	8	60~90
	花　　期	6~8	2~3	13		9~11	1~2	25∶05∶20	10	
	结果期	5~7	5~8	15		7~9	3~6	20∶00∶30	12	
生菜	苗　　期	10~12	1~2	8	40~70	15~50	1	25∶10∶15	5	25~40
	发棵期	8~10	2~3	10		15~20	1~2	25∶05∶20	6	
	结球期	8~10	3~4	10		15~20	2~3	20∶00∶30	6	
茄子	苗　　期	6~8	1~2	12	120~140	11~13	1	25∶10∶15	8	60~90
	花　　期	6~8	2~3	12		10~12	1~2	25∶05∶20	11	
	结果期	5~7	4~7	14		8~10	3~4	20∶00∶30	13	
早甘蓝	苗　　期	7~9	1~2	8	100~130	10~12	1	25∶10∶15	8	60~90
	莲叶期	6~8	2~3	10		8~10	1~2	25∶05∶20	10	
	结球期	5~7	4~7	12		8~10	3~4	20∶00∶30	12	
草莓	移栽—开花	5~7	2~3	10	150~180	7~10	1~2	25∶10∶15	10	120~150
	开花—膨大	5~7	2~3	11		7~10	2~3	25∶05∶20	10	
	采收期	6~8	8~12	12		9~11	7~10	20∶00∶30	12	
西瓜	苗　　期	5~7	1~2	10	120~180	8~10	1~2	20∶15∶15	10	60~90
	伸蔓期	5~7	2~3	14		8~10	1~2	20∶10∶20	12	
	膨大期	6~8	5~7	16		9~11	3~5	20∶05∶25	15	

注：本表适用于壤土，沙土应少量多次，黏土应多量少次；肥料为专用肥含有微量元素和调理剂。

性好，不会堵塞过滤器和滴头、滴孔；肥液的酸碱度为中性至微酸性，能与其他肥料混合。

②保护地栽培、露地瓜菜种植一般选择小管出流/滴灌施肥系统，施肥装置保护地一般选择文丘里施肥器、压差式施肥罐。

③正常灌溉 15～20 分钟后再施肥，施肥时打开管的进、出水阀，同时调节调压阀，使灌水施肥速度正常、平稳；每次运行，施肥后应保持灌溉 20～30 分钟，防止滴头被残余肥液蒸发后堵塞。

④系统间隔运行一段时间，应打开过滤器下部的排污阀放污，施肥罐底部的残渣要经常清理；如果水中含钙镁盐溶液浓度过高，为防止长期灌溉生成钙质结核引起堵塞，可用稀盐酸中和清除堵塞。

⑤按一定的配方用单质肥料自行配制营养液通常更为便宜；养分组成和比例可以依据不同作物或不同生育期进行调整。

⑥灌溉施肥过程中，若发现供水中断，应尽快关闭施肥阀门，以防止含肥料溶液倒流；灌溉施肥过程中需经常检查是否有跑水问题，检查肥水是否灌在根区附近。

⑦灌溉设备一般请工程师安装，日常维护很重要。

⑧请勿踩压、锐折支管，小心锐器触碰管道，以防管道折、裂、堵塞，流水不畅；作物收获完后，用微酸水充满灌溉系统并浸泡 5～10 分钟，然后打开毛管、支管堵头，放水冲洗 1 次。收起妥善存放；毛管和支管不要折，用完后，支管圈成盘，堵塞两端存放。毛管集中捆束在一起，两头用塑料布包裹，伸展平放。

5. 土壤健康管理

随着种植业结构的调整，设施蔬菜生产在设施园艺产业中所占的比重增大。由于轮作倒茬困难以及利益驱动，设施蔬菜生产中连作现象非常普遍，土壤生物学障碍发生严重，肥料和农药的过量投入导致土壤富营养和农药污染现象突出，土壤退化现象严重。水肥的过量投入不仅带来资源浪费问题，而且引发土壤酸化、盐渍化，导致土壤微生物群落失衡，因此只有合理结合栽培措施，改善根际环境和根系生长发育来调控根际微生态系统中的生物群落，使之向有利于作物生长的方向发展，才能消除土壤生物学障碍因素，并通过优化水肥调控和管理措施，控制蔬菜生产体系种植结构单一、过量肥料投入等所带来土壤氮、磷富营养及其对环境造成的潜在危害。

（1）退化土壤生物修复技术

1）秸秆还田技术　简单的秸秆还田技术可以明显促进土壤微生物活动，冬季提高土温1～2℃，增产10％以上。简单做法：在翻地前随基肥（粪肥）施入铡碎的秸秆（玉米、小麦、水稻），一般每亩500～800千克，然后按照常规方法整地、栽培；冬春茬和秋冬茬果类蔬菜栽培均可进行秸秆还田。秸秆还田技术适合老菜田，对于克服土传病害和抑制线虫、去除盐渍化有效果。

2）石灰氮—秸秆消毒技术　冬春茬番茄收获拉秧后，到秋冬茬番茄种植前有40～50天的休闲时间，休闲季约在7月初翻地，进行秸秆—石灰氮（或石灰）太阳能消毒处理。按石灰氮60千克/亩和秸秆600千克/亩的量施入土壤。在进行秸秆—石灰氮（或石灰）太阳能消毒处理时，在地表覆盖薄膜，此方法能够使地表持续高温，能够促进农户施基肥后的闷棚效果，还能够有效防治根结线虫，增加土壤肥力。此外，石灰的施入还可以解决果类蔬菜（番茄、甜椒等）因土壤钾含量高、设施湿度大蒸腾不良及过量施用铵态氮肥造成植株有效钙、镁供应不足、生理性缺钙现象严重等生产问题，因此土壤肥力较低的新菜田和存在根结线虫等问题的老菜田，均可进行秸秆—石灰氮（或石灰）太阳能消毒处理。

3）种植填闲作物　在菜田生产体系中种植深根系谷类填闲作物可减少氮素的淋洗、改良土壤、减缓盐渍化、提高土壤微生物活性、抑制线虫发生。例如华北地区夏季休闲期间可以轮作甜玉米，主要做法：冬春茬作物拉秧前 20 天左右，开始育苗。冬春茬作物拉秧后，将残株移出温室，不需施基肥，直接翻耕整地、做畦。玉米苗 5 片叶左右时开沟定植，密度一般为 30 厘米×60 厘米，定植后浇 1 次缓苗水，缓苗水应浇透，一般灌水量为45～50 毫米，玉米生长前期如果过于干旱时，可在苗期进行 1次灌溉，其余时间无须灌溉施肥。在下茬蔬菜定植前 2 周收获，秸秆可粉碎成 2～3 厘米小段均匀还田翻地，为下茬作物提供养分，或者收获后用于饲喂牲口。

（2）酸化土壤改良技术　主要包括：

1）增施秸秆类有机肥料　施入大量的有机肥料，不仅能增加土壤有机质的含量，提高土壤对酸化的缓冲能力，使土壤 pH升高。而且，有机物料分解率高，增加土壤有效养分，改善土壤结构，并能促进土壤有益微生物的活动，抑制蔬菜病害的发生。

2）测土配方，合理施肥　按土壤、作物需求进行测土配方施肥，降低化肥的施用量，能有效地防止土壤酸化。

3）施入生石灰改良　生石灰施入土壤中可中和酸性，提高土壤 pH，直接改良土壤的酸化状况，并且能为蔬菜补充大量的钙。

4）覆盖栽培，减轻淋溶　在蔬菜生产中进行覆盖栽培（地膜覆盖和草覆盖），减轻降水对土壤的冲刷，降低土壤中碱性盐基的淋溶，也是防止土壤酸化的有效措施。

（3）盐渍化土壤改良技术　主要包括：

1）合理施肥　包括调整施肥量、改进施肥方法、选择肥料品种等，其中最重要的是调整施肥量，或选用长效或可控释放性肥料，施用半腐熟有机肥，以肥压盐。

2）阻止土壤水分向上运动通道形成　可采取地膜覆盖、秸秆覆盖等方法，防止盐分随水分蒸发积聚于表土。比较实用的防止措施：合理用水，灌水洗盐；在夏秋季节，宜在蔬菜收获后，深翻起垄，揭去薄膜让雨水淋洗，并深挖保护地周围的排水沟，使耕层多余盐分随水排走。

3）轮作倒茬　不同的蔬菜作物对盐害的敏感度不同，轮作倒茬时，根系发达、需肥量大的蔬菜能吸走较多的盐分。在作物行间套种生长速度快的蔬菜，如苋菜等也能在一定程度上抑制返盐和吸走盐分。

4）种植吸盐作物　对于建棚时间长、盐渍化严重的土壤，可种植一茬吸盐的苏丹草、盐蒿之类植物，能有效降低盐分。

三、采后及采后商品化处理技术

蔬菜采后是指从蔬菜采收到食用的整个过程。蔬菜采后是连接生产和市场、最终实现生产效益和生产目的的重要环节。在经济不发达、蔬菜生产处于自给自足的小农经济阶段，这时的蔬菜商品成分较小，采后流通距离、时间都很短，采后保持质量比较容易，因此，较为重视生产而忽视了采后。而当社会、经济发展了，社会分工逐渐强化，蔬菜生产进入商品化的阶段，蔬菜供应进入了大市场、大流通甚至是国际化时期，蔬菜由产地到销地要跨地区甚至要跨国家，这就远远延长了蔬菜流通的距离和时间，从而使蔬菜采后保持数量和质量的工作就摆到了与生产同等重要的位置，采后商品化处理技术的应用也就越来越受到重视。

采后商品化处理技术包括：采收、清洁、分级、包装、预冷、运输及销售过程中为保持蔬菜质、量所涉及的技术。采后商品化处理技术的好坏直接影响到蔬菜产品腐烂的多少和蔬菜商品品质的好坏，并最终影响蔬菜生产的效益。

（一）影响蔬菜采后品质变化的主要因素及控制方法

1. 基本概念

蔬菜采收以后仍然是一个有生命的活体。与采前不同的是失去了外界养分供应，只靠自身积累的养分维持生命代谢过程。采后品质变化是不可逆的衰变过程，采后保鲜所采取的措施是尽可能延缓这一过程。

（1）主要代谢过程是呼吸作用 呼吸对蔬菜自身及环境带来的影响主要有：

1）呼吸消耗蔬菜自身贮藏的养分，使蔬菜品质下降。并且温度越高呼吸越旺盛，品质下降越快。

2）呼吸消耗环境中的氧气，产生二氧化碳，使环境气体成分中氧气减少，二氧化碳气体增加。在高温条件下蔬菜呼吸旺盛，大量蔬菜堆积不通风，就会造成蔬菜缺氧，还会引起蔬菜高二氧化碳伤害。

3）呼吸产生呼吸热，使环境温度升高。大量蔬菜堆积不通风，就会造成蔬菜堆内温度升高，促使蔬菜败坏。

4）呼吸产生水分，可引起蔬菜结露，导致腐烂。

（2）无氧呼吸 在高温条件下蔬菜呼吸旺盛，大量蔬菜堆积不通风，就会造成蔬菜缺氧，产生无氧呼吸；高温密封包装也会造成无氧呼吸。无氧呼吸产生乙醛、酒精等，对蔬菜有害。

（3）代谢产生乙烯气体 蔬菜代谢产生乙烯气体，促进蔬菜成熟衰老。果菜成熟过程乙烯产量最大，叶菜对乙烯最敏感。在高温条件下蔬菜代谢旺盛，大量蔬菜堆积不通风，就会造成乙烯积累，促使叶菜衰老变黄、果菜后熟老化。

（4）继续生长 黄瓜、菜豆等果菜采收后，果实继续后熟、种子继续生长，使蔬菜商品品质和食用品质下降；油菜、菠菜、香菜、白菜等叶菜采后植株继续生长、衰老、黄化，品质下降；白菜、萝卜、大蒜、洋葱、马铃薯等蔬菜，采后贮藏期生长点继续生长、抽薹、发芽，使蔬菜品质下降。

2. 采前因素对蔬菜采后品质变化的影响

（1）品种特性 不同品种的蔬菜采后品质变化速度存在一定差异，一般代谢水平较低的品种品质变化较慢；表层保护组织发达的品种采后品质变化慢，保质期长；硬肉番茄比软肉番茄品质变化慢，保质期长；可溶性固形物含量高的品种比含量低的品种品质变化慢，保质期长。

(2) 栽培条件 光照充足、合理施肥、合理密植、增施有机肥、采前适量禁水、营养含量高的蔬菜品质变化慢，保质期长。

(3) 采收成熟度 一般过早或过熟采收的蔬菜采后品质变化快，保质期短。

3. 蔬菜采后自身条件对品质变化的影响

(1) 呼吸强度 呼吸强度低的蔬菜品质变化慢。品种、成熟度、温度、病虫害、机械损伤等都会影响蔬菜的呼吸强度。

(2) 养分积累 生长期间养分积累多，营养成分含量高的蔬菜保质期长。品种、栽培中的施肥浇水、成熟度等都会影响蔬菜的养分积累。

(3) 保护组织及机械损伤 保护组织发达、无损伤的蔬菜保质期相对较长。品种、栽培条件、成熟度等都会影响蔬菜保护组织的发育；机械损伤是蔬菜采后保持品质的"最大敌人"之一，有机械损伤的蔬菜不仅代谢水平会增高，同时受伤伤口还是病虫侵害的入口，要时时注意避免机械伤。

(4) 表面积比 表面积比是蔬菜表面积与其重量或体积之比。比值高时，蔬菜蒸发失水较快（如散叶蔬菜比结球蔬菜表面积比大），品质下降快；比值低时，蔬菜蒸发失水较慢，品质变化相对也慢。

4. 环境因素对蔬菜采后品质变化的影响

(1) 环境温度 温度是影响蔬菜采后品质变化最重要的因素，主要影响蔬菜的呼吸代谢和微生物的活动。

温度越高蔬菜代谢越旺盛、呼吸越高。一般温度每增加10℃，呼吸增强1～2倍。温度越高微生物代谢和繁殖越旺盛，高温促进病害发生、发展。

（2）环境相对湿度　蔬菜存放环境的相对湿度越低，空气从产品吸水能力就越强，蔬菜失水越快。大部分蔬菜与环境空气达到平衡的相对湿度为97％。新鲜蔬菜的含水量可达65％～96％，蔬菜采收后因失水引起组织萎蔫。蔬菜失水5％就出现萎蔫和皱缩，在温暖、干燥的环境中几小时，大部分蔬菜都会出现萎蔫。

（3）气体　环境中的氧气和二氧化碳对蔬菜的呼吸作用、成熟和衰老有很大的影响，适当降低氧气浓度，提高二氧化碳浓度，可以抑制蔬菜呼吸，但不会干扰正常的代谢。氧气低于10％时，呼吸强度明显降低；氧气低于2％有可能产生无氧呼吸，使乙醇、乙醛大量积累，造成缺氧伤害。氧气和二氧化碳的临界浓度取决于蔬菜的种类、温度和在该温度下的持续时间。

提高二氧化碳浓度，也可以抑制呼吸，气调中大多数蔬菜比较合适的二氧化碳浓度为1％～5％，二氧化碳浓度过高会造成中毒。

乙烯气体促进蔬菜成熟、衰老。

（4）病虫害　病虫害是造成蔬菜采后损失的重要原因之一。田间发生病虫害的蔬菜，采收时有明显症状的产品容易被挑选出来，但症状不明显或者发生内部病变的产品却往往被人们忽视，在采后适宜的条件下，病害会进一步发展，微生物进一步繁殖造成损失。

5. 控制蔬菜采后品质变化的有效方法

（1）采前

1）品种选择　选择易保鲜、耐运输的品种。

2）实施品质栽培　增施磷钾肥，多施有机肥；合理密植，采前控制浇水。

3）减少病虫损伤　及时预防病虫害的发生，对已发生病虫害的蔬菜，尽量不要长距离运输和长时间贮藏。

(2) 采收

1) 适时采收　选择各种蔬菜最佳采收期。不同品种、不同运输和贮藏时间有所不同。

2) 防止机械损伤　选择适宜采收工具，轻拿轻放。防止机械损伤可有效提高保鲜质量。

3) 净菜分级　对叶菜在采收同时剔除不符合商品标准的外叶和根部；将符合要求的蔬菜按大、中、小不同等级分别放入不同包装箱中，同时剔除等外品。采收的同时进行分级，可有效减少采后的机械损伤。

4) 禁止雨后采收　带有雨水的蔬菜采后易腐烂，要等雨水蒸发后再采收。

5) 在一天中温度较低时采收　可获得蔬菜较低的初始温度，有利于蔬菜采后保鲜。

(3) 采后

1) 低温

①各种蔬菜适宜的低温。低温是抑制蔬菜采后品质变化的最重要、最有效的措施。不同蔬菜适宜低温条件有所不同，可分为两种类型：

耐寒蔬菜：适宜低温条件在 0℃ 左右，配送流通保鲜控制温度为 0～5℃。主要蔬菜有：叶菜类、根菜类、葱蒜类，还有石刁柏、豌豆、荷兰豆等。

喜温蔬菜：适宜温度条件在 9～10℃ 的有青椒、菜豆等；适宜温度条件在 12～13℃ 的有黄瓜、茄子、西瓜、南瓜、冬瓜、西葫芦、甘薯、绿熟番茄等。喜温蔬菜流通、配送保鲜控制温度为 10～15℃。

②低温对蔬菜的伤害。

冷害：冷害是指由蔬菜组织冰点以上的不适低温造成的生理伤害。主要在喜温蔬菜冷藏时发生。喜温蔬菜长时间处在低于适宜温度的条件下会产生冷害，蔬菜冷害的产生需要低温的累积。

冷害症状的表现在低温条件下往往不易被发现，但有冷害的蔬菜移到高温条件下，会很快变质腐烂。

冻害：冻害是贮藏温度在 0℃ 及以下，因蔬菜组织受冻而发生的伤害。主要在耐寒蔬菜冷藏时发生。收到冻害的蔬菜移到高温环境后也会很快变质腐烂。

③预冷。预冷是对刚采收的蔬菜在运输、贮藏、加工以前迅速除去田间热（采收蔬菜菜温高于适宜保鲜温度的热量），冷却到适宜温度的过程。

④冷链流通。冷链流通是指蔬菜采收后经过预冷，在随后的装卸、运输、销售各环节都处在适宜的低温条件下的流通过程。

2）高湿　高湿是蔬菜保鲜的重要条件。大部分蔬菜与环境空气达到平衡的相对湿度为 97％。自然条件下空气的相对湿度要远远低于这个平衡湿度，因此蔬菜采收后自然放置，或冷库相对湿度太低都会使蔬菜很快失水萎蔫，降低商品性。保持冷库高湿在 95％ 以上或对蔬菜采用塑料薄膜包装或覆盖，都可有效防止失水。薄膜包装时应注意：高温条件下要适当透气，不要密封。密封包装要与适宜低温相结合，并选择适宜厚度的薄膜。

3）冷库、运输车、包装箱消毒　对蔬菜采后可能造成污染的库房、运输车、包装箱等，要定期进行消毒处理。

①氧化性消毒剂。包括氯气、漂白粉、漂粉精、次氯酸钠、臭氧等。氯气使用应加入水中，调成弱碱性溶液，使之形成次氯酸盐；漂白粉应用 10％ 浓度溶液，漂粉精可用 5％ 浓度溶液。

②二氧化硫类消毒剂。有硫黄、二氧化硫等。二氧化硫为还原型杀菌剂，对各种真菌作用强烈，对酵母菌作用差。生产中常按 10~15 克/米³ 硫黄，分布多点燃烧熏蒸消毒。

③臭氧消毒。可用臭氧发生器对冷库及库内包装箱、运输车进行消毒。

(二) 蔬菜采收与分级包装

蔬菜采收是蔬菜生产的最后一环，又是蔬菜采后的最初一环。蔬菜采收成熟度以及采收的一切操作是否适当都直接影响将来的贮运损耗和加工品质。采收过早不仅产品的大小和重量达不到标准，而且风味、品质和色泽也不好；采收过晚，产品已经成熟衰老不耐贮藏和运输。因此，采收工作一定要做好，要适时采收。

分级与包装是实施蔬菜采后商品化的重要措施。分级可将不同质量、大小的蔬菜分开，不仅大大提高了蔬菜的整齐度，进而可将不同档次的蔬菜投放不同市场实现优质优价，提高产品的效益；包装不仅可对蔬菜进行保护，防止失水、避免机械损伤、减少腐烂等，而且还可提高搬运效率，减少销售过程的污染。同时包装材料上还可携带各种信息：包装产品的特色、质量等级、数量、保质期、产品产地、商标、品牌、联系方式等，不仅是生产与市场、生产与消费者联系的领地，又是市场实施现代化商品管理、实施市场准入的基础。因此，做好分级、包装对实现优质优价，实现蔬菜流通现代化市场管理，建立良性市场竞争机制具有重要意义。

1. 蔬菜的采收及修整

(1) 采收 蔬菜采收应注意：蔬菜成熟度、采收时间、采收方法等因素。确定这些因素时应考虑到蔬菜的特点、采后用途、运输时间长短及运输方式、贮藏时间长短及贮藏方式、销售时间长短及销售方式等。采收应注意的问题：

1）采收成熟度 由于蔬菜供食用的器官不同，贮运加工对材料的要求也不同，因此采收成熟度的标准也各有差异。对于商品蔬菜采后贮藏和流通保鲜，一般就地销售的蔬菜，可以适当晚采收；长期贮藏和远距离运输的蔬菜则要适当早采；冬季收获的蔬菜可适当晚采，夏季收获的蔬菜要适当早采；有冷链流通的蔬菜可适当晚采，常温流通的蔬菜要适当早采；一些有呼吸高峰的果菜，在呼吸高峰到来之前采收，可延长贮藏和流通的保鲜时间。

2）采前适量控水　作为长期贮藏的叶菜（结球白菜、结球甘蓝等）、根菜、茎菜、瓜果及一次性采收的一些绿叶菜，要根据不同品种特性在收获前一定时间适当停止浇水，一般控水 3～7 天，可有效调动其耐藏性，减少腐烂，延长蔬菜采后保鲜期。

3）在一天中温度最低时采收　尽量在一天中温度最低的清晨采收，可减少蔬菜所携带的田间热，降低菜体的呼吸，有利于采后品质的保持。

4）避开雨水和露水　不要在雨后和露水很大时采收，这种条件下采收的蔬菜很难保鲜，极易引起腐烂。

5）防止机械损伤　采收时要轻拿轻放，严格防止机械损伤。机械损伤是采后贮藏、流通保鲜的大敌。机械损伤不仅可引起蔬菜呼吸代谢升高，降低抗性、降低品质，还会引起微生物的侵染导致腐烂。

（2）修整　修整主要针对叶菜和根茎菜，主要指这些菜的净菜过程。叶菜修整，是要将不能食用的根、叶去掉；根茎菜是要清除须根、泥土和其他不符合商品质量要求的部分。叶菜和根茎菜的修整过程最好与收获同时进行，对叶菜只采收符合商品质量标准要求的部分，将其他部分留下；对根茎菜收获时也要清除须根、外叶等不符合要求的部分。这样一方面可以减少蔬菜再修整对菜体造成的机械损伤，又可将所有垃圾留在产地，并可直接进入下一道工序实施包装，提高效率。

2. 分级、包装与标识

（1）分级

1）分级的目的和意义　分级的目的：把同一品种、同一批次中不同质量、不同大小的蔬菜，按照蔬菜质量标准的要求，进行分级，使同级蔬菜中质量、大小基本一致，使产品达到整齐一致，实现商品化。

其意义在于：

①使农产品标准化、商品化。把质、量参差不齐的产品，变成质、量整齐一致的商品。

②为产、供、销各环节提供共同的贸易语言，为优质优价提供依据。

③为市场规范化、现代化管理提供条件。

④为同种蔬菜不同市场异地交易、交换信息、形成合理价格创造条件。

⑤促进蔬菜规范化、标准化生产，提高产品质量。

2）分级标准　等级标准是评定产品质量的准则，是生产者、经营者、消费者之间互相促进、互相监督的客观依据。我国《标准化法》根据标准的适应领域和有效范围把标准分为四级。蔬菜标准有：国家标准、行业标准、地方标准和企业标准四个等级。国家标准是由国家标准化主管机构批准发布，在全国范围内统一使用的标准。行业标准是由主管机构或专业标准化组织批准发布，并在某个行业范围内统一使用的标准。地方标准是由地方制定、批准发布，并在本行政区域范围内统一使用的标准。企业标准是由企业制定并发布，并在企业内统一使用的标准。

由于蔬菜供食用的部位不同、成熟标准不一致，所以没有一个固定、统一的标准，只能按照各种蔬菜品质的要求制定各自的标准。我国"七五"期间对部分蔬菜制定了国家和行业标准，有蒜薹、大白菜、花椰菜、青椒、黄瓜、番茄、菜豆、芹菜、韭菜等。依据生产和市场的发展，"十五"、"十一五"期间，农业部组织相关专家制定和修订部分主要蔬菜标准。

我国制定的蔬菜分级标准较多是按外形、新鲜度、颜色、品质、病虫害和机械伤等综合品质标准分等，每等再按大小或重量分级；有些标准则是兼顾品质标准和大小、重量标准等提出分级。

3）分级方法及设施　分级是实施蔬菜采后商品化处理最重要的环节。蔬菜的分级方法有人工分级和机械分级。国外茄果类、马铃薯、洋葱等已实现机械化分级，其他大多数蔬菜主要借助一些简单设备以人工分级为主。国内大部分蔬菜产地尚未进行分级，出口蔬菜基地、高科技示范园区等已开始进行分级，有些基地还使用了选果分级设备，但绝大部分地区使用简单的工具、按大小或重量人工分级。

蔬菜分级依据蔬菜种类不同使用的设施也有所不同。一些容易产生机械损伤的叶菜类和花菜类（花椰菜、青花菜）、果菜类（如草莓）等，为减少机械损伤，一般在收获同时进行分级。收获时，按照分级标准的要求，将不同等级蔬菜分别放置相应的包装箱内。在收获同时进行分级，一般以目测分级或使用简单的分级设备，这些简单设备主要用于区分大小。生产量较大又适宜机械化分级的蔬菜，如番茄、洋葱等，可使用分级机械。分级机械有各种不同档次：简单的分级机只可按大小分级；较先进的分级机除按大小分级外，还可依据不同色泽、光泽进行外观分级；更先进的分级机还可依据蔬菜的不同内在品质进行分级。使用分级机械要配套修建蔬菜采后处理车间。

国外蔬菜商品化处理设备有大、中、小三种类型，自动化程度较高的机器可以自动清洗、吹干、分级、称重、装箱，并可以用电脑鉴别产品的颜色、成熟度，剔除受伤和有病虫害的蔬菜。

（2）包装与标识

1）包装的作用　蔬菜包装是防止蔬菜机械损伤、保持蔬菜品质、方便蔬菜搬运、保证安全运输和贮藏、减少流通贮藏损耗的重要措施；是实施蔬菜商品化的重要体现；是实现蔬菜流通管理现代化的基础。

蔬菜含水量高，保护组织差，采后易失水、易受到机械损伤和微生物的侵染，导致腐烂，降低其商品价值和食用价值。合理的包装可使蔬菜在流通过程中保持良好的状态，减少搬、运过程中因互相摩擦、碰撞、挤压而造成的机械损伤，减少病虫害蔓延和水分蒸发，避免蔬菜呼吸热及有害气体的积累而引起的腐烂变质。

包装容器具有容纳和保护蔬菜的作用。蔬菜包装又分为内包装（小包装）和外包装（大包装），内包装的主要作用是创造和维持适宜保鲜蔬菜的湿度和气体条件，同时也兼有防止病虫害蔓延、保持蔬菜卫生的作用，减少选购时带来的污染；规范的外包装将同级产品包装在一起，为蔬菜装卸、运输提供保护，为流通搬运提供方便，为市场交易提供标准规格单位，免去了交易过程中的产品过秤或逐个计数。

2）包装材料的要求　包装材料应具有清洁、卫生、无污染、无异味、无有害化学物质、内壁光滑、美观、重量轻、成本低、便于取材、易于回收及处理等特点。

3）包装方法及包装材料

内包装（也称小包装）：一般使用 0.01～0.03 毫米厚的塑料薄膜或塑料薄膜袋、包装纸。超市小包装较多使用塑料托盘外包透明自粘塑料膜，或将自粘膜直接贴菜包装。内包装要注意包装蔬菜的透气性，尤其是温度较高时，包装蔬菜透气不良，常会造成无氧呼吸，促使其快速败坏腐烂。常用的方法是：用透气性好的薄膜；或在包装薄膜上扎眼。内包装材料的规格尺寸要依据不同蔬菜的大小需要而定。

外包装要适宜流通、搬运，防止蔬菜的机械损伤。外包装使用材料有：纸箱、塑料箱（高密度聚乙烯、聚苯乙烯）、钙塑箱（聚乙烯和碳酸钙）、板条箱、竹筐、柳条筐、塑料网、塑料袋等。国外蔬菜外包装较多使用纸箱，日本要求纸箱的耐压强度要大于 300 千克力。目前有些外包装纸箱还兼有防水保湿、防腐的作用。蔬菜在产地收获处理后直接放入外包装箱，运到销地销售之前再进行小包装，这在远距离运输时较多采用。

目前国内蔬菜流通外包装应用较多的是纸箱、塑料周转箱（应符合 GB 8863—1988 的要求）、塑料网、袋等。纸箱、塑料周转箱较多用于果菜，塑料网和塑料袋较多用于结球叶菜和根茎菜。

外包装容器的规格除满足不同蔬菜的需要，还要符合 GB 4892—85《硬质直立体运输包装尺寸系列》的有关规定。包装箱的设计还要考虑不同蔬菜特性的要求，包装后再预冷的蔬菜，包装箱要设计通风孔，要有足够的通风面积保证预冷效果；不耐压的蔬菜包装箱设计不要太高，还可在容器中增加支撑物（瓦楞插板等）和衬垫物（纸、泡沫塑料等）；易失水蔬菜的包装箱应在箱的内壁设有防水层或在包装箱内加塑料薄膜衬垫，防止失水，但温度高时应注意蔬菜通风，可在衬垫薄膜上打眼，既能保水又能透气。

蔬菜在包装容器内存放，依据不同蔬菜的特点，分别有一定的排列形式，既要防止它们在容器内相互碰撞，又要注意蔬菜的通风透气，并充分利用容器的空间。蔬菜包装和装卸时应轻拿轻放，避免机械损伤。

4）包装标识 蔬菜包装物既是蔬菜流通、运输的保护体，又是蔬菜产品信息（品种、等级、数量、生产日期、保质期等）、蔬菜产地信息的载体，可登载蔬菜品牌、商标、特色及产地地址、联系方式等信息。蔬菜包装为蔬菜产地建立品牌、注册商标并扩大影响占领市场提供了媒介，蔬菜品牌的建立又架起了生产者与消费者连接的桥梁，使生产能更好地以市场为导向，调整结构，发展生产。同时蔬菜规范化包装还会为蔬菜异地交易、结算创造条件。因此，蔬菜包装会加快蔬菜品牌的建立，蔬菜品牌的建立又会促进蔬菜商品化和流通管理现代化的进程。

（三）蔬菜的预冷

预冷是对刚采收的蔬菜在运输、贮藏、加工以前迅速除去田间热，冷却到预定温度的过程。蔬菜采收以后，特别是夏季采收以后，蔬菜带有大量田间热，再加上采收对产品的刺激，呼吸作用很强，释放出大量呼吸热，对蔬菜保持品质十分不利。为保持蔬菜采后品质需要预冷。

1. 预冷的作用

蔬菜采收以后，通过呼吸维持其生命活动，呼吸产生 1 克二氧化碳约产生 10.45 千焦的热量，同时蒸发 0.4 克的水。适宜的蔬菜预冷可以最快的速度除去大量田间热和呼吸热，最大限度地保持蔬菜采前的鲜度和品质，减少蔬菜的腐烂。预冷是蔬菜采后创造良好温度条件的第一步，从采收到预冷时间越短，采后流通、贮藏保持品质的效果越好。及时将蔬菜预冷到适宜的温度可抑制蔬菜体内酶的活性、抑制蔬菜的呼吸强度和乙烯释放量，减少蔬菜失水，抑制腐烂微生物的生长，减少腐烂。相反延长采收到预冷的时间会加速蔬菜的衰老、败坏，增加蔬菜采后损失，缩短蔬菜的保鲜期。预冷对蔬菜保持品质的效果，要与随后的冷链流通和冷藏有机结合。如预冷后的蔬菜进入常温条件（尤其是夏天），则不能有效发挥预冷的作用，甚至个别蔬菜还会出现加快腐烂的现象，因为预冷后菜体温度较低，进入常温后，菜体很快结露，有利于病原菌的繁殖。

2. 冷库与预冷库

（1）冷库 为满足蔬菜保鲜对低温条件的需要需建设冷库（冷藏库），冷库由保温库体和机械制冷系统组成。冷库建造要符合 GB50072—2001 冷库设计规范。蔬菜生产园区的冷库主要用于蔬菜采后预冷和采后到上市前的短期贮存，也可用于有贮藏增值价值蔬菜的贮藏。

建造冷库的面积要与生产面积、品种、使用功能相协调。作为周转短期贮存冷库，对冷库平面利用率较高，立体空间利用率较低，因此冷库不宜太高；贮藏用冷库空间利用率较高，可适当高一些。一般贮藏 1 吨蔬菜需冷藏库容积为 4～6 米³，不同品种的蔬菜因其比重不同占有容积有所差异。

蔬菜生产园区生产蔬菜如相对单一，可先建一个冷库；如耐寒叶菜和喜温果菜都有生产，最少要建两个库，将耐寒蔬菜与喜温蔬菜分别存放。

（2）预冷库 预冷库与冷库的库体建造要求是一致的，预冷库与冷藏库相比有两点重要的区别：一是预冷库冷冻机的制冷量远高于贮藏库，相当于贮藏库制冷量的 2～3 倍。单纯贮藏库（存放预冷后的蔬菜）制冷量的设计主要考虑：贮藏蔬菜的呼吸热、机械运转热负荷、库体能量的泄露等。而预冷库除考虑以上因素外，还需重点考虑在几到十几小时内将几十度的菜体降到几度，除去大量田间热所需的制冷量；二是预冷库通风量较贮藏库高。冷风预冷的冷却速度取决于蔬菜的产品温度、冷风的温度、空气的流速、蔬菜的表面积以及形状、质地、包装情况等。

3. 预冷方式及其特点

大部分冷库是用来贮藏产品的，它们的制冷量和气流速度都不足以使产品快速冷却，因此，预冷一般是单独进行的，需要特殊的设备和条件。国外普遍采用的预冷方法有：水预冷、冷风预冷（冷库预冷、差压预冷）、真空预冷、接触冰预冷（包装中加冰）。无论哪种预冷方式其产品的冷却速度都会受到以下因素的影响：①制冷介质与产品接触的程度；②产品和介质间的温差；③制冷介质的周转率；④制冷介质的种类。不同预冷方式的特点不同，预冷产品所需时间也不同。

（1）自然降温预冷 自然降温预冷是传统的用自然风作为预冷介质的预冷方式，它是将采收的蔬菜放置阴凉、通风的地方，使蔬菜的田间热自然散去。其方法简便易行、成本最低。但受自然温度影响降温较慢，而且不能将蔬菜温度降到适宜的预冷温度。在没有更好预冷条件的地方，仍是我国菜农普遍采用的方法。

采用自然冷却方法应注意：①选择阴凉通风的场地；②为降温并减少蔬菜失水，可先将放置蔬菜的场地浇水，水渗后再码菜；③将蔬菜散开，或用通风良好的包装容器；④蔬菜堆码要注意良好通风；⑤蔬菜要及时处理，不宜放置时间过长（＜12小时）

(2) 冷风预冷　冷风预冷是在预冷库中，利用低温冷风进行预冷的方式。风冷时蔬菜与冷风的接触面积越大，冷却速度越快，因此，冷风冷却要特别注意蔬菜的堆积方法。依据预冷库通风量和通风方式的不同，冷风预冷可分为冷库预冷和差压预冷（或强制通风预冷）。

1) 冷库预冷　冷库预冷蔬菜，只用预冷库，不需要其他设备，预冷库内湿度要保持在 90%～95%，库内空气以 1～2 米/秒的流速循环冷却效果较好（一般冷藏库内风速 0.1～0.5 米/秒）。预冷所需时间因蔬菜种类、蔬菜在预冷库的堆积方法、包装容器的通气性和预冷库的预冷能力不同有较大差异。

裸放预冷时，降温速度较快，但菜堆上下预冷不均匀，菜堆表面蔬菜容易失水。因此，预冷量大时要注意菜堆不要堆积过大、过厚。大面积堆放高不要超过 1 米；成垛码放垛宽不要超过 1 米。同时还要根据不同蔬菜堆码后产生的空隙度不同灵活掌握。

包装后预冷时，包装物要具有足够的通气面积，蔬菜的堆码要注意库内空气的流通，不要堵塞库内的通风道，要顺着通风道方向码垛，垛高要低于冷风机。包装预冷降温速度较慢，其降温速度与包装容器的透气性有直接关系，采用透气性较好的塑料周转箱、竹筐、柳条筐，降温速度与裸放相近；采用透气不好的纸箱，降温速度会大大降低。

依据不同蔬菜和不同包装，冷库预冷一般需要十几小时到几十小时。冷库预冷经常出现的问题是预冷不均匀和失水，解决前者要靠合理科学堆码，解决后者要靠保证库内湿度。为保证库内湿度最好在预冷库内安装加湿装置。

冷库预冷的优点：①对蔬菜品种的适应性广；②对蔬菜的堆积方式限制较少，操作较容易；③预冷库可兼做贮藏库，蔬菜量小时可不用再建贮藏库；④设施建造成本较低。

冷库预冷的缺点：①预冷时间长，一般 12～20 小时，有时甚至还要长，因此收获当天不能出售；②预冷不均匀等。

冷库预冷的要点：

①采收。尽可能使预冷菜有较低的品温。冷库预冷所用时间与蔬菜预冷的最初温度有很大关系，一天中高温时间收的菜品温高，所需预冷时间长，低温时间收的菜品温低，所需预冷时间短。因此，最好在品温较低的清晨采收，避开品温较高的时间，并且收获后要尽快预冷。

蔬菜预冷前要进行分级。不同大小的番茄、茄子等果菜及不同包心大小白菜、甘蓝、生菜等叶菜预冷需要的时间差异很大，要保证一批预冷的每棵蔬菜都能达到一致预冷标准，就要使预冷的蔬菜保持整齐一致。另外，对扎捆的蔬菜，扎捆不要太大，最好在 0.5 千克以下。

②包装。采用不同形状、规格的包装容器预冷，所需时间差异较大。采用透气塑料箱、编筐等预冷速度较快，冷却效率高；采用纸箱尤其是没有打孔的纸箱冷却效率最差，用严格密封的纸箱包装后预冷，可能需要 2～3 天的时间，如果再加小包装，则需要更长时间，这样将会失去预冷的意义。因此，使用纸箱包装预冷时，纸箱一定要有足够的通气面积。

③堆码。要使进入预冷库的蔬菜很快降温，热传导量一定要足够大。热传导量与温差、传热面积成正比，与移动距离成反比，因此，预冷菜在库内的堆码要尽可能增加传热面积，菜箱间的距离最小要保持 5 厘米，菜箱堆码太密影响库内冷风对流。同

时，入库时也要注意：同种菜预冷，要将不易预冷的大点的先入库，并放置通风较好的地方，小点的晚入；不同品种蔬菜同时预冷，要将不易预冷的品种早入库并放置通风较好的位置，以形成较为接近的冷却速度。

④冷库温度。依据热传导量与温差的关系，库温与菜温相差越大，降温速度越快，但温度太低，蔬菜又会出现冻害和低温伤害。因此，一般耐寒类蔬菜预冷冷风温度为（2±2）℃，果菜类易出现冷害，冷风温度以 7～10℃为宜。

2）差压预冷　冷库预冷时，库内冷气只能接触包装箱的外侧，难以进入蔬菜内部间隙，因此，冷却速度较慢，并容易产生预冷死角，使预冷不均匀。差压预冷是弥补了冷库预冷的这些不足而发展起来的预冷方式，强制库内冷气进入包装箱内蔬菜间隙，与每个蔬菜直接接触，导出蔬菜的热量，其预冷速度可比冷库预冷快 2～6 倍，一般蔬菜只需 3～6 小时。但比水预冷和真空预冷所用的时间至少长 2 倍。预冷成本与冷库预冷相近，包装后的蔬菜最好用此方法。

差压预冷包装箱要有一定通风面积，一般用开孔塑料箱或开孔纸箱。为保证纸箱的强度和足够的通风面积，纸箱长宽之比不大于 2.5：1；高宽之比不大于 2：1、不小于 0.25：1。日本纸箱开孔面积一般为纸箱表面积的 2%～3%，澳大利亚规定不小于纸箱表面积的 4%。另外，蔬菜种类不同，最适通气面积有所不同。为了使有限的开孔面积更有效通风，风孔的多少、形状、大小、位置都要进行科学计算，一般横面 1～2 个孔，长面 2～3 个孔。横竖颠倒堆码时，横面和长面的通气孔要能较好对齐。

差压预冷要在预冷库中增加一套差压预冷通风系统，并将蔬菜间隙列为这个通风系统的组成部分。蔬菜按要求码放在差压预冷通风机风道的两侧，菜垛码好后，用苫布把菜垛风道的顶部和侧面封严，差压预冷风机开启时，在风道形成负压，使菜垛两侧形成压力差，迫使库内冷风进入蔬菜间隙，将蔬菜热量带走。

为使冷风均匀进入每一个菜箱，有效将蔬菜热量带走，除去设备因素外，蔬菜的堆码也是很关键的。蔬菜堆码要求：除包装箱通气孔、菜间缝隙以外，其他地方都不要留有缝隙，防止跑风降低风压。因此要求菜箱间不要留有缝隙，预冷盖布遮挡一定要严密。

差压预冷时，要求蔬菜箱垛中所有的蔬菜都在较短的时间内冷却到某一温度，当然冷库中空气温度越低、通过蔬菜箱垛的空气流量越大，蔬菜的冷却速度越快。但是冷库温度过低可能会使部分蔬菜发生冻害或冷害，再加差压预冷时，流过蔬菜的风速远大于冷库预冷，因此要求差压预冷的库温要较冷库预冷高1~2℃。

差压预冷的优点：①比冷库预冷冷却速度快，只相当冷库预冷时间的 1/6~1/2，而设施建造费、预冷费与冷库预冷相近；②预冷较均匀，可使整个预冷系统的每个菜箱的蔬菜均匀降温；③设备成本低。

其缺点是：①同样大的预冷库，一次处理量较冷库预冷少，一般为冷库预冷处理量的 60%~70%。但由于其预冷时间短，在一定时间内总处理量不会减少；②包装后预冷的包装箱要有足够透气面积；③预冷时对菜箱的码放要求严格。

（3）真空预冷　真空预冷是利用水分蒸发带走热量进而降低温度的原理。水在标准气压下（1.013×10^5 帕）100℃沸腾，气压下降，沸点也随之下降，当气压下降到 666 帕时，水的沸点降为 1℃。1℃的水蒸发 1 千克，可以带走 2 491 千焦的蒸发潜热。

蔬菜真空预冷时，将蔬菜放置坚固、气密的真空罐中，迅速抽出罐中的空气和水蒸气，使蔬菜表面的水在真空负压下蒸发而冷却降温，当容器中的压力减小时，蒸发可以连续进行，如果压力减少到 610 帕时，蔬菜就可能连续蒸发冷却到 0℃。真空预冷过程中蔬菜的失水在 1.5%~5%，大约温度每降低 5.6℃，失水量为 1%。为减少真空预冷蔬菜的失水，有些真空冷却器中增加了加湿装置。美国的一些产地，预冷前往生菜上洒水，来减少预冷生菜的失水。

真空预冷降温速度依据不同蔬菜差异较大。由真空预冷原理可以了解，在减压条件下，水分蒸发越容易的蔬菜降温速度越快，比表面积大的叶菜，降温速度最快，如菠菜只需10～15分钟，不易失水的番茄预冷20分钟才从25℃降到22℃。因此，比表面积较大、水分蒸发快的叶类蔬菜适宜用真空预冷，根茎菜、果菜不宜用真空预冷（表32）。生产上常采用真空预冷的蔬菜有：生菜、菠菜、芹菜、石刁柏、花椰菜、甘蓝、葱、蘑菇等。

真空预冷需要透气包装，一般透气包装箱的空隙度对预冷时间几乎没有影响，但用完全密封的容器包装的蔬菜，几乎不能冷却。

真空预冷的优点是：预冷速度快，预冷死角少，降温均匀。

缺点是：设施费高。其设施费相当于同样处理能力的冷库预冷的3～4倍，而且还要配套贮藏库。

表32　具有不同表面积体积比的蔬菜的真空预冷效果

产品表面积/体积	包装类型	真空冷却时间（分）	产品的温度	
			初温（℃）	终温（℃）
表/体大的				
抱子甘蓝	夸脱圆筐	20	20	3
苦苣	板条箱	20	20	2
结球生菜	纸板箱	13	22	2
菠菜	筐	10	19	3
表/体中等				
菜豆		20	27	16
菜花	板条箱	20	24	7
芹菜	板条箱	13	21	8
甜玉米	板条箱	20	28	6
表/体小的				
去顶胡萝卜	板条箱	45	19	16

（续）

产品表面积/体积	包装类型	真空冷却时间（分）	产品的温度	
			初温（℃）	终温（℃）
黄瓜	筐	20	26	23
马铃薯		30	18	14
番茄	隔窝盘	20	25	22

注：摘自《果蔬花卉苗木商业贮藏手册》。

（4）水预冷 水预冷是用冷水作为制冷介质，用冷水冲、冷水淋或将产品浸在冷水中的一种预冷方式。我国自古就有利用地下水预冷蔬菜的做法，例如：将西瓜、黄瓜浸入井水，使其降温。现代水预冷所用冷水均是用机械降温，用冷却水或冰。预冷水温在不使产品受害的前提下要尽量低，一般在1℃左右。预冷时间在十几分钟到几十分钟。可在20～45分钟内将25～30℃的菜温降至4℃左右。为节省能源和水源，水冷却器中的水一般是循环使用的，这样会导致水中腐败微生物的积累，使产品受到污染。一般应在冷却水中加入次氯酸盐等化学药剂，减少病源微生物的交叉感染。另外，冷却器也要经常清洗消毒。

水预冷依据预冷蔬菜与水接触的形式可分为：洒水式、喷雾式、浸水式等。洒水式是将蔬菜堆在传送带上或装在容器中，由冷水槽向预冷蔬菜洒水，进而使蔬菜降温的方式；喷雾式是由传送带载着预冷蔬菜进入喷淋冷水的封闭装置，加压冷却水喷出，将蔬菜预冷；浸水式是将蔬菜装入网袋或塑料箱、木箱中，浸入流动的冷水中进行预冷。各种水冷方式均要按照各种蔬菜所需预冷时间，确定预冷菜与预冷水的接触时间。

水的热传导率是空气的20倍以上，因此，水预冷较空气预冷冷却速度快、效率高，预冷设备费和维持费也较低；经水预冷将蔬菜弄湿，可避免蔬菜萎蔫，但易导致蔬菜腐烂。因此，叶菜不宜采用水预冷。预冷循环水的污染，是使用此方法应着重考虑的问题；预冷以后的蔬菜还需要有配套的贮藏库存放。

适宜用水预冷的蔬菜主要是根茎菜和果菜，国外常用水预冷的蔬菜有：胡萝卜、白萝卜、芹菜、芦笋、甜玉米、网纹甜瓜等。

（5）冰预冷 冰预冷是在装有蔬菜的容器内加入细碎的冰屑，利用冰融化带走热量的原理进行预冷。一般将冰放在蔬菜的顶部。此方法适用于接触冰不会产生伤害的耐寒类蔬菜，如花椰菜、抱子甘蓝、菠菜等。如果将蔬菜温度从35℃降到2℃，所需加冰量应为蔬菜重量的38%。因冰融化带走热量有限，在需要降温幅度较大时，需加冰量较多（占蔬菜重量的1/3左右），会大大增加蔬菜的流通成本，因此冰预冷的降温作用是有限的，常作为其他预冷方式的辅助措施，或用于预冷后蔬菜的流通保温，既能保证流通中蔬菜的温度，又能保持环境的湿度。

冰预冷时，可采用人工定量加冰，也可采用机械加冰。冰屑预冷青花菜，用高压加冰屑机，一次可处理二三十箱。

4. 预冷方式的选择

一种预冷方式可以适用不同蔬菜，一种蔬菜也可适用几种预冷方式。应依据蔬菜的种类和产地、市场的具体情况选择预冷方式、建造预冷设施。

（1）不同蔬菜适宜的预冷方式 一些蔬菜预冷温度、预冷方式及预冷时间见表33。

表33 一些蔬菜预冷温度、适宜预冷方式及预冷时间

蔬菜种类	预冷温度（℃）冷库温度（菜温）	预冷时间		
		冷库预冷（小时）	差压预冷（小时）	真空预冷（分钟）
番茄（绿熟）	10~13 <15	15~24	4~6	
青椒	7~10 <15	10~20	3~4	
茄子	9~10 <15	15~24	4~6	

（续）

蔬菜种类	预冷温度（℃）冷库温度（菜温）		预冷时间		
			冷库预冷（小时）	差压预冷（小时）	真空预冷（分钟）
黄瓜	10~13	<15	15~20	4~5	
蒜薹	1~5	<5	20~24	3~4	15~20
菜豆	9~10	<15	20~24	3~4	15~20
豌豆	1~2	<5	20~24	3~4	15~20
荷兰豆	1~2	<5	20~24	3~4	15~20
南瓜	7~10	<15	1~2 天	6~7	
西瓜	10~13	<15	2~3 天	6~8	
甜瓜	3~5	5~6	1~2 天	4~6	
白菜	1~2	<5	1~2 天	5~6	
甘蓝	1~2	<5	1~2 天	4~6	
抱子甘蓝	1~2	<5	15~20	3~4	15~20
石刁柏	1~2	<5	15~20	3~4	15~20
花椰菜	1~2	<5	15~20	4~5	
青花菜	1~2	<5	15~20	4~6	15~20
菠菜	1~2	<5	15~20	3~4	15~20
芹菜	1~2	<5	15~20	3~4	15~20
油菜	1~2	<5	15~20	3~4	15~20
羽衣甘蓝	1~2	<5	15~20	3~4	15~20
生菜	1~2	<5	20~24	4~6	15~20
大葱	1~2	<5	15~20	3~4	15~20
大蒜	1~2	<5	15~20	3~4	15~20
菊苣	1~2	<5	15~20	3~4	15~20
姜	10~13	<15	15~20	3~4	
芋头	7~10	<15	20~24	4~6	

（续）

蔬菜种类	预冷温度（℃）冷库温度（菜温）		预冷时间		
			冷库预冷（小时）	差压预冷（小时）	真空预冷（分钟）
胡萝卜	1～2	<5	20～24	3～5	
白萝卜	1～2	<5	24～28	7～10	
草莓	1～2	<5	15～20	3～4	
甜玉米	1～2	<5	20～24	6～8	15～20
蘑菇	1～2	<5	15～20	3～4	15～20

（2）预冷方式的选择 选择预冷方式时，应注意以下几点：

1）蔬菜种类、生产规模、产品数量；

2）各种预冷方式的特点；

3）现有条件、配套设备；

4）距市场远近、市场质量要求、价格；

5）投入预冷的成本。

在蔬菜生产品种较多、规模较小时，宜采用冷库预冷或差压预冷，此预冷方式可适用所有的蔬菜类型，且预冷量可多可少，使用灵活，预冷成本较低。但差压预冷对预冷蔬菜包装及预冷时的堆码有严格要求；蔬菜生产品种较专一、生产规模较大且又适宜真空预冷时，可采用真空预冷。

（3）几种代表性蔬菜的预冷

1）生菜预冷 生菜最适宜的预冷方式是真空预冷。一般要求预冷目标温度（4±1）℃。真空预冷如最终压力控制在 666～800 帕时，预冷时间大概需要 20 分钟。真空预冷时生菜表面温度要比中心温度低 1～2℃，为防止表面受冻，减压时要特别注意压力、湿球温度。

生菜用冷库预冷时，预冷库温度设定在 0～1℃；用差压预冷时，预冷库温度设定在 2～3℃。冷库预冷需 15～20 小时，差压预冷需 5～6 小时。

2）菠菜预冷　采收以后的菠菜，高温很易引起叶绿素的损失，因此要尽量缩短收获到预冷的时间。菠菜极易失水，因此要防止过度处理，并可进行适度包装。真空预冷，最终温度到 5℃，需 20 分钟左右，失水 3%～4%；差压预冷需 2～3 小时，但直接用冷风吹，易引起失水，为避免过分失水，可用塑料薄膜袋包装后再预冷，塑料薄膜包装后差压预冷需 8～12 小时。也可先差压预冷 1～2 小时再套塑料薄膜包装袋。

3）番茄预冷　番茄不适用真空预冷，适宜用差压预冷和冷库预冷。完熟番茄品温 25℃，用差压预冷 4～6 小时可预冷到 5℃；用冷库预冷，需 20～24 小时。完熟番茄在高温条件下很易软化，收获后要尽快预冷。

4）草莓预冷　草莓是采后最易受损伤的品种之一。成熟度较高草莓保鲜期很短，成熟度低的草莓食用品质较差，即使 70%～80%着色的果实，由于糖酸比较低，食用品质也不好。因此，要提高草莓的食用品质就要提高其成熟度，结合采后迅速预冷和冷链流通延长保鲜期。

草莓用差压预冷，需 3～4 个小时；用冷库预冷需 15～20 小时。预冷后要冷链流通，流通温度要在 10℃以下。预冷后如不保冷流通，将会失去预冷的作用。

5）青花菜预冷　青花菜是采后极易黄花的蔬菜，因此采后要及时预冷。可用真空预冷、差压预冷、冷库预冷、冰预冷。个体较大的青花菜用真空预冷常常会出现预冷不彻底的情况，茎中心温度降不下来，可采用在包装容器内加冰或放置预冷库继续预冷；利用差压预冷需 4～6 小时；用冷库预冷需 15～20 小时。

6）甜玉米预冷　甜玉米采后在高温下，糖分迅速减少，品质下降，包皮黄花。在 10℃下糖分损失为 0℃时的 4 倍，在 30℃下，一天有 60%的糖转化为淀粉，在 0℃下只有 6%的糖转化为淀粉。因此，收获后迅速预冷对甜玉米更为重要。用真空预冷 30 分钟左右可从 30℃降到 5℃；用水预冷，将甜玉米浸在0～3℃的水中，从 30℃降到 5℃需要 1 个小时；用差压预冷需6～8小时；用冷库预冷需 20～24 小时。

7）胡萝卜预冷　胡萝卜适宜用水预冷、差压预冷、冷库预冷。水预冷只需要 20～30 分钟，可先用冷水浸 20～30 分钟，再用少量冷水冲淋，这样既保证了预冷效果，又减少了胡萝卜的污染。采用差压预冷需 3～5 小时；冷库预冷需 20～24 小时。

（四）蔬菜的流通

1. 蔬菜产品的流通

蔬菜流通是连接生产和市场，实现生产最终价值的重要环节。蔬菜产品流通是指蔬菜由产地到消费者手中的整个流动过程，广义上包括产地处理（采收、分级、包装、预冷）、运输、销售及消费者购买后烹调前的整个过程。蔬菜采后处理的要求是依据流通距离、时间和销地对蔬菜的质量要求来确定的，运输和销售是流通的主要内容，消费者购买以后也有如何保鲜的问题；狭义流通只是指运输和销售。蔬菜流通伴随蔬菜商品生产的发展从近到远、由简单到复杂，是实现蔬菜商品生产价值的重要环节。伴随国内农业区域化布局的逐步形成，蔬菜生产区域化、规模化、专业化的发展和蔬菜流通国际化的进程，蔬菜流通已成为蔬菜商品生产的重要组成部分，进入了前所未有的发展时期，蔬菜的流通距离越来越远，流通时间越来越长。出口蔬菜的发展又对蔬菜流通质量和效率提出了更高的要求。对蔬菜采后处理、流通技术和设备的重视已摆到了与蔬菜生产同等重要的位置。

蔬菜流通的基本要求：快装快运，缩短运输时间；轻装轻卸，减少机械损伤；防热防冻，延缓衰老，防止腐烂、低温伤害。

（1）蔬菜的流通特性

1）蔬菜采后仍是一活的有机体，仍在进行新陈代谢，继续其发育进程。高温条件促使代谢水平升高、鲜度下降。即使无任何外界的干扰，由于其自身的呼吸代谢也会使小环境的气体、温度、湿度发生变化，促进蔬菜衰老变质。因此，在长距离运输中保持各种蔬菜保鲜的适宜温度很重要。

2）蔬菜组织的构成90％以上都是水，新鲜蔬菜，尤其是叶菜和幼嫩瓜果，一般表面保护组织发育不健全，在收获、装、卸和运输过程中的挤、压、震荡最易造成机械损伤，导致微生物的侵染，引起腐烂。因此，远距离流通的蔬菜要有合理包装；装卸时，要注意轻拿轻放，合理堆码；在运输过程中，除要保证一定温度外，还要防止过量震动，要适量通风。

3）蔬菜品种繁多，不同品种间耐运输特性有很大差异，即是同一品种、同一块地的产品，其大小、形状、质量也有较大的差异。作为流通蔬菜一定要具有流通价值，否则将失去流通的意义，还浪费流通的成本。因此用以流通的蔬菜一定要选择耐运输的品种；进入流通的蔬菜要依据市场商品质量标准的要求，严格进行挑选、分级。

4）各种蔬菜在一定条件下的保鲜期均有一定限度，因此各种蔬菜可运输的时间也是有限的。蔬菜运输目的是为了在目的地销售，要依据各种蔬菜的保鲜特性，在充分考虑销地蔬菜（商品质量要求）流通期和货架期的基础上，确定运输的时间，进而选择适宜的运输路线、运输工具。

（2）蔬菜流通应注意的问题 蔬菜流通除考虑与贮藏有相同的温度、湿度、气体条件外，还要考虑运输过程的振动以及包装和堆码。

1）温度 温度是保证流通蔬菜质量的基础，尤其远距离、长时间运输的蔬菜保持流通中的适宜温度更为重要。预冷和冷链流通是现代蔬菜流通提出的温度要求，产地预冷是流通冷链的开始，产地预冷可使蔬菜采后很快进入利于保鲜的适宜温度，除去大量田间热和呼吸热，可大大降低对运输工具制冷量的要求，降低运输成本。采用低温流通对保持蔬菜的鲜度和品质以及降低运输损耗是十分重要的（表34）。

表34　新鲜蔬菜低温运输温度
（国际制冷学会，1974）

蔬菜种类	冷链运输（℃）		蔬菜种类	冷链运输（℃）	
	1～2 天	2～3 天		1～2 天	2～3 天
辣椒	7～10	7～8	芦笋	0～5	0～2
黄瓜	10～15	10～13	花椰菜	0～8	0～4
菜豆	5～8		甘蓝	0～10	0～6
食荚豌豆	0～5		薹菜	0～8	0～4
南瓜	0～5		莴苣	0～6	0～2
番茄（未熟）	10～15	10～13	菠菜	0～5	
番茄（成熟）	4～8		洋葱	−1～20	−1～13
胡萝卜	0～8	0～5	马铃薯	5～10	5～20

短距离流通的蔬菜对温度要求可稍微放宽一些，运输时间超过3天的蔬菜要与低温贮藏的适温相同。我国目前产地预冷和冷链流通设备与技术的发展还远不能满足蔬菜国际、国内市场对蔬菜流通保鲜质量的要求，出口蔬菜产地预冷和冷链流通设备与技术虽已基本建立，但设备与技术还需进一步完善，预冷效率和流通质量尚需进一步提高。国内蔬菜大部分是在常温条件下运输、销售，在常温运输中，不论何种运输工具，其货箱和蔬菜的温度都受环境温度的影响，尤其是盛夏和严冬对流通蔬菜质量影响更为突出。

2）湿度　蔬菜适宜保鲜的湿度在90％以上。在运输过程中，因其包装方式、方法、材料、运输条件不同，其环境湿度有较大的差异。因此在蔬菜运输过程中要采取有效方法提高蔬菜的环境湿度，减少失水萎蔫。常用的方法有：

①采用具有保湿作用的包装箱。常在纸箱的制作中加入防水

保湿材料。采用此种纸箱包装时，纸箱密封不要太严，要有一定通气面积，调节箱内温度和气体。此方法包装箱成本较高，一般出口蔬菜较多采用此方法。

②在包装容器内部衬垫塑料薄膜。做衬垫的薄膜厚度一般0.01~0.03毫米。此种做法对保持蔬菜的水分效果很好，但薄膜在保水的同时也留住了气体，并且蔬菜的热量也难以扩散，因此最好是预冷以后的蔬菜再使用塑料薄膜做衬垫，或是在气温、菜温较低的季节使用。要依据蔬菜的具体情况，上部薄膜不要密封过严，要留出适量缝隙，使其通气、散热。各种蔬菜均可采用此方法。

③用塑料袋包装。塑料袋所用薄膜厚度一般0.03~0.05毫米，其大小依据所装蔬菜种类不同而有所不同，一般一袋5千克左右。国内蔬菜流通采用此方法的较多，包装蔬菜多为果菜和根茎菜。

3）气体　除气调运输外，新鲜蔬菜在运输过程中由于自身呼吸代谢和包装容器材料、性能的不同，容器内气体成分也会发生相应的变化。尤其采用防水保湿包装箱，或是用塑料薄膜做衬垫、包装，运输蔬菜小环境二氧化碳等一些代谢气体积累，氧气下降。为防止二氧化碳等气体过分积累对蔬菜产生伤害和氧气的过分下降造成蔬菜无氧呼吸，要注意适量通风。尤其在高温季节常温运输时更要注意。

4）包装　蔬菜运输对包装的要求有以下几点：

①包装容器易于搬运。单件包装不宜过大，一般20千克左右。易于产生机械损伤、价值较高的要实施小件包装，一般一件2.5~5千克。

②包装容器要有一定的强度和对运输过程的振动具有缓冲作用，减少对蔬菜的影响。瓦楞纸箱的缓冲作用较好，但易吸湿降低强度，采用防水纸箱较好。对有些易产生机械损伤、价值较高的蔬菜可在包装容器内垫一些包装纸或碎纸屑，还可用包装纸、

聚苯网套单体包装，还有在包装箱内用纸板做成间隔，都对运输蔬菜起到了保护作用。

③包装中的衬垫及填充包装材料要求柔软、质轻、清洁卫生。

5）堆码与装卸 运输蔬菜的装车方法是否正确，直接关系到蔬菜运输的成功与否。装车方法直接影响蔬菜的机械损伤、运输中蔬菜环境的温度、气体条件，最终影响蔬菜的运输质量。因此，蔬菜装卸要注意轻拿轻放。在蔬菜装车堆码时，主要是留出通风间隙，纸箱有井字形、品字形装车法，菜筐有筐口对装法。各种装车方法的共同目标是：

①温度保持均匀。冷藏运输时使每箱菜都能接触到冷空气；保温流通时使车中心蔬菜与边际蔬菜保持较一致的温度。

②菜箱与车壁间留出空隙。在每个包装个体之间留出适当的间隙，以使车内空气能顺利流通，进而调节运输蔬菜的温、湿度和气体条件。

我国目前蔬菜流通装卸搬运主要靠人力，劳动强度大，机械损伤严重。伴随生产的发展，伴随流通装卸现代化设备的使用，将会大大改善搬运条件，提高搬运质量。

2. 运输方式及工具

蔬菜的运输按其所走的路线不同，可分为公路运输、铁路运输、航空运输和水上运输。蔬菜从产地到销地的运输，是一系统工程，需要依据蔬菜种类、运输距离和消费市场的质量要求以及能付出的成本确定一种运输方式或多种运输方式有机结合完成运输过程。各种运输方式均有各自的长处和不足，充分发挥各种运输方式的优势，达到优势互补，是设计运输路径时应充分考虑的。

（1）公路运输 公路运输是最基本的运输方式。无论是短距离产地到市场的运输，还是铁路、航空和水上运输时，从产地到铁路、机场、码头和从铁路、机场、码头到销售市场都需要公路运输作为补充。公路运输的优点是：时间灵活，可随时起程，短途运输蔬菜送达速度快；方便，可深入到生产和生活的任何能通公路的地区；可进行门对门服务，中途无须换装送达。另外，投资较少，包装要求相对较为简易等也是其优势。其不利因素主要有：运量小、能耗大，远距离运输速度慢、成本高。其运输工具主要有：

1）普通运货车 普通运货车大小、运量各有不同，其共同的特点是：只有运输功能，没有温度控制条件。用其运输蔬菜受自然气温、湿度影响大，车内温度靠堆码通风和加盖草席、棉被及夏天加冰等方法调节。此方法运输成本低，适宜短程运输，运输蔬菜质量差，蔬菜损耗大。

2）保温车 保温车的车体具有保温作用，但无制冷设备，在蔬菜运送过程中主要靠保温车体的保温作用阻断内外气体的交换，以保证蔬菜在运输过程中保持一定温度范围。此方法受环境温、湿度影响小，但不能调节由于蔬菜自身代谢和车体渗漏对车内温度的影响，因此其保温范围是有时间限制的，不同蔬菜可保温运输的时间有所不同。一般夏季预冷以后的蔬菜，运输距离在8小时以内可用保温车运输，未预冷的蔬菜用保温车运输，需要有较好的通风条件，以调节车内的温、湿、气条件。保温车运输具有投资少、造价低、能耗少和节省运营费用等优点。在蔬菜运输中的应用逐渐增加。

3）冷藏车 冷藏车具有保温和制冷功能，可以任意调节蔬菜运输所需的温度，可营造与贮藏冷库同样的条件。冷藏车在气温低的季节也可作为保温车和加温保温车。冷藏车可以给蔬菜运输提供最佳的温度条件，进而大大提高了蔬菜的运输质量。一般冷藏车制冷量的设计，是保证蔬菜运输过程制冷的要求，因此蔬菜要在产地预冷后再装冷藏车运输。如不预冷的蔬菜进入冷藏车，则需要较长时间才能将菜温降到适宜温度，将大大降低运输质量。

(2) 铁路运输 铁路运输具有载运量大、运价低、运达速度快等优点，铁路运输的运价相当于汽车平均运输成本的 1/20～1/15，最适大量蔬菜的远距离运输。但铁路运输不及公路运输灵活，需按铁路的运行时间和车组组合装货运送，运量小和运距短时不及公路运输方便。另外，铁路运输两头都需要公路运输作为辅助，货物需要换装才能送达，因此为保证蔬菜运输的适宜条件带来很大困难。运输集装箱的普及可较好地解决这一问题，既免去了蔬菜的换装，又保证了蔬菜运输全程的条件。

铁路运输工具有：

1) 通棚车 普通棚车与公路运输卡车的特点和性能相似，这种车适宜在较适合的季节运送较易保存的蔬菜，如马铃薯、洋葱等。在气温高和低的季节运输蔬菜的损耗大，甚至可达 40%～70%。

2) 通风隔热车 通风隔热车与公路运输保温车的特点和性能相似。

3) 加冰保温车 加冰保温车简称冰保车，它是在保温车的基础上增加了冰箱，一个车厢 6～7 个冰箱，以冰箱作为冷源，保证车内温度维持在一定范围。由于冰箱的贮冰量是有限的，为保证冷源不断，在铁路沿线定点设加冰所，使车厢能在一定时间内得到冰的补充，维持较为稳定的温度。在严寒季节可用加温设备增温，以防低温伤害。

4) 冷藏车 与公路运输冷藏车特性和性能相近。

集装箱是一种便于机械化装卸和运输的大型货箱，把小型蔬菜箱集中装载在较大的集装箱中，便于集中装卸和转运。

集装箱提供的只是承载蔬菜的箱体，其运输还要靠公路、铁路机车的带动。集装箱运输是具有良好发展前途的运输工具，既省力、省时，又能保证产品质量，实现门对门服务，是现代运输业的一大革命。集装箱也有普通集装箱、保温集装箱和冷藏集装箱，可根据需要进行选择。

纸箱包装蔬菜采用集装箱运输时，应根据所用集装箱的尺寸和蔬菜的大小，合理设计纸箱的规格尺寸。

（3）水上运输 水上运输具有载运量大、运价低等优点。但运送速度远比公路和铁路慢，并且受自然条件影响较大，有时待港时间过长，影响蔬菜流通质量。此方式适宜量大、耐运输蔬菜的长距离运输。

水上运输蔬菜的货舱也同样分普通、保温和冷藏类型，并且水上运输也开始使用集装箱。

（4）航空运输 航空运输速度最快，比铁路快 6～7 倍，但运费高、运量小，只能运送高档、不易保鲜和一些特殊需要的蔬菜。

航空运输一般将蔬菜产地预冷以后再保温运输。

航空运输最大的问题是换装送达环节多、候机时间长，受天气影响较大。

四、产品安全质量管理

（一）蔬菜产品安全质量标准

1. 影响无公害蔬菜产品安全质量的主要因素

根据对全国各地主要蔬菜种类安全质量监测及分析表明，影响无公害蔬菜产品安全质量的主要因素有：有害的金属及非金属物污染、硝酸盐和亚硝酸盐的污染、农药残留的污染。

（1）有害的金属、非金属物污染 有害的金属及非金属主要包括有：铬、镉、铅、汞、砷、氟。

1）铬 铬通常以三价和六价形式存在于自然界，在植物体中主要是三价铬，在水体中则以六价形态存在，六价铬对植物和人体的毒性最大。铬对人类是致癌物。

2）镉 镉为人体的非必需元素，是毒性很强的重金属，可以在人体内潜伏累积，引起急慢性中毒。20 世纪 50 年代举世闻名的日本公害病"骨痛病"就是镉造成的。

3）铅 铅对人体是一种累积性毒物，铅中毒可由检查血中铅浓度进行诊断。铅中毒可造成人体红血球生命期缩短、肾损伤及中枢神经系统紊乱。

4）汞 汞是一种累积性毒物，对人体危害性很大。有机汞比金属汞的毒性更大，在人体中排出比较缓慢，可侵害神经系统，使手、足麻痹。日本 20 世纪 50 年代的水俣事件即是食品中甲基汞污染引起的，当时受害人数达 1 200 多人。

5）砷　砷化物的毒性很大，属于高毒物质。蔬菜能吸收被污染大气中的砷，空气中砷主要来源于金属熔炼、煤的燃烧和使用含砷的杀虫剂。砷的急性中毒表现胃肠炎症状；慢性中毒表现为多发性神经炎，砷被认为是肺癌和皮肤癌的致病因素之一。

6）氟　氟是累积性毒物，人体平均总含氟量为 2.57 克。据报道，日平均摄取 20～80 毫克氟化物 10～20 年可使人中毒致残。氟的急性中毒表现为腹痛、腹泻、呕吐、四肢痛及痉挛；慢性中毒表现为牙齿异常（釉斑）、骨质脆，进而造成甲状腺和肾的功能改变。

（2）硝酸盐、亚硝酸盐污染　自然界中的氮化合物硝酸盐和亚硝酸盐广泛分布存在。硝酸盐能在动物体内外，经硝酸盐还原菌作用还原成亚硝酸盐。亚硝酸盐可将人体血液中血红素的二价铁氧化成三价铁，从而失去结合氧的能力，逐渐引起机体组织缺氧，患氧化血红素症。亚硝酸盐还可能与人体胃中的仲胺、叔胺等次级胺形成强致癌物亚硝胺。动物实验已证实亚硝胺具有强烈的致癌性，它对动物所有的重要器官肝、肺、肾、膀胱、食管、胃、小肠、脑、脊髓等都能引起癌变，亚硝胺还可通过胎盘输给胎儿，导致子代发生畸形，如在动物妊娠期给予一定剂量的亚硝胺，其子代会产生肿瘤，且发生率高达 100%。人体摄入的硝酸盐 80% 来自蔬菜。

（3）农药残留污染　农药在防治蔬菜的病虫害、提高产量和品质方面，具有重要作用。据估计，如不使用农药，蔬菜由于受病虫为害，将导致减产 10% 左右。

1）农药分类　农药主要指用于防治为害农林牧业的有害生物（害虫、害螨、线虫、病原菌、杂草及鼠类等）和调节植物生长的化学药品。

迄今为止，在世界各国注册的农药品种已有 1 500 多种，其中常用的有 300 余种。按其来源可分为矿物源、生物源、化学合成三大类；按化合物类型可分为无机、有机、抗生素和生物农药等类。其中有机合成化合物按化学结构分有 18 种之多；按主要防治对象分类有杀虫剂、杀螨剂、杀菌剂、杀线虫剂、除草剂、杀软体动物剂、杀鼠剂、植物生长调节剂等。

2）农药残留　农药使用后残存于生物体、农副产品和环境中的微量农药原体、有毒代谢物、降解物和杂质的总称，残存的数量称残留量。农药残留是施药后的必然现象，但如果超过最大残留限量，对人畜产生不良影响或通过食物链对生态系统中的生物造成毒害，则称为农药残留毒性（简称残毒）。

3）蔬菜产品农药残留现状　尽管施用农药均会造成不同程度的残留，但由于农药本身毒性高低不同、化学性质稳定性不同，因而造成的危害也不同。目前影响无公害蔬菜产品安全质量的农药主要为杀虫剂类农药，在此类农药中又以有机磷类杀虫剂为主，其中尤以高毒、高残留有机磷杀虫剂为甚。即 3 个 70%：使用的农药中 70% 为杀虫剂；杀虫剂中 70% 为有机磷类杀虫剂；有机磷类杀虫剂中 70% 为高毒、高残留农药。

4）三种主要的杀虫剂

①有机氯杀虫剂。有机氯杀虫剂主要包括滴滴涕（DDT）和六六六（BHC）。我国已于 1983 年全面停止生产和使用 DDT 及六六六。

目前国内使用较多的三氯杀螨醇是一种速效强触杀有机氯杀螨剂，主要用于防治螨虫。此农药在绿色食品蔬菜生产中，也已被明令禁止使用。

②氨基甲酸酯类杀虫剂。用于蔬菜生产中的氨基甲酸酯类杀虫剂主要有抗蚜威、灭多威（万灵）。在蔬菜生产中，尤其是在韭菜中造成农残超标的主要是克百威（呋喃丹）。克百威是一种高毒、高残留杀虫剂，故其毒性极高，在蔬菜生产中已被严禁使用。

③有机磷杀虫剂。目前在蔬菜生产中使用的有机磷杀虫剂有敌百虫、倍硫磷、杀螟硫磷、水胺硫磷、毒死蜱、辛硫磷。其中

毒死蜱（乐斯本）为广谱性硫逐式硫代磷酸酯类杀虫剂，在当前蔬菜生产中使用较多。蔬菜生产中严禁使用的有机磷杀虫剂有：马拉硫磷、对硫磷、甲拌磷、甲胺磷、久效磷、氧化乐果等。

2. 最大残留限量值制定

蔬菜是我国人民膳食结构中重要组成食品之一，根据 2001 年国家公布的营养健康白皮书中规定，我国人均年蔬菜食用量为 160 千克，为确保食用者的健康安全，必须对蔬菜中残留有害物质的最大量作出限定，即蔬菜产品安全质量标准。所限量的有害物质包括有害的金属和非金属元素及农药残留物。

（1）最大残留限量　在蔬菜产品中农药残留的法定最高允许浓度（maximum residue limit，简称 MRL），以每千克蔬菜产品中农药残留的毫克数（毫克/千克）表示，亦称允许残留量。中国于 1985 年采用 MRL，MRL 是按照农药标签上规定的施药量和方法使用农药后，在食物中残留的最大浓度，其数值必须是毒理学上可以接受的。在中国，卫生部食品卫生标准委员会提出 MRL，由卫生部发布。其制定 MRL 依据，主要参阅 FAO（世界粮农组织）和各国农药公司提供的数据。

（2）MRL 值的制定　1963 年第十一届世界粮农组织（FAO）大会和第十六届世界卫生组织（WHO）大会分别通过了创建食品法典委员会（Codex Alimentarius Commission，CAC），并在该组织下设立了农药残留法典委员会（Codex Alimentarius on Pesticide Residue，CCPR）。农药残留法典委员会是国际农药残留管理的中心，每年在荷兰海牙举行一次会议。会议先由 FAO 和 WHO 的农药残留专家联席会议评价某种农药的允许摄入量和残留数据，提出 MRL 供 CCPR 讨论，通过后在《食品中农药残留的评价》中公布。

MRL 制定是根据毒理学、人们的膳食结构和田间残留试验等三方面资料确定。

毒理学数据是根据农药在慢性毒性试验中的最大无作用剂量来计算的，即指人体终生每日摄入某种农药，对健康不引起可觉察有害作用的剂量，称为日允许摄入量（acceptable daily intake，ADI），以毫克/（千克·天）表示。

日允许摄入量（ADI）＝动物最大无作用剂量/安全系数

动物最大无作用剂量来自动物急性毒性、亚急性毒性和慢性毒性试验。安全系数考虑到人和动物种间差异约为 10 倍；人类个体间差异亦定为 10 倍，即 $10 \times 10 = 100$。如农药有特殊毒性作用，安全系数可定为 1 000～5 000。

根据 ADI 值，人体平均体重和每日平均食品量推算出 MRL 值。以有机磷农药乐果为例：乐果最大无作用剂量为 2 毫克/千克，中国人平均体重按 60 千克算，人均日食蔬菜 0.5 千克。

ADI＝最大无作用剂量/安全系数＝2/100＝0.02 毫克/千克

ADI×人体平均重量/蔬菜食用量＝0.02×60/0.5＝2.4 毫克/千克

MRL 值最终确定还要根据残留田间试验数据进行评议。中国残留田间试验要求根据该农药规定的施药量和施药次数在有代表性的作物产区进行二年田间试验，以便取得最大残留量值。多数农药的田间实测最大残留数值是低于根据慢性毒性试验算出的可允许的残留量。

一种农药在某类食品中的 MRL 是经过多学科有关专家经过大量严密科学实验得出来的，是制定食品安全质量标准的重要依据。

3. 蔬菜产品安全质量标准

在我国，从标准的制定和管理上看，可分为国家标准、行业标准、地方标准和企业标准四种类型。根据 WTO 的有关规定和国际惯例，标准是自愿性的，而法规或合同是强制性的。但标准的内容一旦通过法规或合同的引用即可强制执行。根据中华人民共和国《产品质量法》第九条规定，国家推行的产品质量认证制度就是法律行为。依产品质量认证制度规定进行产品质量认证中，作为认证用的产品标准，不管是强制性标准还是推荐性标准，对实行认证的生产企业有强制执行性质，企业生产的产品必须符合该产品标准。当用户或消费者购买的该企业生产的有认证标志的产品不符合产品标准时，可依法起诉，需求该生产企业赔偿损失。

蔬菜作为一种商品，就必须有一定质量标准。蔬菜产品安全质量标准主要是指卫生质量指标，只有达到这个质量的要求，才能称为该标准的蔬菜。

我国蔬菜产品安全质量标准主要有：无公害蔬菜产品安全质量标准、绿色食品蔬菜产品安全质量标准、有机食品蔬菜产品安全质量标准。

（1）无公害蔬菜产品安全质量标准　2001 年 4 月，农业部正式启动了"无公害食品行动计划"，并率先在北京、上海、天津、深圳四城市进行先期试点。无公害农产品指产地环境、生产过程、最终产品质量符合无公害农产品标准和规范，并使用无公害农产品标识的农产品。

无公害农产品以全面提高农产品质量安全水平为核心，以农产品质量标准体系和质量检验检测体系建设为基础，以"菜篮子"产品为突破口，以市场准入为切入点，从产地和市场两个环节入手，通过对农产品实行从"农田到餐桌"全过程质量安全控制，用 5～8 年的时间，实现主要农产品生产和消费无公害化，满足国内外市场发展需要。

1）国家质检总局颁布的无公害农产品安全质量标准　2001 年 8 月国家质量监督检验检疫总局发布了 GB18406.1—2001《农产品安全质量　无公害蔬菜安全要求》国家标准。该标准规定了无公害蔬菜中金属、非金属有害物质限量标准（表 35）及硝酸盐、亚硝酸盐限量标准（表 36），同时给出 39 种农药残留限量值（表 37），其中杀虫剂 35 种，杀菌剂 4 种。在杀虫剂中，有机磷类杀虫剂17种，氨基甲酸酯类4种，菊酯类农药11种，几丁质合成抑制剂3种。上述限量要求和试验方法采用了现行的国家标准。

表35　无公害蔬菜中金属、非金属有害物限量值（毫克/千克）

名　称	限量值	名　称	限量值
铬	≤0.5	镉	≤0.05
铅	≤0.2	汞	≤0.01
砷	≤0.5	氟	≤1.0

表36　无公害蔬菜硝酸盐、亚硝酸盐限量指标（毫克/千克）

名　称	限量指标
亚硝酸盐（$NaNO_2$）	≤4.0
硝酸盐（瓜果类）	≤600
硝酸盐（根菜类）	≤1 200
硝酸盐（叶菜类）	≤3 000

表37　无公害蔬菜的农药最大残留限量（毫克/千克）

名　称	限量值	名　称		限量值
马拉硫磷	不得检出	抗蚜威		1.0
对硫磷	不得检出	甲萘威		2.0
甲拌磷	不得检出	二氯苯醚菊酯		1.0
甲胺磷	不得检出	溴氰菊酯	叶类菜	0.5
			果类菜	0.2
久效磷	不得检出	氯氰菊酯	叶类菜	1.0
			番茄	0.5
氧化乐果	不得检出	氟氰戊菊酯		0.2
克百威	不得检出	顺式氯氰菊酯	叶菜类	1.0
			黄瓜	0.2
涕灭威	不得检出	联苯菊酯		0.5
六六六	0.2	三氟氯氰菊酯		0.2

（续）

名　　称	限量值	名　　称	限量值
滴滴涕	0.1	顺式氰戊菊酯	2.0
敌敌畏	0.2	甲氰菊酯	0.5
乐果	1.0	氟胺氰菊酯	1.0
杀螟硫磷	0.5	三唑酮	0.2
倍硫磷	0.05	多菌灵	0.5
辛硫磷	0.05	百菌清	1.0
乙酰甲胺磷	0.2	噻嗪酮	0.3
二嗪磷	0.2	五氯硝基苯	0.2
敌百虫	0.1	除虫脲	2.0
亚胺硫磷	0.5	灭幼脲	3.0
毒死蜱	1.0		

注：未列项目的农药残留限量标准各地区根据本地实际情况按有关规定执行。

　　2）农业部制定的无公害蔬菜安全质量标准　农业部自推行无公害食品行动计划以来，先后制定出多批次无公害蔬菜安全质量标准。在执行中，已对一些安全质量标准进行了修订，现仍有效的安全质量标准有 24 个（表 38）。无公害蔬菜安全质量标准原则上依据蔬菜分类标准进行制定，采用的限量标准值（MRL）与国家标准值一致。

表 38　农业部制定的无公害蔬菜安全质量标准

标　准　号	标　准　名　称
NY 5078—2005	无公害食品　豆类蔬菜
NY 5082—2005	无公害食品　根菜类蔬菜
NY 5089—2005	无公害食品　绿叶类蔬菜
NY 5221—2005	无公害食品　薯芋类蔬菜
NY 5238—2005	无公害食品　水生蔬菜

（续）

标 准 号	标 准 名 称
NY 5230—2005	无公害食品　多年生蔬菜
NY 5299—2005	无公害食品　芥菜类蔬菜
NY 5316—2006	无公害食品　可食用花卉
NY 5317—2006	无公害食品　芽类蔬菜
NY 5001—2007	无公害食品　葱蒜类蔬菜
NY 5003—2008	无公害食品　白菜类蔬菜
NY 5005—2008	无公害食品　茄果类蔬菜
NY 5008—2008	无公害食品　甘蓝类蔬菜
NY 5246—2004	无公害食品　鸡腿菇
NY 5247—2004	无公害食品　茶树菇
NY 5095—2006	无公害食品　食用菌
NY 5185—2002	无公害食品　速冻绿叶类蔬菜
NY 5192—2002	无公害食品　速冻葱蒜类蔬菜
NY 5193—2002	无公害食品　速冻甘蓝类蔬菜
NY 5194—2002	无公害食品　速冻瓜类蔬菜
NY 5195—2002	无公害食品　速冻豆类蔬菜
NY 5184—2002	无公害食品　脱水蔬菜
NY 5186—2002	无公害食品　干制金针菜
NY 5232—2004	无公害食品　竹笋干

（2）绿色食品蔬菜安全质量标准

1）绿色食品蔬菜质量标准概念　绿色食品蔬菜是对无污染蔬菜食品的一种形象表述。作为绿色食品中的一大类食品，绿色食品蔬菜必须符合绿色食品的定义，即是遵循可持续发展原则，按照特定生产方式生产，经专门机构认定，许可使用绿色食品标志商标的无污染的安全、优质、营养类食品。根据这一定义，绿色食品蔬菜质量标准的概念为：

①绿色食品蔬菜是在保护环境和保持资源可持续利用的前提下进行生产，其宗旨是既满足当代人的需求，又不危及后代人为满足其需求的发展；

②绿色食品蔬菜是在良好的生长环境下，严格控制生产投入品的使用，严格规范其操作过程，对产品实施全程质量控制；

③绿色食品蔬菜不同于一般蔬菜，它是有特定标志的蔬菜。无污染、安全、优质、营养是绿色食品的特征。无污染是指在绿色食品蔬菜生产、加工过程中，通过严密监测、控制、防范农药残留、放射性物质、有害金属元素、致病菌等对蔬菜的污染，以确保绿色食品蔬菜的高标准、高质量。绿色食品的优质特性不仅包括产品的商品质量，更重要的是内在品质优良，即营养价值和卫生安全指标高。

④绿色食品蔬菜质量标准既强调了环境和生产过程，又突出了产品的质量，使全过程质量控制达到高度的和谐与统一。

2）绿色食品蔬菜安全质量标准　绿色食品安全质量标准以全程质量控制为核心，其质量标准是绿色食品标准体系中的一部分，质量标准是标准体系的有机组成，和整个标准体系密不可分。

目前绿色食品标准分为两个技术等级，即 AA 级绿色食品标准和 A 级绿色食品标准。

AA 级标准要求：生产地的环境质量符合《绿色食品　产地环境质量标准》，生产过程中不使用化学合成的农药、肥料、食品添加剂、饲料添加剂、兽药及有害于环境和人体健康的生产资料，而是通过使用有机肥、种植绿肥、作物轮作、生物或物理方法等技术，培肥土壤、控制病虫草害，保护或提高产品品质，从而保证产品质量符合绿色食品产品标准要求。

A 级标准要求：生产地的环境质量符合《绿色食品　产地环境质量标准》，生产过程中严格按绿色食品生产资料使用准则和生产操作规程要求，限量使用限定的化学合成生产资料，并积极采用生物学技术和物理方法，保证产品质量符合绿色食品产品标准要求。

作为绿色食品蔬菜目前只有 A 级标准。已发布实施的绿色食品蔬菜质量标准如下：

标准号	标准名称
NY/T 654—2002	绿色食品 白菜类蔬菜
NY/T 655—2002	绿色食品 茄果类蔬菜
NY/T 743—2002	绿色食品 绿叶类蔬菜
NY/T 744—2002	绿色食品 葱蒜类蔬菜
NY/T 745—2002	绿色食品 根菜类蔬菜
NY/T 746—2002	绿色食品 甘蓝类蔬菜
NY/T 747—2002	绿色食品 瓜类蔬菜
NY/T 748—2002	绿色食品 豆类蔬菜
NY/T 1044—2006	绿色食品 藕及其制品
NY/T 1048—2006	绿色食品 笋及笋制品
NY/T 1049—2006	绿色食品 薯芋类蔬菜
NY/T 1324—2007	绿色食品 芥菜类蔬菜
NY/T 427—2007	绿色食品 西甜瓜
NY/T 1405—2007	绿色食品 水生蔬菜
NY/T 1507—2007	绿色食品 山野菜
NY/T 1506—2007	绿色食品 食用花卉
NY/T 1325—2007	绿色食品 芽苗类蔬菜
NY/T 1326—2007	绿色食品 多年生蔬菜
NY/T 749—2003	绿色食品 食用菌
NY/T 1406—2007	绿色食品 速冻蔬菜

3）绿色食品蔬菜质量标准的科学性　绿色食品标准体系是由若干个标准构成，是衡量最终产品质量是否符合绿色食品的指标尺度。由于绿色食品蔬菜质量保证主要是建立在产前环境和产中的过程上，体现了质量控制前移的理念。同时在制定质量标准

时，充分考虑到各种绿色食品蔬菜生产的技术规定，使产前、产中、产后形成有机的联系，从而使整个标准体系体现了一致性、协调性、连贯性和互补性。

4）绿色食品蔬菜质量标准的性质及作用　绿色食品质量标准使用的是 NY/T 标准性质，即农业部推荐的行业标准。在标准中，明确规定了产地环境技术条件，对蔬菜生产区域的空气中各项污染物指标、农田灌溉水中各项污染物指标、土壤中各项污染物指标均作了严格的限量规定。生产者在申请使用绿色食品标志时，首先要提交生产环境的监测数据，只有经国家认定的环境监测部门出具符合上述指标的证明，生产者才有资格进行申请。

根据绿色食品蔬菜质量标准的性质，可以得出绿色食品蔬菜质量标准的作用：

①绿色食品蔬菜质量标准是认定绿色食品的依据；

②绿色食品蔬菜质量标准是维护生产者和消费者合法权益的法律依据；

③绿色食品蔬菜质量标准是出口蔬菜贸易谈判的依据。

（3）有机食品蔬菜产品安全质量标准　有机食品蔬菜是指来自于有机农业生产体系蔬菜食品。在国际有机农业运动联合会和我国国家环保总局有机食品发展中心的章程中，都对有机食品的生产作了详细和严格的规定。其生产过程中完全不许使用化学合成的农药、肥料、生长调节剂，也不使用基因工程技术产品。在原有传统农业生产的基础上转变为有机农业生产，一般要经过2～3 年的转换时期。在转换期间，不允许用化学农药、化肥、化学添加剂及转基因物种。经过 2～3 年转换期，继续按有机农业标准生产，其产品要通过认证并授予有机食品证书。从事有机食品认证的机构需经国家认证认可监督管理委员会（CNCA）批准，获取认证资质后即可进行认证工作。

有机食品认证机构对有机蔬菜认证的依据是：中华人民共和国国家标准《有机产品》（GB/T 19630.1～19630.4—2005）。标准中对作物栽培中土肥管理、病虫草害防治、污染控制、水土保持和生物多样性保护作了明确的规定。在规范性附录 A 和附录 B 中对有机作物种植允许使用的土壤培肥和改良物质及允许使用的植物保护产品作了规定。

有机蔬菜作为有机食品中的一部分，有其生产的特殊性。蔬菜种类繁多，对生长环境及对温、光、水、气、肥等要求不尽相同，其生长时间相差较大，在整个生长过程中极易发生病、虫害。在有机蔬菜生产中，有相当数量是利用日光温室进行反季节生产。因而，从某种意义上讲，有机蔬菜生产的难度高于一般有机食品的生产。

有机食品蔬菜重在对产品的生产过程的控制，重在对环境的保护。其理念在于整个过程符合标准，产品也一定符合标准。因而有机食品产生的本质，是建立在保持良好的生态环境，形成人与自然和谐共生的理念基础上。实现上述理念，必须首先人与人之间建立诚信的关系。国外有机食品认证，一般只进行过程检查，不做产品检测。正是基于遵守这一诚信原则。

（二）农药管理

农药是蔬菜生产中的重要农用物资，其种类多、剂型不一、性质差别大，一些农药对人、畜有危害作用。因而农药管理工作十分重要。园区中农药管理包括有农药采购、库房保管、进出库手续和农药使用安全等方面。

1. 农药采购

（1）农药采购中注意的问题　蔬菜种类繁多，生产中发生的病虫害多种多样，因而用于蔬菜生产的农药种类也较多。市售农药产品使用的名称有通用名称、商品名称和注册商标名称，因而"一药多名"问题十分突出。有的农药产品标签标注内容不规范，在标签上将商品名标注十分醒目，而将通用名印得很小，使农民，甚至农技人员都难以辨认产品的名称和特性。

面对上述情况，农药采购人员应当具有一定的农药知识，到具有合法经营执照的农药商店采购所需的农药，确保农药产品的质量安全。

（2）不买、不存、不用禁用农药　为从源头上解决农产品尤其是蔬菜、水果、茶叶的农药残留超标问题，在对甲胺磷等5种高毒有机磷农药加强登记管理的基础上，又停止受理一批高毒、剧毒农药的登记申请，撤销一批高毒农药在一些作物上的登记。公布了国家明令禁止使用的农药和不得在蔬菜、果树、茶叶、中草药材上使用的高毒农药品种清单。

国家明令禁止使用的农药有：

六六六（BHC），滴滴涕（DDT），毒杀芬，二溴氯丙烷，杀虫脒，二溴乙烷（EDB），除草醚，艾氏剂，狄氏剂，汞制剂，砷类，铅类，敌枯双，氟乙酰胺，甘氟，毒鼠强，氟乙酸钠，毒鼠硅，甲胺磷，甲基对硫磷，对硫磷，久效磷，磷胺23种（类）农药。

在蔬菜、果树、茶叶、中草药材上限制使用的农药有：甲拌磷，甲基异柳磷，特丁硫磷，甲基硫环磷，治螟磷，内吸磷，克百威，涕灭威，灭线磷，硫环磷，蝇毒磷，地虫硫磷，氯唑磷，苯线磷，三氯杀螨醇、氰戊菊酯、氧乐果、丁酰肼、氟虫腈19种农药。任何农药产品都不得超出农药登记批准的使用范围使用。

对于上述禁用的农药应严格采取不买、不存、不用的三不原则。

2. 药品保管

（1）建有专用的药品库　农药保管不同于一般物品保管，要具有较高的安全性。园区应建有专用的药品库，库房门窗牢固，库内设有药品存放架，存放的药品应分类码放。液体瓶装药品应放在货架下层，纸箱包装的粉状、颗粒药品放在上层。做到过目见数，检点方便，成行成列，文明整齐。注意防水、防潮。库房无人时需上锁，钥匙由库房保管员保管，不得随意转手他人。库房要有严格保卫制度，禁止非本库人员擅自入库。库房严禁烟火和明火作业，库房库管员要懂得使用消防器材，掌握必要的防火知识。

（2）建有药品库管理制度

1）药品库设有专职保管人员，保管人员应具有一定的农药常识，熟悉经常使用的农药。

2）建立有库房管理制度，库房管理制度条文要上墙明示。

3）物资入库保管员要亲自同交货人交接手续，核对清点物资名称、数量是否一致，按药品交接记录本上的要求进行交接签字，应当认识到签收是经济和安全责任的转移。严禁使用的农药不得入库。

4）出库要有领药单。领药单要填明药品名称、规格、领药数量、主管领导和领药人员签字。领药单手续不全者，不得领药。发药时做到"一盘底、二核对、三发药、四减数"的原则。

5）发药时保管员必须与领药人在库房指定位置办理手续，当面点交清楚，防止差错出门。所有发药凭证，库管员应妥善保管，不得丢失。

3. 农药使用

（1）农药合理使用准则　GB/T8321.1～8321.8《农药合理使用准则》包括了220种农药，涉及21种作物，共450多项合理使用标准。适用于农作物病、虫、草害的防治和植物生长调节剂的使用。每项标准规定了每种农药的防治对象、适用作物、施药量、施药次数、施药方法、安全间隔期等。只要严格按标准中规定的技术指标正确施药，就能既有效地防治病虫草害，又能避免发生药害和中毒事故，保证收获的农产品中农药残留量不超过限量标准。

（2）农药使用准则的原则

1）因地制宜地积极采用有效的非化学方法防治；

2）使用化学农药时，要根据防治对象选择合适的农药，做到"对症下药"，有的放矢；

3）要根据病虫害发生情况、预测预报和防治指标，掌握正确的施药时机，不可盲目施药；

4）根据《农药合理使用准则》中规定的施药量（或浓度）和施药次数施药，不得任意提高施药量（或浓度）和增加施药次数；

5）按规定的次数施药后还需防治时，应更换其他适用的农药品种，不应一种农药反复多次使用；

6）安全间隔期是与蔬菜产品中农药残留量关系最大的因素，在确定施药时间时，一定要推算最后一次施药距采收的间隔天数，绝对不得少于标准中规定的安全间隔期；

7）在一种作物整个生长期内，应尽量交替使用不同类型的农药防治病、虫、草害，这样不但防效好，防止农药残留量超标，还可避免、延缓产生抗性。

附：全国农技推广服务中心推荐的无公害农产品生产推荐农药品种名单

一、杀虫、杀螨剂

（一）生物制剂和天然物质

苏云金杆菌、甜菜夜蛾核多角体病毒、银纹夜蛾核多角体病毒、小菜蛾颗粒体病毒、茶尺蠖核多角体病毒、棉铃虫核多角体病毒、苦参碱、印楝素、烟碱、鱼藤酮、苦皮藤素、阿维菌素、多杀霉素、浏阳霉素、白僵菌、除虫菊素、硫黄。

（二）合成制剂

1. 菊酯类： 溴氰菊酯、氟氯氰菊酯、氯氟氰菊酯、氯氰菊酯、联苯菊酯、氰戊菊酯*、甲氰菊酯*、氟丙菊酯。

2. 氨基甲酸酯类： 硫双威、丁硫克百威、抗蚜威、异丙威、速灭威。

3. 有机磷类： 辛硫磷、毒死蜱、敌百虫、敌敌畏、马拉硫磷、乙酰甲胺磷*、乐果、三唑磷、杀螟硫磷、倍硫磷、丙溴磷、二嗪磷、亚胺硫磷。

4. 昆虫生长调节剂： 灭幼脲、氟啶脲、氟铃脲、氟虫脲、除虫脲、噻嗪酮*、抑食肼、虫酰肼。

5. 专用杀螨剂： 哒螨灵*、四螨嗪、唑螨酯、三唑锡、炔螨特、噻螨酮、苯丁锡、单甲脒、双甲脒。

6. 其他： 杀虫单、杀虫双、杀螟丹、甲氨基阿维菌素、啶虫脒、吡虫啉、灭蝇胺、氟虫腈、溴虫腈、丁醚脲。

二、杀菌剂

（一）无机杀菌剂

碱式硫酸铜、王铜、氢氧化铜、氧化亚铜、石硫合剂。

（二）合成杀菌剂

代森锌、代森锰锌、福美双、乙磷铝、多菌灵、甲基硫菌灵、噻菌灵、百菌清、三唑酮、三唑醇、烯唑醇、戊唑醇、已唑醇、腈菌唑、乙霉威·硫菌灵、腐霉利、异菌脲、霜霉威、烯酰吗啉·锰锌、霜脲氰·锰锌、邻烯丙基苯酚、嘧霉胺、氟吗啉、盐酸吗啉胍、恶霉灵、噻菌铜、咪鲜胺、咪鲜胺锰盐、抑霉唑、氨基寡糖素、甲霜灵·猛锌、亚胺唑、春·王铜、恶唑烷酮·锰锌、脂肪酸铜、松脂酸铜、腈嘧菌脂。

（三）生物制剂

井冈霉素、农抗120、菇类蛋白多糖、春雷霉素、多抗霉素、宁南霉素、木霉菌、农用链霉素

（注：带*号者茶叶上不能使用）

（三）生产档案记录

1. 建立生产档案记录

《中华人民共和国食品安全法》和《中华人民共和国食品安

全法实施条例》对食品生产企业的生产条件、管理规范、人员要求、规章制度作出了明确的规定，特别从满足全过程监管和建立可追溯制度的角度着眼，要求生产企业建立台账和生产过程的记录。

蔬菜标准园应对每一个生产单元进行统一编号，建起从整地、播种、育苗、定植、施肥、除虫、打药等田间管理到收获、出售整个过程的蔬菜生产档案，用以指导蔬菜安全生产，从源头保障农产品质量安全。

2. 蔬菜生产档案记录表（供参考）

基本情况

农户姓名：＿＿＿＿＿＿＿

地　　址：＿＿＿＿＿＿县（市、区）＿＿＿＿＿＿镇（乡）
　　　　　＿＿＿＿＿＿村＿＿＿＿＿＿组

种植产品种类

品种名称：　　　　　　　　　　　种植规模：

种植方式（露地、大棚、日光温室等）：

播种时间：　　　　　　　　收获时间：

（初采期：　　　　　　终采期：　　　　　　　　）

农药使用总体情况

使用时间：　　　　　　　　农药名称：

登记证号：　　　　　　　　类型：

剂型规格：　　　　　　　　防治对象：

使用方法：　　　　　　　　使用量：

一个生产周期使用次数：　　末次使用时间：

安全间隔期：

肥料使用总体情况

肥料名称：　　　　　　　　登记证号：

类型：　　　　　　　　　　剂型规格：

使用范围：　　　　　　　　使用方法：

使用量：　　　　　　　　　一个生产周期使用次数：

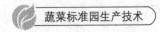

末次使用时间：

　　生产过程完整记录

日期：

内容：（包括播种、施肥、病虫害防治、收获等）

操作人员（签字）：

　　《蔬菜生产档案记录表》要如实填写，妥善保管。

　　为加强园区的管理，除《蔬菜生产档案记录表》外，尚应有其他相应的记录表格。完善的表格管理体系，有利于生产管理，为质量追溯打下良好的基础。园区可根据具体需要，有选择地设计出下列表格，用于生产管理。

　　园区清洁消毒记录表、物资采购通知单、合格供应商汇总表、采购物资检验/验证结果通知单、采购物资出入库台账、内部学习培训记录、外出学习情况登记表、从业人员健康检查档案、机器设备维修清洗保养卡、投入品记录表、领料单、产品出入库台账、产品销售台账、抽检产品留样记录、委托出厂检验登记表、成品检验报告单、食品安全风险分析记录表、农产品生产档案记录。

（四）农药残留检测

　　农药残留分析就是对待检测样本中微量农药残留进行定性或定量分析检测的方法。检测方法随着生产和科学技术的进步，发生着不断的改进与发展。在 20 世纪 50 年代使用无机农药与有机氯农药时期，分析方法局限于化学法、比色法和生物测定法。到了 60 年代，气相色谱法的出现推动了农药残留分析的飞速发展，80 年代后期，对于不具有特殊元素基团，在气相色谱条件下不易气化或易热分解的农药，采用了液相色谱法，其后又有了质谱法和气质联用技术的气相色谱法。

　　1. 农药残留的快速检测方法（定性检测方法）

　　（1）农药残留的快速检测方法原理　20 世纪 50 年代根据有

机磷和氨基甲酸酯类农药的毒杀作用机理，使用胆碱酯酶抑制法对有机磷和氨基甲酸酯类农药残留进行检测。此方法是利用有机磷和氨基甲酸酯类农药具有抑制昆虫的中枢和周围神经系统中乙酰胆碱酯酶活性，造成神经传导介质乙酰胆碱的积累，影响正常传导，使昆虫中毒致死的原理来检测此类农药在蔬菜中的综合残留量。

乙酰胆碱酯酶是一种水解酶，能够将神经系统突触部位的传导神经兴奋的化学物质乙酰胆碱分解为乙酸和胆碱，以维持神经系统的正常生理功能。乙酰胆碱酯酶抑制剂与正常底物争夺乙酰胆碱酯酶结合部位，形成稳定的抑制剂——乙酰胆碱酯酶复合体，使酶丧失活性。

目前此种方法主要是从家蝇或其他动物组织中提取乙酰胆碱酯酶，将乙酰胆碱酯酶与蔬菜样本提取液混合，以碘化乙酰硫代胆碱（ATchI）为底物，二硫双硝基苯甲酸（DTNB）为显色剂，经一段时间后比色，根据吸光值，计算乙酰胆碱受抑制的程度。

如果蔬菜的提取液中不含农药或残留量很低，酶的活性就不被抑制，试验中加入的基质就被水解，水解产物与加入的显色剂反应产生颜色或水解产物本身有颜色。如果蔬菜的提取液中含有农药并残留量较高时，酶的活性被抑制，基质就不被水解，当加入显色剂时就不显色或颜色变化很小。在 412 纳米测定吸光度的变化，计算出抑制率就可判断农药（有机磷和氨基甲酸酯类）的残留情况。

（2）农药残留的快速检测的优点　农药残留的快速检测方法虽然缺乏专一性，仅可检出"有毒"成分，作为定性非定量的判定，但由于对大多数有机磷和氨基甲酸酯类农药灵敏度高，检测速度快，操作简单，受外界因素干扰较少，结果比较稳定，成本较低。因而可作为上述二类农药的特殊分析方法。

根据目前对全国蔬菜进行抽检的结果，造成蔬菜农药残留超标的主要问题集中在有机磷和氨基甲酸酯二大类杀虫剂上。鉴于这种情况，将"特殊的方法与特殊的情况"结合起来作为无公害蔬菜农药残留检测的一种快速方法是行之有效的。其优点表现为：

1）检测仪器价格低；

2）检测每个样品的费用在 1 元之内；

3）操作简单，便于学习掌握；

4）可用于生产基地、批发市场、农贸市场、超市快速检出。

(3) 快速检测存在的问题 农药残留的快速检测方法只能对有机磷类和氨基甲酶酯类农药总量进行定性检测，对于其他农药残留不能进行测定。其检测是否准确的关键在于酶的敏感性和酶的活性，因而必须提高酶的制取技术和保存方法。农药残留的快速检测方法仅为一种快速筛选方法，其最终判定应以色谱法为最终判定依据。因而"快速检测法"是一种辅助性的方法，应和气相色谱法等结合起来使用。

(4) 快速检测仪器类型 目前市场上蔬菜农药残毒快速检测仪类型较多，原理大同小异，根据仪器检测方法依据标准可分为两大类：

1）根据中华人民共和国农业行业标准 NY/T448—2001《蔬菜上有机磷和氨基甲酸酯类农药残毒快速检测方法》研制的RP-410 型农药残毒快速检测仪。该仪器通过测定样品提取液对乙酰胆碱酯酶的抑制率，来判断样品中含有有机磷或氨基甲酸酯类农药的残毒情况。当抑制率≥70％时，表示样品中含有某种有机磷或氨基甲酸酯类农药残毒。

2）根据国家标准方法（GB/T5009.199—2003）速测卡法（纸片法）而专门设计的仪器。主要用于果蔬中有机磷和氨基甲酸酯类农药的快速检测，特别适用于果蔬生产基地和专业户采摘前田间地头检测，农贸批发销售市场现场检测，酒楼、食堂、家庭果蔬、加工前安全检测。

(5) 快速检测方法

1) 速测仪法（酶抑制分光光度法） 根据中华人民共和国农业行业标准 NY/T448—2001《蔬菜上有机磷和氨基甲酸酯类农药残毒快速检测方法》进行的快速检测方法。

该方法适用于叶菜类（除韭菜）、果菜类、豆菜类、瓜菜类、根菜类（除胡萝卜、茭白等）中甲胺磷、氧化乐果、对硫磷、甲拌磷、久效磷、倍硫磷、杀扑磷、敌敌畏、克百威、涕灭威、抗蚜威、丁硫克百威、甲萘威、丙硫克百威、速灭威、残杀威、异丙威等农药残毒的快速检测。

试剂：

缓冲液：磷酸缓冲液，pH8。

丁酰胆碱酯酶：根据酶活性情况按要求用缓冲液溶解，ΔA 值控制在 0.4～0.8 之间。

底物：碘化硫代丁酰胆碱（BTCI），用缓冲液溶解。

显色剂：二硫代二硝基苯甲酸（DTNB），用缓冲液溶解。

仪器：波长为 410 纳米±3 纳米专用速测仪，或可见光分光光度计；

电子天平（准确度 0.1 克）；

微型样品混合器；

台式培养箱；

可调移液枪：（10～100 微升，1～5 毫升）

不锈钢取样器（内径 2 厘米）

配套玻璃仪器及其他配件等。

检测方法：

①取样。用不锈钢管取样器取来自不同植物叶片（至少 8～10 片叶子）的样本；果菜从表皮到果肉 1～1.5 厘米处取样。

②检测过程。取 2 克切碎的样本（非叶菜类取 4 克），放入提取瓶内，加入 20 毫升缓冲液，震荡 1～2 分钟，倒出提取液，静止 3～5 分钟；于小试管内分别加入 50 微升酶，3 毫升样本提

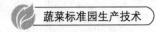

取液，50 微升显色剂，于 37～38℃下放置 15 分钟后再分别加入 50 微升底物，倒入比色杯中，用仪器进行测定。

③检测结果计算

$$抑制率（\%）=（\Delta A_c-\Delta A_s）/\Delta A_c\times100$$

式中：ΔA_c——对照组 3 分钟后与 3 分钟前吸光值之差；

ΔA_s——样本 3 分钟后与 3 分钟前吸光值之差。

抑制率≥70％时，蔬菜中含有某种有机磷或氨基甲酸酯类农药残毒。此时样本要有 2 次以上重复检测，几次重复检测的重现性应该在 80％以上（图 25）。

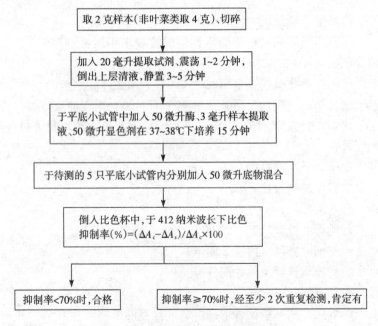

图 25　酶抑制分光光度法检测步骤

2）农药残留速测卡测定　蔬菜不同植株、不同部位取其可食部分约 5 克，用剪刀剪碎（宽度或厚度约 2 毫米）置于洁净的杯中，加入 10 毫升二次蒸馏水，用玻棒搅拌 3～5 分钟备用。小心将农药速测卡试纸端浸入样品的浸出液中约 10 秒后取出，将农药速测卡对折，使 2 片试纸紧贴在一起，置于台面上（白片朝上），或用手捏住，3～5 分钟内打开农药速测卡，观察颜色反应，若为蓝色，则样品为阴性，蓝色明显消褪者为阳性，褪色不明显为可疑阳性。

2. 色谱法农药残留分析（定量检测方法）

（1）气相色谱法　气相色谱法（gas chromatography，GC）是以气体作流动相，液体或固体作固定相，经色谱柱对试样组分进行分离，由检测仪测定的色谱方法。

1）特点　气谱法具有应用范围广、分离效能高、分析速度快、灵敏度高和分离及测定一次完成的优点。但也有其局限性，即不能测定分子量大（＞400）、易热分解、不挥发性物质和解离性物质；对于每项分析，往往需要建立特定分析方法，定性比较困难。

2）仪器组成和工作原理　用于农药分析的气相气谱仪组成包括：载气系统、进样气化系统、色谱柱、检测器、记录系统 5 部分，其中气谱柱和检测仪是分析测定的关键部件。

气相色谱仪工作原理是试样进入气化室，在高温下瞬间气化，随载气进入色谱柱进行分离后，各组分依次流入检测仪转换成电信号，由记录系统得到色谱图。各种物质在相同色谱条件下，均有固定的色谱保留值，即表征某物质在色谱柱内移动情况的量值，根据保留时间可进行定性分析，而根据相应色谱峰的峰高和峰面积（保留体积），即可进行定量分析。

（2）高效液相色谱法　高效液相色谱法（high performance liquid chromatography，HPLC）是以液体为流动相，液体或固体为固定相，由高效分离柱、高压输液泵和高灵敏度检测器组成的仪器用于检测的色谱方法。

1）特点　高效液相色谱法具有高压、高速、高效和高灵敏度特点，最小检出量可达 10^{-11} 克级，微升数量级试样即可进行分析，不受试样挥发性的限制，对高沸点、热稳定性差、分子量大（＞400）的有机物，只要能制成溶液均可进行分析。

2）仪器组成和工作原理　高效液相色谱仪一般由贮液槽、高压泵、梯度洗脱装置、进样器、色谱柱、检测器和记录系统构成。

高效液相色谱法的定性、定量分析原理与气相色谱法相同。其检测器多用紫外检测器（UV）和荧光检测器（FD），后者灵敏度高于前者，适用于氨基甲酸酯、拟除虫菊酯类杀虫剂、灭幼脲等农药残留分析。

(3) 气相色谱-质谱联用技术（GC-MS）　将气相色谱仪和质谱计串联一个整机使用的仪器分析方法，简称色-质联用。它综合了气相色谱仪具有高度分离能力和质谱计具有准确的结构鉴定能力的优点，广泛用于农药混合物及农药分解代谢产物的分离和结构鉴定、农药残留分析。克服了气相色谱法在相同保留时间可以有多种化合物和必须有已知参比物作对照（内标法、外标法）的缺点，以及质谱法具有准确的结构测定能力，但测定混合物较困难的不足，用气相色谱将混合物进行单一分离，输入质谱计进行结构测定，从而使复杂的有机混合物的分离和测定能在同一仪器上、以较短的时间内完成。色—质联用方法在分离测定复杂农药混合物中显示出强大的功能，为多残留分析方法打下了物质基础。

上述介绍的三种方法中，以气相色谱法用的较多，一般的检测机构均备有上述仪器。但这些大型仪器价格较为昂贵，操作人员要经过较长时间的培训，因而该方法不是蔬菜安全质量监测的普遍、快速、简易的方法。

（五）蔬菜产品准出、准入制度

1. 蔬菜产品准出、准入制度的重要性

蔬菜产品准出、准入是蔬菜从产地进入市场的重要交接环

节，把好这一关，是确保蔬菜产品质量安全的关键。通过蔬菜产品准出、准入制度的建立，在重点生产基地、蔬菜批发市场、大型超市、蔬菜产销企业等设立农产品质量检测点，将不合格的蔬菜产品阻截在流通领域之外。实践证明，蔬菜产品准出、准入制度在确保蔬菜产品质量安全上发挥着重要的作用，是行之有效的技术措施。

2. 蔬菜产品准出、准入制度的工作目标

通过实施蔬菜产品产地准出制度和市场准入制度，强化蔬菜产品质量安全意识，营造全社会共同关心、支持实施农产品产地准出、市场准入工作的良好氛围，严格禁止有毒有害蔬菜产品从产地流出、从市场流入，确保蔬菜产品的安全性。

3. 蔬菜产品准出、准入制度的执行

（1）蔬菜产品准出制度

1）园区生产单位应该在辖区内农产品质量安全检验监测部门进行登记。

2）园区生产单位应该在其生产的农产品上市前 20 天内向农产品质量安全检验监测中心提出相应的检验申请，并且填写申请表。

3）农产品质量安全检验监测部门在接到申请之后应该即时组织专业人员对申请的蔬菜产品进行检验。

4）农产品质量安全检验监测部门人员应该在申请人的陪同下采集样品，采集结束后，采样人员和申请人应在采样清单上签名。

5）农产品质量安全检验监测部门应该在检验结果出来后 3 个工作日内向申请人反馈检验报告单，申请人若无异意，即在报告单上签字。

6）农产品质量安全检验监测部门应该在检验结果出来后 3

个工作日内向申请人出具农产品产地证明，不合格的不出具证明。产地准出证明主要内容有：品名、数量、产地（具体到街办、乡镇生产基地）、质量安全状况、采收日期和生产者等。

7）农产品质量安全检验监测部门对本地的农产品应实行一品一证、一批一证制度。

(2) 蔬菜产品准入制度 凡进入市场的蔬菜产品，必须出具产地证明和权威质检机构出具的检测合格报告单。对票证齐全的实行抽检制度，抽检合格允许进入市场销售，抽检不合格坚决退市；对票证不全的，实行入市检测制度，检测合格的允许入市销售，不合格的禁止入市。

（六）产品质量追溯

1. 蔬菜产品追溯的基础和保证

蔬菜产品准出、准入制度是建立蔬菜产品质量追溯的基础，准出、准入制度的建立给予了蔬菜产品"身份证"和"通行证"。凭借其身份证、通行证才使蔬菜产品追溯成为可能。而计算机技术和条码技术使蔬菜产品质量追溯更为广泛和便捷。

2. 蔬菜产品追溯体系的建立

蔬菜质量追溯系统建立，首先对基地所有的种植小区（包括地块、大棚、温室）进行编号，建立生产档案，要求生产者及时、真实、准确地填写每次田间工作记录，并配有专门的技术人员在基地进行生产指导，对生产者的田间档案进行监督。采集到的信息由技术人员输入计算机，应用条码自动识别技术以条码进行标识。

条码自动识别技术具有输入速度快、准确度高、成本低和易操作等特点。使用条码为不同的生产者、不同的蔬菜产品标有条码标签。通过条码阅读器采集并译码后，条码信息输入计算机服务器的数据库。每种产品都会有一个唯一的条码，不管产品发往何处，都会留有记录。如果发生问题，只需读入产品上的条码，就可以在数据库内调出该产品所有的相关数据，大大便利了产品的质量跟踪和售后服务。质量追溯系统让消费者能够了解到蔬菜的整个生产过程，从而提升了产品的安全度和信任度，对提高产品的品牌价值非常重要。农产品进行质量追溯是一种发展趋势。

五、产品营销

（一）产品认证

1. 产品认证的意义

产品认证是指由第三方认证机构通过检验评定生产单位的质量管理体系和样品型式检验来确认生产单位的产品、过程或服务是否符合特定要求，是否具备持续稳定地生产符合标准要求产品的能力，并给予书面证明的程序。

农产品质量认证起始于 20 世纪初美国开展的农产品种子认证。到了 20 世纪中叶，各国相继在本国实施了各种农产品认证，于是出现了 HACCP（Hazard Analysis and Critical Control Point）、GMP（Good Manufacturing Practice）、欧洲 EurepGAP（Eurep Good Agricultural Practices）、澳大利亚 SQF（safety quality food）、加拿大 On-Farm Food Safety System、日本 JAS（Japanese Agriculture Standard）等多种形式的农产品认证。我国农产品质量认证始于 20 世纪 90 年代初，最早实施的是农业部的绿色食品认证。90 年代末期，国内机构根据国外有机食品标准实施了有机食品认证。2002 年国家认证认可监督管理委员会第 7 次主任办公会议审议通过了《无公害农产品管理办法》，2003 年 4 月推出了无公害农产品认证。2003 年 4 月国家认证认可监督管理委员会首次提出在我国食品链源头建立"良好农业规

范"体系，并于 2004 年启动了 China GAP 标准的良好农业规范
（GAP）认证。2007 年 12 月农业部发布的《农产品地理标志管
理办法》，开始实施农产品地理标志认证。但从中国农产品现有
生产水平和发展趋势来看，无公害农产品认证、绿色食品认证和
有机农产品认证将在较长时间内在农产品质量安全认证方面占有
主流地位，良好农业规范（GAP）认证和农产品地理标志认证
在我国也正在不断地发展和完善之中。

由于蔬菜种植周期短，市场潜力大，经济效益好。因此在近
些年我国种植业调整中，广大农民把种植蔬菜作为结构优化措施
和提高农业生产效益的重要途径。蔬菜生产在我国种植业中的地
位逐步上升，蔬菜产业成为了我国农业的支柱产业。但是近些年
来，蔬菜质量问题引起的食品安全事件频出，给广大消费者健康
带来巨大危害，引起国家政府相关部门重视。为此，国家出台多
项政策措施来治理蔬菜质量问题。2003 年 2 月国家认证认可监
督管理委员会、国家质量监督检验检疫总局、农业部、国家经济
贸易委员会、对外贸易经济合作部、卫生部、国家环境保护总
局、国家工商行政管理总局、国家标准化委员会 9 部委局联合下
发了《关于建立农产品认证认可工作体系的事实意见》。《意见》
指出现阶段"菜篮子"工作的一项重要任务就是对蔬菜等农产品
的质量安全卫生实施认证管理。通过蔬菜产品的认证管理，从生
产源头解决蔬菜的质量安全问题。蔬菜产品认证不仅可以保障蔬
菜生产的质量安全，其现实意义是多方面的。

首先，蔬菜产品认证有利于规范蔬菜生产、降低蔬菜成本。
蔬菜产品质量问题往往是蔬菜生产过程中生产要素投入的不科学
以及生产规程的不合理造成的。蔬菜产品的认证，促使蔬菜生产
者实施安全科学的生产技术和规程，减少生产过程中人力及物质
投入的浪费，从而节约了蔬菜生产过程中的投入成本。

其次，蔬菜产品认证有利于提高蔬菜产品质量，满足市场需
求。随着我国人民生活水平的提高，消费者的健康意识不断增

强，对蔬菜消费的需求层次也逐步提高，开始注重蔬菜的安全优质。通过蔬菜质量安全的认证，可以规范蔬菜生产行为，减少蔬菜生产污染，从而提高蔬菜产品质量，满足市场需求。

第三，蔬菜产品认证有利于蔬菜产品的品牌经营，提高蔬菜产品市场竞争力。农产品认证是农产品质量和信誉的象征。以农产品地理标志登记认证为例，地理标志不仅是产品品质的标志，还是产品传统工艺和地理文化的标识，通过蔬菜产品的地理标志认证标识的使用，不仅可以有效提高蔬菜品牌的质量信誉，增加蔬菜的附加价值，提升蔬菜品牌的广告促销作用，而且可以提高蔬菜产品的市场竞争力。

第四，蔬菜产品认证有利于我国蔬菜产品应对国际技术性贸易壁垒，增强蔬菜产品国际竞争力。蔬菜产品是我国出口创汇农产品的重要组成部分，在我国农产品出口创汇额中占有相当的比重。近些年来，一些国家为保护本国农业，限制国外蔬菜产品进入本国，纷纷实施技术性贸易壁垒。如随着欧洲对于食品安全问题关注程度的增加，欧盟进口农产品的要求越来越严格，没有通过 GAP 认证的供货商将在欧洲市场上被淘汰出局，成为国际贸易技术壁垒的牺牲品。进行蔬菜产品认证，可以打破国际贸易中的技术壁垒，提高我国蔬菜产品国际竞争力，顺利将我国蔬菜产品打入国际市场。

鉴于蔬菜认证以上意义，我国政府相关部门积极鼓励和支持蔬菜产品质量认证管理。目前我国蔬菜产品基本形成了以产品认证为主体，体系认证为补充的蔬菜质量认证体系。

2. 无公害农产品认证

2002 年国家认证认可监督管理委员会第 7 次主任办公会议审议通过了《无公害农产品管理办法》，2003 年 4 月推出无公害农产品认证。无公害农产品认证分为产地认定和产品认证，产地认定工作由省级农业行政主管部门根据《无公害农产品管理办法》的规定组织实施；产品认证在各有关方面的支持、配合下，由农业部农产品质量安全中心具体负责组织实施。

农业部农产品质量安全中心为做好无公害农产品产地认定与产品认证一体化推进工作，根据《无公害农产品管理办法》、《无公害农产品产地认定程序》和《无公害农产品认证程序》，结合无公害农产品发展需要，制定了无公害农产品产地认定与产品认证一体化推进工作流程规范（图26）。本工作流程规范适用于经农业部农产品质量安全中心批复认可的省、自治区、直辖市及计划单列市无公害农产品产地认定与产品认证一体化推进工作。

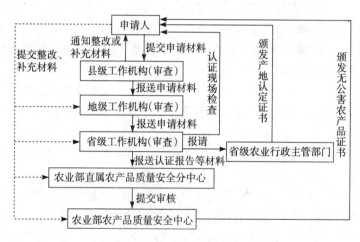

图26 无公害农产品认证流程图

（1）认证申请 从事农产品生产的单位和个人，可以直接向所在县级农产品质量安全工作机构（简称"工作机构"）提出无公害农产品产地认定和产品认证一体化申请，并提交以下材料：

1）无公害农产品产地认定与产品认证（复查换证）申请书（材料中相关表格可登陆 http：//www.aqsc.gov.cn下载）；

2）国家法律法规规定申请者必须具备的资质证明文件（复印件）；

3）无公害农产品生产质量控制措施；

4）无公害农产品生产操作规程；

5）符合规定要求的《产地环境检验报告》和《产地环境现状评价报告》，或者符合无公害农产品产地要求的《产地环境调查报告》；

6）符合规定要求的《产品检验报告》；

7）规定提交的其他相应材料。

申请产品扩项认证的，提交材料1）、2）、3）和有效的《无公害农产品产地认定证书》。

申请复查换证的，提交材料1）、6）、7）和原《无公害农产品产地认定证书》及《无公害农产品认证证书》复印件，其中材料6）的要求按照《无公害农产品认证复查换证有关问题的处理意见》执行。

同一产地、同一生长周期、适用同一无公害食品标准生产的多种产品在申请认证时，检测产品抽样数量原则上采取按照申请产品数量开二次平方根（四舍五入取整）的方法确定，并按规定标准进行检测。申请之日前两年内部、省监督抽检质量安全不合格的产品应包含在检测产品抽样数量之内。

（2）审查 县级工作机构自收到申请之日起10个工作日内，负责完成对申请人申请材料的形式审查。符合要求的，在《无公害农产品产地认定与产品认证报告》（以下简称《认证报告》）上签署推荐意见，连同申请材料报送地级工作机构审查。不符合要求的，书面通知申请人整改、补充材料。

地级工作机构自收到申请材料、县级工作机构推荐意见之日起15个工作日内，对全套申请材料进行符合性审查，符合要求的，在《认证报告》上签署审查意见（北京、天津、重庆等直辖市和计划单列市的地级工作合并到县级一并完成），报送省级工作机构。不符合要求的，书面告之县级工作机构通知申请人整改、补充材料。

省级工作机构自收到申请材料及县、地两级工作机构推荐、审查意见之日起 20 个工作日内，应当组织或者委托地、县两级有资质的检查员按照《无公害农产品认证现场检查工作程序》进行现场检查，完成对整个认证申请的初审，并在《认证报告》上提出初审意见。

（3）认证批准　通过初审的，报请省级农业行政主管部门颁发《无公害农产品产地认定证书》，同时将申请材料、《认证报告》和《无公害农产品产地认定与产品认证现场检查报告》及时报送部直属各业务对口分中心复审。未通过初审的，书面告之地、县级工作机构通知申请人整改、补充材料。

农业部农产品质量安全中心审核颁发《无公害农产品证书》前，申请人应当获得《无公害农产品产地认定证书》，或者省级工作机构出具的产地认定证明。农业部农产品质量安全中心审核后颁发《无公害农产品证书》。

3. 绿色食品认证

为规范绿色食品认证工作，依据《绿色食品标志管理办法》，我国制定的绿色食品认证程序如图 27 所示。凡具有绿色食品生产条件的国内企业均可按本程序申请绿色食品认证。境外企业另行规定。

（1）认证申请

1）申请人向中国绿色食品发展中心（以下简称"中心"）及其所在省（自治区、直辖市）绿色食品办公室、绿色食品发展中心（以下简称"省绿办"）领取《绿色食品标志使用申请书》、《企业及生产情况调查表》及有关资料，或从中心网站（网址：www.greenfood.org.cn）下载。

2）申请人填写并向所在省绿办递交《绿色食品标志使用申请书》、《企业及生产情况调查表》及以下材料：

①保证执行绿色食品标准和规范的声明；

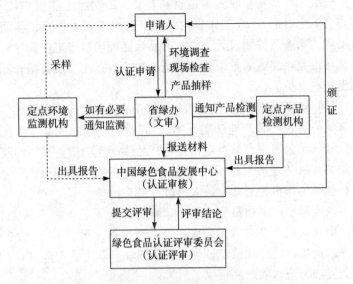

图 27　绿色食品认证流程图

②生产操作规程（种植规程、养殖规程、加工规程）；

③公司对"基地＋农户"的质量控制体系（包括合同、基地图、基地和农户清单、管理制度）；

④产品执行标准；

⑤产品注册商标文本（复印件）；

⑥企业营业执照（复印件）；

⑦企业质量管理手册；

⑧要求提供的其他材料（通过体系认证的，附证书复印件）。

（2）受理及文审

1）省绿办收到上述申请材料后，进行登记、编号，5 个工作日内完成对申请认证材料的审查工作，并向申请人发出《文审意见通知单》，同时抄送中心认证处。

2）申请认证材料不齐全的，要求申请人收到《文审意见通知单》后 10 个工作日提交补充材料。

3) 申请认证材料不合格的，通知申请人本生长周期不再受理其申请。

4) 申请认证材料合格的，执行第 3 条。

（3）现场检查、产品抽样

1) 省绿办应在《文审意见通知单》中明确现场检查计划，并在计划得到申请人确认后委派 2 名或 2 名以上检查员进行现场检查。

2) 检查员根据《绿色食品检查员工作手册》（试行）和《绿色食品产地环境质量现状调查技术规范》（试行）中规定的有关项目进行逐项检查。每位检查员单独填写现场检查表和检查意见。现场检查和环境质量现状调查工作在 5 个工作日内完成，完成后 5 个工作日内向省绿办递交现场检查评估报告和环境质量现状调查报告及有关调查资料。

3) 现场检查合格，可以安排产品抽样。凡申请人提供了近一年内绿色食品定点产品监测机构出具的产品质量检测报告，并经检查员确认，符合绿色食品产品检测项目和质量要求的，免产品抽样检测。

4) 现场检查合格，需要抽样检测的产品安排产品抽样：当时可以抽到适抽产品的，检查员依据《绿色食品产品抽样技术规范》进行产品抽样，并填写《绿色食品产品抽样单》，同时将抽样单抄送中心认证处。特殊产品（如动物性产品等）另行规定。当时无适抽产品的，检查员与申请人当场确定抽样计划，同时将抽样计划抄送中心认证处。

申请人将样品、产品执行标准、《绿色食品产品抽样单》和检测费寄送绿色食品定点产品监测机构。

5) 现场检查不合格，不安排产品抽样。

（4）环境监测

1) 绿色食品产地环境质量现状调查由检查员在现场检查时同步完成。

2）经调查确认，产地环境质量符合《绿色食品产地环境质量现状调查技术规范》规定的免测条件，免做环境监测。

3）根据《绿色食品　产地环境质量现状调查技术规范》的有关规定，经调查确认，必要进行环境监测的，省绿办自收到调查报告2个工作日内以书面形式通知绿色食品定点环境监测机构进行环境监测，同时将通知单抄送中心认证处。

4）定点环境监测机构收到通知单后，40个工作日内出具环境监测报告，连同填写的《绿色食品环境监测情况表》，直接报送中心认证处，同时抄送省绿办。

(5) 产品检测　绿色食品定点产品监测机构自收到样品、产品执行标准、《绿色食品产品抽样单》、检测费后，20个工作日内完成检测工作，出具产品检测报告，连同填写的《绿色食品产品检测情况表》，报送中心认证处，同时抄送省绿办。

(6) 认证审核

1）省绿办收到检查员现场检查评估报告和环境质量现状调查报告后，3个工作日内签署审查意见，并将认证申请材料、检查员现场检查评估报告、环境质量现状调查报告及《省绿办绿色食品认证情况表》等材料报送中心认证处。

2）中心认证处收到省绿办报送材料、环境监测报告、产品检测报告及申请人直接寄送的《申请绿色食品认证基本情况调查表》后，进行登记、编号，在确认收到最后一份材料后2个工作日内下发受理通知书，书面通知申请人，并抄送省绿办。

3）中心认证处组织审查人员及有关专家对上述材料进行审核，20个工作日内做出审核结论。

4）审核结论为"有疑问，需现场检查"的，中心认证处在2个工作日内完成现场检查计划，书面通知申请人，并抄送省绿办。得到申请人确认后，5个工作日内派检查员再次进行现场检查。

5）审核结论为"材料不完整或需要补充说明"的，中心认证处向申请人发送《绿色食品认证审核通知单》，同时抄送省绿办。申请人需在 20 个工作日内将补充材料报送中心认证处，并抄送省绿办。

6）审核结论为"合格"或"不合格"的，中心认证处将认证材料、认证审核意见报送绿色食品评审委员会。

(7) 认证评审

1）绿色食品评审委员会自收到认证材料、认证处审核意见后 10 个工作日内进行全面评审，并做出认证终审结论。

2）认证终审结论分为两种情况：

①认证合格；

②认证不合格。

3）结论为"认证合格"，执行颁证。

4）结论为"认证不合格"，评审委员会秘书处在做出终审结论 2 个工作日内，将《认证结论通知单》发送申请人，并抄送省绿办。本生产周期不再受理其申请。

(8) 颁证

1）中心在 5 个工作日内将办证的有关文件寄送"认证合格"申请人，并抄送省绿办。申请人在 60 个工作日内与中心签订《绿色食品标志商标使用许可合同》。

2）中心主任签发证书。

4. 有机产品认证

有机蔬菜认证属于有机产品认证的范畴，各有机产品认证机构的认证程序存在一定差异。根据国家认证认可监督管理委员会《有机产品认证实施规则》和国家质量监督检验检疫总局《有机产品认证管理办法》，我国有机产品认证基本程序模式如图 28 所示。

(1) 申请

1）申请人向认证机构提交申请前，首先需了解认证机构

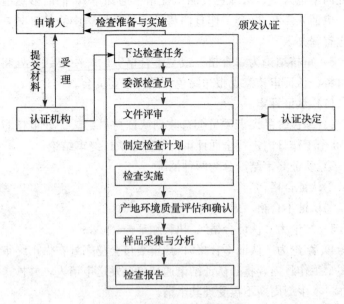

图 28　有机产品认证流程图

(有机产品认证机构信息可通过国家认证认可监督管理委员会和中国合格评定国家认可委员会网站获得）公开的以下信息：

①国家认证认可监督管理委员会批准的认证范围和中国认证机构国家认可委员会认可的认证范围；

②认证程序和认证要求；

③认证依据标准；

④认证收费标准；

⑤认证机构和申请人的权利、义务；

⑥认证机构处理申诉、投诉和争议的程序；

⑦批准、暂停和撤销认证的规定和程序；

⑧对获证单位或者个人使用中国有机产品认证标志、中国有机转换产品认证标志、认证机构的标识和名称的要求；

⑨对获证单位或者个人按照认证证书的范围进行正确宣传的

要求。

2）申请人应提交以下文件资料

①申请人的合法经营资质文件，如土地使用证、营业执照、租赁合同等；当申请人不是有机产品的直接生产或加工者时，申请人还需要提交与各方签订的书面合同。

②申请人及有机生产、加工的基本情况，包括申请人/生产者名称、地址、联系方式、产地（基地）/加工场所的名称、产地（基地）/加工场所情况；过去3年的生产历史，包括对农事、病虫草害防治、投入物使用及收获情况的描述；生产、加工规模，包括品种、面积、产量、加工量等描述；申请和获得其他有机产品认证情况。

③产地（基地）区域范围描述，包括地理位置图、地块分布图、地块图、面积、缓冲带、周围临近地块的使用情况的说明等；加工场所周边环境描述、厂区平面图、工艺流程图等。

④申请认证的有机产品生产、加工、销售计划，包括品种、面积、预计产量、加工产品品种、预计加工量、销售产品品种和计划销售量、销售去向等。

⑤产地（基地）、加工场所有关环境质量的证明材料。

⑥有关专业技术和管理人员的资质证明材料。

⑦保证执行有机产品标准的声明。

⑧有机生产、加工的管理体系文件。

⑨其他相关材料。

（2）受理

1）认证机构应当自收到申请人书面申请之日起10个工作日内，完成对申请材料的评审，并做出是否受理的决定。

2）同意受理的，认证机构与申请人签订认证合同；不予受理的，应当书面通知申请人，并说明理由。

（3）检查准备与实施

1）下达检查任务　认证机构在检查前应下达检查任务书内

容包括但不限于：

①申请人的联系方式、地址等；

②检查依据，包括认证标准和其他相关法律法规；

③检查范围，包括检查产品种类和产地（基地）、加工场所等；

④检查要点，包括管理体系、追踪体系和投入物的使用等；对于上一年度获得认证的单位或者个人，本次认证应侧重于检查认证机构提出的整改要求的执行情况等。

2）认证机构根据检查类别，委派具有相应资质和能力的检查员，并应征得申请人同意，但申请人不得指定检查员。对同一申请人或生产者/加工者不能连续 3 年或 3 年以上委派同一检查员实施检查。

3）文件评审　认证机构在现场检查前，应对申请人/生产者的管理体系等文件进行评审，确定其适宜性和充分性及与标准的符合性，并保存评审记录。

4）检查计划

①认证机构应制定检查计划并在现场检查前与申请人进行确认。检查计划应包括：检查依据、检查内容、访谈人员、检查场所及时间安排等。

②检查的时间应当安排在申请认证的产品生产过程的适当阶段，在生长期、产品加工期间至少需进行一次检查；对于产地（基地）的首次检查，检查范围应不少于 2/3 的生产活动范围。对于多农户参加的有机生产，访问的农户数不少于农户总数的平方根。

5）检查实施　根据认证依据标准的要求对申请人的管理体系进行评估，核实生产、加工过程与申请人所提交的文件的一致性，确认生产、加工过程与认证依据标准的符合性。检查过程至少应包括：

①对生产地块、加工、贮藏场所等的检查；

②对生产管理人员、内部检查人员、生产者的访谈；

③对 GB/T19630.4—2005《有机产品　第 4 部分：管理体系》4.2.6 条款所规定的生产、加工记录的检查；

④对追踪体系的评价；

⑤对内部检查和持续改进的评估；

⑥对产地环境质量状况及其对有机生产可能产生污染的风险的确认和评估；

⑦必要时，对样品采集与分析；

⑧适用时，对上一年度认证机构提出的整改要求执行情况进行的检查；

⑨检查员在结束检查前，对检查情况的总结。明确存在的问题，并进行确认。允许被检查方对存在的问题进行说明。

6）产地环境质量状况的评估和确认　认证机构在实施检查时应确保产地（基地）的环境质量状况符合 GB/T19630—2005《有机产品》规定的要求；

当申请人不能提供对于产地环境质量状况有效的监测报告（证明），认证机构无法确定产地环境质量是否符合 GB/T19630—2005《有机产品》规定的要求时，认证机构应要求申请人委托有资质的监测机构对产地环境质量进行监测并提供有效的监测报告（证明）。

7）样品采集与分析　认证机构应按照相应的国家标准，制定样品采集与分析程序（包括残留物和转基因分析等）。如果检查员怀疑申请人使用了认证标准中禁止使用的物质，或者产地环境、产品可能受到污染等情况，应在现场采集样品；采集的样品应交给具有相关资质的检测机构进行分析。

8）检查报告　检查报告应得到申请人的书面确认。

（4）认证决定

1）申请人/生产者符合下列条件之一，予以批准认证。

①生产活动及管理体系符合认证标准的要求。

②生产活动、管理体系及其他相关信息不完全符合认证标准的要求，认证机构应提出整改要求，申请人已经在规定的期限内完成整改。或已经提交整改措施并有能力在规定的期限内完成整改以满足认证要求的，认证机构经过验证后可批准认证。

2）申请人/生产者的生产活动存在以下情况之一，不予批准认证。

①未建立管理体系，或建立的管理体系未有效实施；

②使用禁用物质；

③生产过程不具有可追溯性；

④未按照认证机构规定的时间完成整改或提交整改措施；所提交的整改措施未满足认证要求。

⑤具其他严重不符合有机标准要求的事项。

3）当生产过程检查完成后，认证机构根据认证过程中收集的所有信息进行评价，做出认证决定并及时通知申请人。

5. 良好农业规范（GAP）认证

良好农业规范（Good Agricultural Practices，简称 GAP）是 1997 年欧洲零售商农产品工作组（EUREP）在零售商的倡导下提出的，简称 EUREP GAP。EUREP 秘书处 2001 年首次对外公开发布 EUREP GAP 标准。其内容主要针对初级农产品生产的种植业和养殖业，以危害预防（HACCP）、良好卫生规范、可持续发展农业和持续改良农场体系为基础，分别制定一套规范体系，并通过执行该套规范体系以保证初级农产品生产安全。该标准主要涉及大田作物种植、水果和蔬菜种植、畜禽养殖、牛羊养殖、奶牛养殖、生猪养殖、家禽养殖、畜禽公路运输等农业产业。

2003 年 4 月，国家认证认可监督管理委员会首次提出在我国食品链源头建立"良好农业规范"体系，并于 2004 年启动了China GAP 标准的编写和制定工作。China GAP 标准起草主要参照 EUREP GAP 标准的控制条款，结合我国国情和法规要求编写而成的系列标准。China GAP 认证分为 2 个级别：一级认证要求满足适用模块中所有适用的一级控制点要求，并且在所有适用模块（包括适用的基础模块）中，对于果蔬类产品应至少符合所有适用模块中适用的二级控制点总数的 90％的要求，所有产品均不设定三级控制点的最低符合百分比；二级认证要求所有产品应至少符合所有适用模块中适用的一级控制点总数的 95％的要求，不设定二级控制点、三级控制点的最低符合百分比。

2007 年 8 月国家认证认可监督管理委员会发布了《良好农业规范认证实施规则》（可在国家认证认可监督管理委员会网站下载 http：//www. cnca. gov. cn/cnca/zwxx/ggxx/4043. shtml），图 29 所示良好农业规范（GAP）认证程序主要来自该《实施规则》。

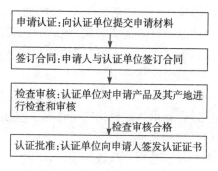

图 29　良好农业规范（GAP）认证流程图

（1）申请

1）良好农业规范（GAP）认证申请文件　应包括以下内容：

①申请选项、申请级别；

②申请认证的模块/产品；

③身份（申请人名称、资质证明文件）；

④申请人的详细地址、联系人、电话、传真号码、电子

邮件；

⑤场所：包括农场位置、存栏数量、认证模块/产品的生产场所；

⑥商标：申请人在贸易中使用的产品商标；

⑦原注册号码（如有）；

⑧政府或其他官方行政许可文件（如有）；

⑨申请人同意公开的与认证有关的信息；

⑩对果蔬类，如果申请人声明不进行农产品处理时，则果蔬良好农业规范相关技术规范中农产品处理条款规定的控制点可不适用；

⑪对果蔬类，应声明申请认证的每种产品都按照要求进行监管；如果申请人声明进行处理的，应声明已处理的农产品是认证的还是非认证的（除非该处理作业不在认证范围之内）；

⑫产品可能销售或出口的消费国家/地区的声明；

⑬产品符合产品出口的消费国家/地区的相关法律法规要求的声明和产品出口的消费国家/地区适用的法律法规（包括申请认证产品相适用的最大农药残留量 MRL 法规）。

2）合同　申请人向认证机构申请认证后，应与认证机构签署认证合同。认证合同由认证机构制定，至少应涵盖以下内容：

①合同签订双方的名称；

②认证依据、认证选项、认证级别、认证模块/产品范围；

③实施检查时间及检查细则；

④证书和认证标志的使用；

⑤双方的权利和义务；

⑥保密原则；

⑦合同有效期。

3）注册号　申请人与认证机构签署合同后，认证机构应授予申请人一个认证申请的注册号码（注册号编码规则：China GAP＋空格＋认证机构名称的字母缩写＋空格＋申请人的流水号码）。

（2）检查和审核

1）检查和审核 对相关选项的认证检查/审核。

2）现场确认 现场确认作为审核活动的一部分，必须检查农场及其模块的生产场所。

3）检查和审核时间安排 果蔬类检查：

第一次检查：要有采收日期之前 3 个月的记录。

第二次和其后的检查：现场必须至少有一种申请认证范围内的果蔬产品（指在田间、果园、仓库中，或是田间或果园里的农作物上还未采收的农产品）能使认证机构相信，任何其他当时未在种植的申请果蔬产品也符合良好农业规范相关技术规范要求。

12 个月的认证有效期内，认证机构可以选择在任何时间进行检查。

（3）认证的批准

1）认证的批准 认证的批准是指签发认证证书。

2）认证的批准条件 即申请人必须满足《良好农业规范认证实施规则》所有适用条款的要求。

3）认证证书 由认证机构颁发，有效期为 1 年。

4）认证机构和申请人的认证合同 期限最长为 3 年，到期后可续签或延长 3 年。

5）关于认证标志及认证证书内容和使用要求 见《良好农业规范认证实施规则》第 10 条款。

6）证书颁发 当颁发或再次颁发认证证书时，证书上的颁证日期是认证机构审核农场时确定没有发现不符合项的审核日期；如果发现不符合项超过规定要求，则证书上的颁证日期是认证机构确定不符合项达到规定要求的日期。

6. 农产品地理标志

农产品地理标志是指标示农产品来源于特定地域，产品品质

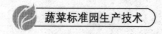

和相关特征主要取决于自然生态环境和历史人文因素，并以地域名称冠名的特有农产品标志。

为规范农产品地理标志登记管理，保证农产品地理标志登记工作的科学性和公正性，根据《中华人民共和国农产品质量安全法》、《农产品地理标志管理办法》（以下简称《办法》，可从 http：//www. gov. cn/ziliao/flfg/2008 - 01/10/content _ 855116. htm 下载）等规定，我国农产品地理标志登记程序如图 30 所示。

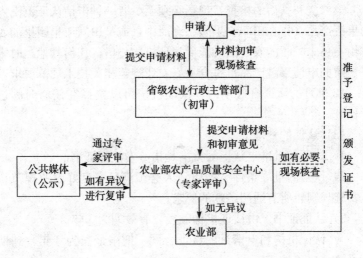

图 30 农产品地理标志登记流程图

(1) 申请

1）地理标志登记农产品的条件 《农产品地理标志管理办法》中界定申请地理标志登记的农产品是指来源于农业的初级产品，即在农业活动中获得的植物、动物、微生物及其产品。应符合以下条件：

①称谓由地理区域名称和农产品通用名称构成；

②产品有独特的品质特性或者特定的生产方式；

③产品品质和特色主要取决于独特的自然生态环境和人文历史因素；

④产品有限定的生产区域范围；

⑤产地环境、产品质量符合国家强制性技术规范要求。

2）地理标志登记的申请人资质　　《农产品地理标志管理办法》中规定农产品地理标志登记申请人应为县级以上地方人民政府根据下列条件择优确定的农民专业合作经济组织、行业协会等组织。且应具备以下资质：

①具有监督和管理农产品地理标志及其产品的能力；

②具有为地理标志农产品生产、加工、营销提供指导服务的能力；

③具有独立承担民事责任的能力。

3）申请材料及编制要求　　符合以上条件的申请人应当向省级农业行政主管部门提出登记申请，并提交下列材料，一式三份：

①登记申请书〔《农产品地理标志登记申请书》可以向农业部农产品质量安全中心或所在省（自治区、直辖市）农产品地理标志工作机构申领，也可以从农业部农产品质量安全中心网站（http：//www.aqsc.gov.cn）下载〕；

②申请人资质证明；

③农产品地理标志产品品质鉴定报告；

④质量控制技术规范；

⑤地域范围确定性文件和生产地域分布图；

⑥产品实物样品或者样品图片；

⑦其他必要的说明性或者证明性材料。

（2）检查和审核

1）初审　　省级农业行政主管部门自受理农产品地理标志登记申请之日起，应当在 45 个工作日内按规定完成登记申请材料的初审和现场核查工作，并提出初审意见。

符合规定条件的，省级农业行政主管部门应当将申请材料和初审意见报农业部农产品质量安全中心。

不符合规定条件的，应当在提出初审意见之日起 10 个工作日内将相关意见和建议书面通知申请人。

2）专家评审　农业部农产品质量安全中心收到申请材料和初审意见后，应当在 20 个工作日内完成申请材料的审查工作，提出审查意见，并组织专家评审。必要时，农业部农产品质量安全中心可以组织实施现场核查。专家评审工作由农产品地理标志登记专家评审委员会承担，并对评审结论负责。

经专家评审通过的，由农业部农产品质量安全中心代表农业部在《农民日报》、中国农业信息网、中国农产品质量安全网等公共媒体上对登记的产品名称、登记申请人、登记的地域范围和相应的质量控制技术规范等内容进行为期 10 日的公示。专家评审没有通过的，由农业部作出不予登记的决定，书面通知申请人和省级农业行政主管部门，并说明理由。

对公示内容有异议的单位和个人，应当自公示之日起 30 日内以书面形式向农业部农产品质量安全中心提出，并说明异议的具体内容和理由。

农业部农产品质量安全中心应当将异议情况转所在地省级农业行政主管部门，提出处理建议后，组织农产品地理标志登记专家评审委员会复审。

(3) 登记批准　公示无异议的，由农业部农产品质量安全中心报农业部做出决定。准予登记的，颁发《中华人民共和国农产品地理标志登记证书》并公告，同时公布登记产品的质量控制技术规范。农产品地理标志登记证书长期有效。

（二）品牌培育

1. 品牌及品牌培育的意义

(1) 品牌的概念　美国市场营销协会对品牌的一般定义：品牌是一种名称、属性、标记、符号、设计或者是它们的组合运用，其目的是借以辨认某个销售者或某群销售者的产品或服务，并使之同竞争对手的产品和服务区别开来。

菲利普·科特勒（1997）从消费者角度认为，品牌是销售者向购买者长期提供的一组特定的特点、利益和服务的允诺。他将品牌功能归纳为属性、利益、价值、文化、个性和用户等六个层面的含义：

1）属性　品牌代表特定商品的属性。人们在接触品牌时会联想到商品的某种属性。

2）利益　品牌体现了某种特定的利益。顾客购买商品，实质是购买某种利益，这种利益可以是功能性利益，也可以是情感性利益。

3）价值　主要体现了品牌给消费者和企业带来的经济价值、使用价值、信誉价值、艺术价值等，它们是品牌整体实力的反映。

4）文化　品牌附着有特定的文化。这里的文化是一个综合体，包括语言、价值观念、审美情趣、道德规范、消费习俗、生活方式及具有历史继承性的人类行为模式等。

5）个性　品牌个性是对品牌体现的独特价值及其存在形式，以及企业将这种独特价值向消费者传达的过程中采用的独特表现方式所作的人格化描述。品牌个性是识别品牌、区分品牌的重要依据。

6）用户　品牌暗示了购买或使用产品的消费者类型即目标顾客。

由此可见，品牌是蔬菜企业产品区别于其他同类产品的名称、标记、符号等的组合和企业、产品、文化、符号、个性和利益等的集合，是连接蔬菜企业与消费者的桥梁和纽带。

（2）品牌及其培育的意义　在当前市场上，我们可以找出众多的著名产品品牌，但却很难想出几个著名的蔬菜品牌。没有品牌的蔬菜不仅在国内市场上会受到冷落，而且也很难打入国际市场。而且，随着人们生活水平的不断提高，品牌农产品已成为新的消费趋势。农业生产经营依靠质量创立品牌，依靠品牌开拓市场，依靠市场增加效益的趋势正逐渐形成，市场竞争已由单纯的价格竞争或质量竞争逐步转化为品牌的竞争。

对于生产者来说，蔬菜品牌及其培育的意义如下：

1）培养消费者忠诚　当蔬菜品牌形成一定的知名度和美誉度，企业就可利用其优势开拓更大的市场，促成消费者的品牌忠诚意识，从而促进产品销售，使生产者在竞争中得到保护。品牌忠诚不仅能降低企业的营销费用，也使企业在制定市场计划时具有更大的控制力。

2）可获得高额溢价价值收益，最终实现农业增效、农民增收　品牌是合法的无形资产，也是企业的一份无价财产，打造蔬菜品牌的过程就是实现蔬菜增值的过程。一个良好的品牌经过精心培育后，除了高知名度外，还具有良好的美誉度和忠诚度，可卖出比竞争者更高的价格。在同等条件下，消费者也愿意为购买此品牌商品支付更高的金额。这些都确保了生产者和销售者有源源不断的收入。

3）可作为抵御同行竞争者攻击的强有力武器　当一种新产品推出市场，如果畅销，竞争者便会加以模仿。但当企业通过注册商标使品牌得到法律保护时，品牌便成为企业特有的资产，企业的品牌忠诚便无法被竞争者所模仿，企业便可保持相对稳定的市场份额，保持竞争优势。

4）减少经营风险　强势蔬菜品牌对动态市场的适应性更强，能够稳定产品的价格，减少企业未来经营的风险。再者，企业可利用其品牌知名度和美誉度推出新产品，从而降低新产品投入市场的风险，且采用品牌延伸策略可以节省新产品的宣传费用。

5）品牌也是一把双刃剑　一方面它可以保护蔬菜企业的利益；另一方面，它也可以约束其市场行为，督促企业着眼于消费者利益、社会利益及自身长远利益等。

对于消费者来说，蔬菜品牌的魅力主要表现在以下 3 个方面：

1）优化选择，降低搜寻成本　品牌有利于消费者对产品进行辨认和识别，帮助消费者选购产品，缩短了搜寻商品和做出购买决策的过程。

2）品牌有利于维护消费者的利益　企业以品牌作为促销基础，消费者通过品牌识别来购买产品；消费者可以在企业维护自身品牌形象的同时获得稳定的购买利益，如此，便降低了购买风险。

3）品牌能给消费者带来情感上的满足　不同的品牌代表着不同的个性、品位、文化和风格，同时还蕴涵着特定的社会意义。被消费的商品一方面转化消费者身心的满足和愉悦，另一方面则上升为符号被纳入整个社会文化系统中。

2. 品牌命名

品牌名称是品牌的核心元素，是品牌构成中可以用文字表达并能用语言进行传播与交流的部分，也称"品名"。一个好的品牌名称是企业的宝贵财富。

（1）品牌命名的原则　对蔬菜品牌进行命名时，一般应遵循以下五个基本原则

1）简洁醒目，易读易记；

2）寓意深刻，暗示产品利益；

3）与标志物相配；

4）适应市场环境。

此外，品牌命名还应做到独特、与公司形象和产品形象匹配，甚至具有促销、广告和说服作用等。

（2）品牌命名的方式

1）以形象命名　此法是指以动植物形象、自然景观或含有某种寓意的图案命名，可利用某种形象使人产生联想，烘托产品

的优良品质。如金丝猴奶糖、圣象地板等。

2）以人物命名　此法是将企业创始者、产品发明者、历史人物或与商品相关名人、明星的名字作为品牌名称，利用名人效应，以吸引消费者的认同。如王致和腐乳、曹雪芹家酒等。

3）以地域命名　即以产品产地或所在地的名称作为品牌名称，使消费者由对地域的信任进而产生对品牌的信任。

4）以企业名称命名　指以生产该产品的企业的名称作为品牌名称。此法可使产品品牌和企业品牌相互促进，有助于提升企业形象。如娃哈哈矿泉水、江中草珊瑚等。

5）以目标顾客命名　将品牌与目标顾客联系起来，将目标对象形象化，明确指出该品牌的目标客户。如太太口服液、好孩子童车等。

6）以吉利美好事物命名　此法是以美好的祝愿、吉利的词语命名，迎合消费的情感需求，激发其愉悦的内心感受。如展望番茄、千禧鹤调和油等。

7）以数字命名　指以数字或数字与文字的组合来命名。此法可增强品牌的差异化识别效果，借用消费者对数字的联想效应来打造品牌特色。如 999 胃泰、555 香烟等。

3. 商标设计和注册

（1）商标的概念　根据我国《商标法》第八条的规定，商标是指任何能够将自然人、法人或者其他组织的商品或者服务与他人的商品或者服务区别开的文字、图形、数字、三维标志和颜色组合，以及上述要素的组合。我国《现代汉语词典》（2005 年版）对商标的定义为企业用来使自己的产品或服务与其他企业的产品或服务相区别的具有显著特征的标志，包括工业、商业或服务业商标等。商标经注册后受法律保护。

蔬菜标准园可能会申请注册的商标类型主要有商品商标、服务商标、证明商标和集体商标四类。商品商标是被指定使用在商品上的商标；服务商标是被指定使用在服务上的商标；证明商标是指由对某种商品或者服务具有监督能力的组织所控制，而由该组织以外的单位或者个人使用于其商品或者服务，用以证明该商品或者服务的原产地、原料、制造方法、质量或者其他特定品质的标志。证明商标应由某个具有监督能力的组织注册，由其以外的其他人使用，注册人不能使用。集体商标是指以团体、协会或者其他组织名义注册，供该组织成员在商事活动中使用，以表明使用者在该组织中的成员资格的标志。集体商标不是个别企业的商标，而是多个企业组成的某一组织的商标，可以使用于商品，也可以使用于服务。集体商标由该组织的成员共同使用，不是该组织的成员不能使用，也不得转让。

（2）商标与品牌的关系

1）品牌是个市场概念，品牌积累的是市场利益。商标是个法律概念，商标可以保护品牌积累的市场利益。商家可通过商标专用权的确立、转让、争议仲裁等法律程序来保护其作为商标权所有者的合法权益。同时，商标可以促使生产经营者保证商品质量，维护商标信誉。

2）品牌和商标都是具有一定专有性的无形资产，二者的目的都是区别企业与竞争者，方便消费者识别商品。品牌只有结合特定的产品和服务投放市场才会显现其价值，而商标只要注册就具有一定的价值。

3）商标是品牌的一部分，是品牌中的标志和名称部分，用以表现品牌的丰富内涵，需要被赋予个性、形象和生命。品牌标志和品牌名称的设计只是建立品牌的第一道工序，也是必不可少的一项工作。拥有了商标并不一定能够保证拥有品牌，但品牌必须转化成商标以获得合法的保护，才能延续下去，才能做久做大。

（3）商标的设计　商标的设计即是对代表商标的文字、图形、数字、三维标志和颜色组合，以及上述要素的组合的设计。

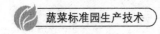

1）商标设计的原则

①商标的设计应具备一定的法定构成要素。构成要素主要是指商标使用的文字、图形或二者的组合。

②商标的设计要具有显著性，即商标的文字和图案应构思新颖独特，能清晰地区别于其他商标的标示性或可识别性。

③商标应简洁明快、寓意深刻，即文字的发音悦耳，图案的外观悦目，文字和图案适合商品的性质及销售对象，且含有某种寓意。

④商标设计不应产生误解，不应违反公共秩序或道德要求。引起误解的商标会欺骗消费者，违反公共秩序的商标是各国法律明令禁止的，违反社会风俗习惯和道德要求的商标也不会被消费者接受。

⑤商标设计时还应遵循美学原则，即要符合简洁律、均匀和谐律、色彩反差律和动感律等形式规律。此外，商标的设计还应有新意，追求意境美，有亲切感，考虑社会心态和时代面貌等。

2）商标设计的步骤

①确立设计要素，即明确该商标应包含哪些内容、包含哪些设计要素，并把设计要素按主次排列出来。要素的提取需要通过调查分析来完成，内容应反映商品的特点和企业的个性风貌，既要新颖别致，又不能出现商标禁忌。

②确立商标类型，即根据提取的设计要素来确定该商标到底是文字商标还是图形商标，或者是二者的组合。

③实施商标设计。先选定好商标名称，然后设计商标的构图，包括对商标图形和名称字体的设计等。

④对设计的方案进行论证和筛选。

（4）商标的注册

1）商标注册的原则

①自愿原则。自愿注册是指商标使用人是否申请商标注册取决于自己的意愿。

②申请在先原则。又称注册在先原则，指两个或两个以上的申请人，在同一种或类似的商品上以相同或者近似的商标申请注册时，申请在先的商标，其申请人可获得商标专用权，在后的商标注册申请予以驳回。

③优先权原则。商标注册申请人自其商标在外国第一次提出商标注册申请之日起 6 个月内，又在中国就相同商品以同一商标提出商标注册申请的，依照该国同中国签订的协议或者共同参加的国际条约，或者按照相互承认优先权的原则，可以享有优先权。商标在中国政府主办的或者承认的国际展览会展出的商品上首次使用的，自该商品展出之日起 6 个月内，该商标的注册申请人可以享有优先权。

2）商标注册的步骤　自然人、法人或者其他组织对其生产、制造、加工、拣选或经销的商品或者提供的服务需要取得商标专用权的，应当依法向国家工商行政管理总局商标局（以下简称商标局）提出商标注册申请。国内的申请人办理各种商标注册事宜有两种途径：一是直接到商标局办理；二是委托国家认可的商标代理机构代理。中国商标网设的商标注册申请的步骤如下：

①注册申请前查询。商标注册申请前的查询通常是指商标注册申请人在申请注册商标前，为了了解是否存在与其申请注册商标可能构成冲突的在先商标权利，而进行的有关商标信息的查询。商标注册申请前查询有两条途径：一是"中国商标网"提供免费商标查询信息；二是委托国家工商行政管理总局下属的通达商标服务中心进行商标查询，但需缴纳商标查询费。

②准备申请书件。具体应提交以下申请书件：加盖申请人公章或有申请人签名的商标注册申请书；商标图样；身份证或护照的原件和复印件；营业证明复印件；签约人身份证；承包合同等。委托商标代理机构办理的，还应提交商标代理委托书。

③经办人或商标代理机构在商标注册大厅受理窗口提交申请书件，并在打码窗口打收文条形码。

④缴纳商标注册规费。

⑤3个月左右商标局发出《受理通知书》。商标局收到申请书件，经形式审查认为手续齐备、填写规范的，一般在三个月左右以挂号邮寄方式寄给申请人《受理通知书》。如果是委托商标代理机构办理的商标注册申请，商标局则将《受理通知书》邮寄给该商标代理机构。《受理通知书》仅表明商标注册申请已被商标局受理，并不表明该申请已被核准。

⑥商标注册申请补正（非必须程序）。如申请手续基本齐备或申请书件基本符合规定，但是需要补正的，商标局书面通知申请人予以补正。申请人应在收到通知之日起 30 日内，按指定内容补正后交回商标局。期满未补正的，视为放弃该申请。

⑦商标局下发《领取商标注册证通知书》。在不发生申请补正、被提出异议的情况下，一件商标从申请到领取《商标注册证》大约需要 2 年时间。商标被核准注册后，商标局会将《领取商标注册证通知书》邮寄给申请人或商标代理机构（注册商标的有效期为 10 年，自核准注册之日起计算；期满后，可以办理续展）。国家商标局商标注册流程图如图 31 所示。

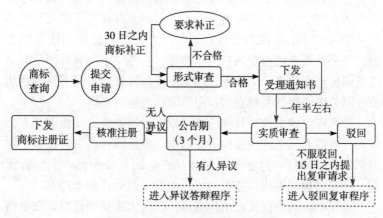

图 31　国家商标局商标注册流程图

4. 品牌推广

品牌推广也称品牌宣传，即将品牌最终送到消费者手中，促使消费者最后做出购买决定，从而实现品牌的价值。品牌推广的具体手段如下：

（1）人员推广 即蔬菜企业的销售人员采用面谈的方式，向具有购买欲望和购买需求的顾客介绍和宣传其产品，最终实现企业销售目标的方式。

（2）广告宣传 广告宣传作为一种古老但占据主流模式的品牌推广方式，一直在农产品品牌推广中占据主要地位。

（3）口碑传播 口碑传播就是让满意的顾客以面对面的方式向其周围的人宣传其体验过的产品，它是最直接、最有效的品牌推广方式。

（4）公共关系 公共关系是通过塑造蔬菜企业的形象，提升企业及其产品的知名度和美誉度，给公众留下美好、深刻的印象，从而间接地展开品牌推广的一种方式。公共关系见效慢，但持久高效。

（5）实地推广 由于蔬菜的品质重在实际体验，且人们对蔬菜的原产地及其天然状态都很感兴趣，大多都乐意借旅游、出差或路过的机会，甚至专程到原产地购物，只为看到"正宗"的产品。因此，利用原产地的优势进行蔬菜品牌的推广显得非常重要。生产者可在田间、地头、路边、村口设置销售场地，并采取开放部分种植园区让顾客自行采摘等方式来实施品牌推广工作。

（6）终端推广 终端产品展示的形象将直接影响消费者的购买欲望和行动，因此蔬菜企业必须重视渠道销售终端现场的品牌推广工作。终端推广可利用醒目的海报、展板等吸引消费者的目光，还应注重产品的包装和其排放的位置；同时，导购的介绍也是传播品牌文化的重要手段。

（7）构建网络推广基地 网络是备受年轻人欢迎的媒体形

式，且年轻人是果蔬产品的一大消费群体。一些地方政府和企业利用网络来进行农产品品牌的推广，均取得了明显的效果。蔬菜企业也可利用网络平台，对其产品品牌展开灵活多样的宣传。

5. 品牌保护

品牌保护是指企业在具体的生产和经营活动中所采取的一系列综合的保护品牌市场地位及其竞争力的行为。品牌保护的目的是不断地巩固和提升品牌的市场影响力；延长其市场寿命，保持其与消费者的忠诚联系，使品牌资产不断增值。品牌保护的具体措施如下。

(1) 注册商标

(2) 品牌推广时保守商业秘密 保护商业秘密能保证企业产品独有的特色，以明显区别于竞争者提供的同类产品，使企业保持长期的垄断地位，并取得长远的经济效益。因此，保护商业秘密是保护品牌的重要内容。

(3) 打击假冒伪劣行为 假冒产品是企业品牌运营的最大敌人，它会使真正的品牌产品市场份额下降，破坏真正品牌产品的名声，影响其企业效益。为了维护企业的品牌，一方面，企业可提高防伪技术。防伪技术应用在产品上，可在一定程度上提高产品的"免疫力"。另一方面，企业应配合行政部门的打假活动，积极收集有关制假的证据和线索，提供打假的必要信息，集合众力打击假冒伪劣行为。

(三) 市场开拓

我国农产品市场正在逐渐地由卖方市场转变为买方市场，园区所生产的蔬菜只有通过市场得以顺利销售，才能实现其价值。因此，蔬菜标准园区的建设并不仅仅是相关硬件设施的建设，还必须关注市场需求、关注消费反馈，要特别注重蔬菜产品市场的开拓工作。

1. 市场定位

(1) 市场定位的含义 企业为了使自己生产或销售的产品获得稳定的销路，要从各方面为产品培养一定的特色，树立一定的市场形象，以求在顾客心目中形成一种特殊的偏爱，这就是市场定位。市场定位的实质是取得目标市场的竞争优势，确定产品在顾客心目中的适当位置并留下深刻印象，以便吸引更多的顾客。市场定位是企业实施市场营销策略的基础。

(2) 市场定位的步骤 市场定位的关键是确定本企业的竞争优势。因此，市场定位的过程一般可以通过以下三大步骤来完成：

1) 确认本企业潜在的竞争优势。

2) 准确地选择相对竞争优势。

3) 明确显示其独特的竞争优势。

(3) 蔬菜标准园的市场定位 蔬菜标准园因其产品生产是建立在高规格和高标准的要求之上，所生产出的蔬菜和一般蔬菜相比最显著的共性特征就是绿色、安全、高品质，而这些特征又是消费者在蔬菜消费中越来越看重的因素，因此蔬菜标准园蔬菜的定位可以围绕绿色、安全、高品质展开，在消费者心目中力争树立起绿色、安全、高档的形象。

2. 明确目标客户

蔬菜标准园生产的蔬菜产品的最终客户是广大蔬菜消费者，但由于蔬菜标准园自身有一定的规模和实力，产品定位又比较高，而蔬菜标准园的资源是有限的。因此，蔬菜标准园难以向单个的蔬菜消费者销售自己的产品，而应该选择有一定经营水平、财务能力和较高信用、具有积极地合作态度、良好的商业道德的组织和机构作为自己的直接客户。蔬菜标准园的客户主要有以下几种类型：

(1) 蔬菜批发市场 在我国现阶段，蔬菜进入市场的最主要的渠道仍然是蔬菜批发市场，因此蔬菜标准园应主动与当地的蔬菜批发市场取得联系，通过蔬菜批发市场将本园区生产出的蔬菜销往各地。

(2) 大型连锁超市 随着人们生活水平的提高，人们对蔬菜质量安全的要求进一步明显，表现在人们在购买蔬菜时，在条件允许的情况下越来越倾向于选择超市作为购菜地点，通过超市销售出去的蔬菜的数量也在不断增加，因此蔬菜标准园应主动出击，与各个大型连锁超市联系，争取成为各连锁超市蔬菜供应基地。

(3) 中高档酒店 中高档酒店是蔬菜标准园的另一个重要的客户。中高档酒店的蔬菜需求量大，对蔬菜质量的要求较高，蔬菜标准园生产的蔬菜正好具有安全、高质的特点，能够较好地满足各中高档酒店的需求。与此同时，由于标准园的蔬菜能够保证酒店菜品的安全和质量，有助于进一步提高酒店的档次和知名度，因此各酒店也应乐意选择蔬菜标准园作为蔬菜的供应商。

(4) 大型企事业单位食堂 同中高档酒店相类似，大型企事业单位食堂的蔬菜需求量也大，对蔬菜质量的要求也较高，同样可以成为蔬菜标准园的重要客户。

在选择具体客户时，各蔬菜标准园还需考虑自身的实际情况和当地居民的消费特点，灵活把握。

3. 收集客户信息

在进行市场开拓时针对不同的客户采取有针对性的市场开拓策略才能取得良好的效果，因此搜集客户信息、建立起客户信息数据库是有效市场开拓的基础。

(1) 客户信息来源

1) 客户自身。

2）园区信息的积累。

3）二手资料中有关客户的信息。

4）客户的利益相关者。

5）专业信息服务公司。

（2）客户信息的基本内容

1）客户所在行业的基本情况。

2）客户的规模、发展潜力和其在行业中的市场竞争地位。

3）客户的经营、财务和信用状况。

4）客户公司体制以及组织构架。不同体制下企业管理层的思路和企业员工的工作态度是明显不同的。客户的组织结构不同，内部各部门的责任和权利也各不相同，因此了解客户公司体制以及组织构架，有利于我们制定好与客户沟通的策略、方式和技巧。

5）客户关联企业的基本信息。主要包括客户同关联企业的交易情况以及关联企业的经营情况。

6）客户内部重要员工的个人资料。主要包括各购买决策参与者的联系方式、工作职位、工作年限、个人偏好等背景资料。

4. 市场开拓方法和技巧

（1）拜访客户的技巧

1）预约客户　预约是指市场开拓人员事先征得客户同意接见的过程，也是拜访客户的开始。预约作为市场开拓活动中的一个环节，对整个开拓活动的成败起着极为重要的作用。预约活动概括起来就是"4W1H"，分别给予介绍如下。

预约的内容（4W）：预约的内容即预约活动需要解决的问题，即以下 4 个 W：

①确定拜访的对象（Who）。

②明确拜访的事由（Why）。

③约定拜访的时间（When）。

④约定拜访的地点（Where）。

预约的方法（1H）：预约的方法即如何来与客户约定，即"How"。一般而言，预约主要有以下几种方式：

①电话预约，即通过电话、传真等与客户取得联系，要求面谈的方法。

②信函预约。即通过文字形式向客户发出信息，要求面谈的一种方法。

③介绍预约，即通过他人介绍预约客户的一种方法。

④访问预约，即直接面见客户并提出预约要求、确定洽谈时间与地点的方法。

⑤网络预约，即通过电子邮件、网站、网上聊天室等网络工具预约客户的一种方法。

2）拜访前的准备

初次拜访前的准备：在市场开拓实践中，初次拜访能否赢得客户的好感关系着商谈的成败，若初次拜访失败的话，再次拜访就会更加困难。因此，市场开拓人员在初次拜访之前必须全力以赴，根据所提供的产品或服务的不同做好充分的准备，这些准备工作主要包括：

①了解客户的基本情况。

②制定拜访计划。

③做好拜访前的物质准备。

④做好拜访前的心理准备。

⑤保持良好的个人形象。

日常准备　常言道："未雨绸缪"。为了成功地实现市场开拓的目标，市场开拓人员在日常工作和生活中要注重提高自身的素质和修养，特别是要锻炼、培养自己良好的心理素质和人际交往能力。从某种程度上来说，一个满怀信心、不卑不亢、充满了积极的进取精神、知识丰富、准备充分的市场开拓人员，已经取得了一半的成功。

市场开拓人员在平时做好必要的知识积累十分重要。一般而言，日常准备主要包括：丰富的知识（包括产品知识、客户知识、竞争知识、本企业知识等）、正确的工作态度、良好的礼貌和行为习惯以及口才的锻炼。

3）拜访时的礼仪和注意事项　拜访礼仪是市场开拓人员的综合素质修养的具体体现，市场开拓人员对外代表着企业的信誉与形象，因此，市场开拓人员必须掌握拜访客户的相关礼仪知识。掌握拜访礼仪，可以避免因失礼而导致影响相关活动的顺利开展，有利于树立和维护企业的良好公众形象。拜访礼仪主要包括以下几个方面：

①预约守时。拜访客户需要实现预约，约定好时间和地点，并且严格守约，绝不做不速之客和失约之客。

②衣冠整洁。为了表示对客户的尊重，拜访人员前去拜访时要仪表端庄、衣冠整洁。

③递、接名片彬彬有礼。

④举止文雅。拜访客户时，注意保持站姿和坐姿的大方和文雅，谈话应该紧密围绕主题，态度要诚恳自然。

⑤告辞时机。适时告辞，不做难辞之客。初次拜访以半小时为宜，一般性拜访以不超过 1 小时为限。

另外，在拜访客户的过程中，要特别注意避免一些不卫生的手势或动作。

（2）产品介绍的技巧

1）详细描述产品的特征　市场开拓人员应尽量从专业的角度适度介绍产品的特征，包括产品的属性、产地、技术指标等。让意向客户对产品有个基本的了解。介绍的语言要注意言简意赅、通俗易懂，根据客户的反应灵活调整介绍方式和介绍内容。

2）重点强调产品优势和卖点　市场开拓人员在面对客户时，介绍自己的产品一定要抓住产品的特征和卖点，尤其是和同类产品的差异之处，比如品种优良、栽培技术规范、价格的优势、质量控制的优势、品牌的优势等，以争取在最短的时间内让意向客户了解到产品的核心信息，做出购买决策。

在产品介绍过程中回避劣势、突出优势是一种技巧，但要把握好度，尽量让客户能够客观了解产品，虚假宣传是大忌，否则，即使有暂时的收益，未来则会面临更大的经营风险。

3）换位思考给客户带来的利益　市场开拓人员在与客户的交流过程中，要能充分揣测到客户的内在需求，并能站在客户的角度，结合产品的优势，分析产品能满足其相应的需求，最终能为其带来的实际利益。

4）充分的事实依据　与客户交流过程中，最能打动其的是充分的事实依据或者行业案例。所以市场开拓人员在"讲道理"的同时还要"摆事实"，多总结工作过程中成功的案例，用真实生动案例去说服客户，促成购买，达成合作或交易。

（3）说复客户的技巧

1）充分的市场调研　与客户谈合作前，一定要进行严格的市场调研，充分了解客户的经营状况和区域内的相关市场情况。这样在与客户谈判时才能知己知彼，在谈判中不至于处于被动。反之，容易导致客户对产品提不起兴趣，后续的合作更是无从谈起。

2）比客户更专业　市场开拓人员要注意培养并提高自己的专业素养，包括产品知识、行业现状、竞争态势、发展趋势等，并在面对客户时充分利用它，要做到比客户更专业，才能取得客户的信任，进而产生对产品的信任。没有客户愿意跟一个"外行"人合作，因为会让他没有信心和看不到合作前景。

3）"不依不饶"法　面对有些客户，特别是大客户，市场开拓人员常会有种不知所措的感觉。因为这些客户很"牛"，财大气粗，经营规模较大，其空闲时间很有限，在合作谈判中比较强势，该类型客户经常对产品结构、合作模式提一些苛刻的要求，以达到自己的利益最大化。

针对这类客户，市场开拓人员不能心急，要有足够的耐心，认真分析客户不愿合作背后深层次的顾虑，然后分阶段逐一打消其顾虑。还要做到经常性的拜访，而且达到每次的拜访都能卓有成效，不断建立客户对市场开拓人员的信任，进而转化为对产品的信任，最终达成合作。

4）"欲擒故纵"法　在和客户谈判过程中，有的客户合作意向性比较强，但决策时却比较犹豫，瞻前顾后，始终拿不定主意。这种情况下，市场开拓人员可以先暂时缓一缓，尝试接触同行业的其他客户，并进行一般性的沟通，给前者一种你同时和几家客户洽谈的假象，给其制造心理压力，以加快合作的进程。

5）"威逼利诱"法　市场开拓人员有时也会遇到一些实力较弱但有合作前景的客户，这类客户一定时期内经营产品会比较专一，能够有效提升产品在区域市场的占有率。面对这类客户，市场开拓人员可以表现出适度的强势，着眼于产品的巨大市场潜力，分析产品未来能给客户带来的利益，顺势提出比较苛刻的合作条件，以最大化整合客户的资源，为产品的市场开发所用。

（4）处理客户异议的技巧　客户异议是指客户在接受企业市场开拓过程中针对市场开拓人员、企业产品或销售活动提出的各种不同看法和反对意见。客户异议是市场开拓过程中难以避免的必然现象，是实现市场开拓目标的障碍，却也是交易成功的前奏和信号。对于客户异议，市场开拓人员既要看到其对市场开拓工作的障碍性，也应该看到它为最后的成交提供的机会，应运用合理的技巧加以处理。

1）处理客户异议的原则

①正视客户异议。客户异议是一种在市场开拓过程中客观存在的必然现象，市场开拓人员需要正确理解并正确对待客户异议。注意搜集大量有说服力的信息资料，并且凭借丰富的信息资料消除客户异议，促使对方做出合作决定。

②倾听客户异议。处理客户异议的过程中，最廉价的让步就

是让客户知道你在洗耳恭听。等客户讲完之后，简单复述客户的异议，这样一方面向客户表达了自己对他的尊重，另一方面也有利于了解客户的真实心理与真实意图，以便及时采用适当的应对策略和技巧。

③换位思考。市场开拓人员在处理客户异议时要进行换位思考，不仅考虑自己的问题，还要站在客户的立场上为客户着想，想客户之所想，急客户之所急，为客户提供优质的"全方位"服务，让客户感到市场开拓人员诚实可信。

④适时处理客户异议。对于客户提出的异议，市场开拓人员不一定要立即答复，而是应当根据异议提出的环境来选择适当的时机予以处理，有时需要立即回答，有的则可以拖延回答或不予理睬。

⑤避免争论。避免争论是市场开拓人员的一条重要的处理各方面关系的准则。在处理客户异议时，市场开拓人员要仔细倾听客户的不同意见并且耐心地给予回答，切忌与客户争辩。在争辩的过程中，难免使客户的情绪恶化，即使市场开拓人员获得争辩的胜利，恐怕也难以与客户达成交易。

2）处理客户异议的基本方法

①直接否定法。直接否定法是指直接否定客户提出的异议的一种方法。多数情况下不宜采用直接否定法。但是在有的情况下使用，只要处理得当反而能给对方留下一种坦诚无欺和充满自信的良好印象。采用直接否定法最好只用于回答以问句形式提出的异议，在表达否定意见时态度一定要真诚而殷切，而不像是在发动攻势。

②但是法。但是法有叫转折法，是指首先同意客户的异议，但同时用另一种说法抵消它，通过充分陈述实情而与客户取得一致。

③转化法。转化法是指把客户的异议转化为购买产品的原因，尤其是当客户的异议有错时这种方法特别有效。简单地讲，

这种方法可以这样表述：客户提出一个异议，市场开拓人员立即回答："怎么，我认为这正是您需要它的原因。"

④反问法。反问法的中心思想是让客户自己来回答自己提出的异议，即通过提出一个与客户异议相关的问题将客户的异议返还给客户。当客户听到提问后将被迫去进一步考虑所提出的异议，这样市场开拓人员就能获得更多的信息，有助于其做出下一步的行动计划。使用这种方法时，要注意反问必须显示出市场开拓人员解决问题的诚意。

⑤预防法。预防法是指当客户意识到一些问题并将提出异议时，市场开拓人员先于他提出问题并给予回答。预防法与市场开拓人员的经验有关，经验越丰富，此法的运用就越容易。

⑥实例证明法。证明法是指对客户的异议引用实例予以证明的方法。比如以相应区域有名的大公司为例，或者灵活运用报纸、杂志上的报道进行例证，都是很不错的办法。

⑦优点补偿法。优点补偿法是指首先承认客户所提异议的合理性，然后指出某些可以进行补偿的优点，即将产品的优点和缺点进行比较让客户得出优点大于缺点的结论进而做出购买决策。

⑧一笑而过法。一笑而过法是指对客户提出的异议不予理睬而报之以微笑的一种方法。这种方法在市场开拓人员有理由相信对方的意见不认真或者不值得严肃对待的时候比较有效。

5. 市场开拓人员管理

(1) 市场开拓人员的选拔　市场开拓人员的选拔主要通过招聘来实现的，市场开拓人员的招聘一般包括四个步骤，即制定招聘计划、准备招聘信息、实施招聘计划和评估招聘效果。

(2) 市场开拓人员的培训　培训就是向员工传授其完成本职工作所必需的相关知识、技能、价值观念和行为规范的过程，是由企业安排的对本企业员工所进行的有计划、有步骤的培养和训练。在知识不断更新、经济快速发展的时代，任何人都不可能永远依靠已经学到的知识解决各种问题，因而，"终身学习"逐渐成为个人生存和发展的需要。同样，对于蔬菜园区来讲，即使通过招聘工作录用到了优秀的人才，也并不等于永久性地拥有了优秀的员工，园区要得到长足的发展，必须要求其员工不断地学习。因此，园区需要对员工进行持续不断地培训，员工培训是关系到园区和个人共同发展的一项十分重要的工作。

1）培训的主要类型　培训的种类可以分为岗前培训、在岗培训、离岗培训、员工业余自学四种类型。在园区层面上，对市场开拓人员的培训主要应该集中于岗前培训和在岗培训上，适当发展离岗培训，并且鼓励员工养成业余自学的良好习惯。

2）培训的主要内容　针对蔬菜园区的市场开拓人员，对其进行培训的内容主要包括两个方面，即职业技能和职业品质。职业技能主要包括市场开拓人员从事市场开拓工作所需要的产品知识及相关营销技巧和方法等；职业品质主要包括职业态度、责任感、职业道德和职业行为习惯等。

3）培训的方法　有效的培训方法是保证培训效果的重要手段，在培训过程中一定要注意选择适当的培训方法。通常情况下，主要有以下几种常用的培训方法：

①讲授法。培训中最普遍、最常见的方法就是讲授法。讲授方法的最大长处是能够在相对较短的时间内向较多的人传递大量的信息，是一种经济的培训方法，适合于系统地进行知识的更新和传授。缺点是方法单调，受训者处于被动地位，参与程度低。

②案例分析法。案例分析法就是对实际中的一些真实情景进行典型化处理，编写案例供学员思考，通过独立研究和相互讨论的方式，来提高学员分析问题和解决问题的能力。这种方法能够调动学员广泛参与，变单向"灌输"为双向交流、变被动学习为主动学习，是一种很受学员和讲师欢迎并且容易受到良好效果的方法。但这种方法较为费时费力，而且，对讲师和学员都有着比较高的要求。

③角色扮演法。角色扮演法就是指通过一部分学员对一种真实情景的扮演从而分析和讨论与培训目标相关的行为。运用这种方法，可以帮助学员培养处在他人的位置上思考问题的态度，体验各类人物的心理感受，训练学员的自我控制能力和随机应变能力，从而提高市场开拓人员处理各类问题的能力。

④研讨法。研讨法是一种先由讲师综合介绍一些基本概念与原理，然后围绕某一专题进行讨论的培训方式。这是一种仅次于讲授法而广泛使用的方法，在培训中起着重要的作用。

(3) 市场开拓人员的报酬与激励

1) 市场开拓人员的报酬 市场开拓人员的报酬，指的是市场开拓人员从事市场开拓工作而取得的利益回报，包括工资、佣金、津贴、福利及保险和奖金。

报酬是对一个人工作价值的肯定和劳动消耗的补偿，不仅决定一个人的物质生活条件，也是其社会地位的重要决定因素。因此，建立公平合理的报酬管理制度，对调动市场开拓人员的积极性、主动性，保证营销目标的实现有着重要作用。在选择市场开拓人员报酬制度时，应综合考虑企业的经营政策和目标、管理、行政、财务及成本等各方面的因素，市场开拓人员的工作能力、工作经验和市场开拓任务的完成情况决定着其报酬多少。根据企业的实际经验，市场开拓人员报酬的类型主要分为以下几种：

①固定薪金制。即无论市场开拓人员完成的销售额是多少，都给予其固定数额的报酬。当市场开拓人员从事较多的例行销售工作，不必花太多时间和精力向客户说明就可以迅速成交时，适合于采用固定薪金制。

固定薪金制的缺点是：

一是缺少对市场开拓人员的激励动力，较难刺激他们开展创造性的市场开拓工作，容易形成"大锅饭"的局面。

二是容易导致"不公平"的情形。

②纯粹佣金制。纯粹佣金制即企业根据市场开拓人员在一定

时间内实现销售量或利润的多少来支付报酬，通常会按销售额的一定比例给予佣金。纯粹佣金制与固定薪金制不同，它具有较强的刺激性。当企业聘用市场开拓人员时工作的重点只是获得订单而销售以外的任务不太重要时，比较适合采用纯粹佣金制度。

纯粹佣金制的缺点：

一是市场开拓人员的收入欠稳定，在销售波动的情况下（如季节性波动）其收入难以保证，市场开拓人员缺乏安全感。因此，可能容易导致其兼差，为了分散风险而同时在好几个企业上班。

二是企业对市场开拓人员的有效控制程度减弱，因为其报酬建立在销售额或利润额的基础上，可能不愿进行新产品的开拓，并且不愿意受区域的限制。

三是纯粹佣金制使市场开拓人员的报酬与销售额或利润额密切联系，可能会导致市场开拓人员为追逐当前经济利益而忽视企业长远利益，甚至用不正当的手段来进行市场开拓的工作。

③薪金加奖励制。薪金加奖励制即支付固定薪金的同时，给予奖金来刺激市场开拓人员更好地工作。薪金加奖励制是一种被广泛采用的报酬方式，这种形式实际上是薪金制和佣金制的结合，兼有两种形式的优点，又能避免其缺点。

薪金加奖励制的优点：

一是保证市场开拓人员有一部分稳定的基本收入，使其有安全感。

二是在获得部分基本稳定的收入的基础上，还可以获得随着销售额的增加而增加的佣金，具有一定的激励作用。

薪金加奖励制的缺点：固定报酬与奖励之间的比例关系难以确定，增加了管理部门的工作难度。

确定市场开拓人员的报酬模式要处理好薪金与奖励之间的关系。薪金的作用在于保证员工的基本生活从而使其无后顾之忧，可以增加员工的安全感，但是却不利于企业销售额的增加；奖励的作用在于刺激员工，将极大地影响其销售业绩。所以，在设计薪金与奖励的组合时要综合考虑，确定出合理的比例关系。

2）市场开拓人员的激励　市场开拓人员的激励就是使其能够持续实现企业的市场开拓目标。市场开拓工作需要员工满腔热情地投入到工作中，并且在工作过程中不畏艰难，企业通过激励方法，可以有效地调动市场开拓人员的主动性和创造性，从而为企业创造出良好的业绩。

①激励原则。对市场开拓人员进行激励，其方法必须科学、合理，否则不仅起不到调动其工作积极性的作用，相反还会打击原有的工作热情。激励市场开拓人员时，应遵循以下原则，根据企业、产品、销售地区、销售环境和市场开拓人员的不同情况制定合理的激励方案。

一是合理性原则。即所制定的奖惩标准必须合理。奖惩的标准必须恰当，而且应考虑到员工工作条件的不同和付出努力的差别，标准过高或过低都会使激励作用大打折扣。

二是公开性原则。企业应将奖惩的相关规定公开，让市场开拓人员充分了解和掌握奖惩目标和奖惩方式，有利于在企业内部自觉形成相互监督的机制，促使其为了实现奖励目标而积极努力地开展工作，同时积极地规避惩罚。否则，激励措施就不可能产生积极的效果。

三是持续性原则。即激励不能只是临时措施，而是要作为管理制度长期保持，只有这样才能积极有效地引导市场开拓人员持续努力。

一旦员工达到了奖励或惩罚的标准，就一定要根据相关标准给予相应的奖励或惩罚，否则将会打消员工追求奖励和规避惩罚的积极性。

②激励方法。

一是目标激励法。目标激励是指为市场开拓人员确定一些应达到的目标，使其更为明确地努力工作，并且以目标完成的情况来激励市场开拓人员的一种方式。企业应建立的主要目标有：销售量定额、毛利额、一定时期内拜访客户的次数、开发的新客户数、签订订单的数量、订货单位的平均批量增加额等。其中，制定销售量定额是企业的普遍做法。企业确定市场开拓人员的目标时应该使得目标尽量数量化，并且同其报酬相挂钩，使他们看到自己的价值与责任，并且一旦他们达到了目标就及时兑现奖励，提高其工作的原动力。

二是强化激励法。强化激励根据强化方向的不同分为两种，即为正强化和负强化。正强化就是对市场开拓人员的优秀表现给予肯定和奖赏；负强化就是对市场开拓人员的不正确行为给予否定和惩罚。两者的相互配合和交替能促使员工保持高昂的士气。

三是反馈激励法。反馈激励法就是将其在一定时期内完成的各项指标情况、考核业绩等及时反馈给市场开拓人员，有利于他们及时总结并进行相应的强化和修正，因此达到激励的目的。

四是竞赛激励法。市场开拓工作是一项颇具挑战性的工作，竞争能激发市场开拓人员求胜的意志，竞赛激励法就是根据实际工作需要采取多种竞赛形式，以达到促进市场开拓人员积极开展工作的目的。

③市场文化激励。销售文化是在企业创立和发展中形成的植根于销售人员头脑中并支配着全部销售活动与行为的文化观念体系，是企业销售管理战略实施的重要工具。销售文化主要包括价值观、销售信念与精神、伦理道德、行为风尚和团队意识。近一个世纪以来，管理科学的历史发展表明：企业销售文化一旦形成，就会表现出巨大的激励功能。